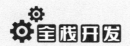

全栈开发

Flutter
跨平台开发入门与实战

U0335612

向治洪 / 著

人 民 邮 电 出 版 社

北 京

图书在版编目（CIP）数据

Flutter跨平台开发入门与实战 / 向治洪著. -- 北京：人民邮电出版社，2021.1（2022.8重印）
ISBN 978-7-115-55144-3

Ⅰ．①F… Ⅱ．①向… Ⅲ．①移动终端－应用程序－程序设计 Ⅳ．①TN929.53

中国版本图书馆CIP数据核字(2020)第209089号

◆ 著　　　　向治洪
　　责任编辑　赵　轩
　　责任印制　王　郁　马振武

◆ 人民邮电出版社出版发行　　北京市丰台区成寿寺路 11 号
　　邮编　100164　　电子邮件　315@ptpress.com.cn
　　网址　https://www.ptpress.com.cn
　　北京盛通印刷股份有限公司印刷

◆ 开本：787×1092　1/16
　　印张：19.5　　　　　　　　2021 年 1 月第 1 版
　　字数：484 千字　　　　　2022 年 8 月北京第 3 次印刷

定价：79.00 元

读者服务热线：(010)81055410　印装质量热线：(010)81055316
反盗版热线：(010)81055315
广告经营许可证：京东市监广登字 20170147 号

前言

十多年前，iPhone 的诞生开启了全新的"移动互联网时代"。经过十余年的发展，移动互联网已超越传统互联网，成为当今互联网的主要发展方向。面对广阔的市场，传统互联网企业纷纷投入移动互联网的怀抱，开发移动互联网产品。

随着移动互联网的快速发展，移动互联网技术变得越来越成熟，而移动应用开发也从如何开发，向如何更高效、更低成本地开发发展。众所周知，传统的原生开发技术虽然成熟，但由于开发效率和成本的限制，已经越来越无法满足移动互联网应用快速迭代的需求，此时移动跨平台技术的开发与应用成为移动互联网行业发展的迫切需求。

近年来，伴随大前端概念的提出和兴起，移动端和前端的技术边界变得越来越模糊，而使用前端技术来开发移动应用成为很多中小公司的首选。在移动跨平台技术演变的过程中，不管是早期的 PhoneGap、ionic 等 Hybird 混合开发技术，还是近年来令人耳熟能详的 React Native、Weex 和 Flutter 等移动跨平台技术，无不体现着移动应用开发的前端化。

目前，移动跨平台技术方案主要分为 3 类：第一类是使用原生内置浏览器加载 HTML5 的 Hybrid 技术方案，采用此类方案的主要有 Cordova、ionic 和微信小程序；第二类是使用 JavaScript 进行开发，然后使用原生组件进行渲染的方案，采用此类方案的主要有 React Native、Weex 和快应用；第三类是使用自带的渲染引擎和自带的原生组件来实现跨平台的方案，采用此类方案的主要是 Flutter。

作为目前最流行的跨平台技术方案之一，Flutter 在移动跨平台开发方面无疑是非常优秀的。多年以前，当我们讨论移动跨平台开发时，总会有人提出跨平台应用速度慢的"刻板"问题。现在，使用 Flutter 自带的渲染引擎完全可以带来媲美原生应用的用户体验，代码可同时运行在 iOS、Android 等多个平台，也带来了应用开发效率的提升。

当然，不可否认的是 Flutter 目前仍处在发展阶段，被主流公司全线应用并毫无顾虑地接入还需要一定时日。并且 Flutter 也不是没有缺点，比较明显的缺点就是 Flutter 不是一个彻底的跨平台技术框架，如果应用开发中涉及混合开发，还需要开发者具备原生开发知识。另外，复杂的 UI 组件和全新的 Dart 语法也在无形中增加了学习成本。不过应该看到，Flutter 虽然学习起来比较复杂，但是其优秀的性能和全新的跨平台思想是每位立志改变移动开发现状的开发者无法拒绝的，相信不久的将来，Flutter 势必成为移动跨平台技术的"领跑者"。

本书特色

1. 侧重基础，循序渐进

本书涵盖 Flutter 跨平台开发所需的各方面知识，并且对知识和技术要点由浅入深地进行讲解，非常适合初学者。

2. 大量项目实例，内容翔实

本书在讲解 Flutter 的各个知识点时，运用了大量的实例并配有运行效果图。读者在自行练习时可以先编写代码，而后查看实际运行效果。

3. 实例贴近实际开发场景

本书采用的实例大多贴近实际开发场景，通俗易懂的文字描述也有助于读者理解。

适合人群

本书是一本 Flutter 入门与实战类型的书籍，基于 Flutter 1.17.0 进行编写，非常适合前端开发者和移动 Android/iOS 开发者。因此，不管是一线 App 开发工程师，还是有志于从事 App 开发的前端开发者，都可以通过对本书的学习来获得移动跨平台开发的技能。

目录

第 1 章
Flutter 概述

1.1　Flutter 的历史

　　作为目前最流行的跨平台技术方案之一，Flutter 正在被越来越多的开发者和组织使用。读者可以通过托管在 GitHub 上的 Flutter 项目源代码来查看最新信息，如图 1-1 所示。

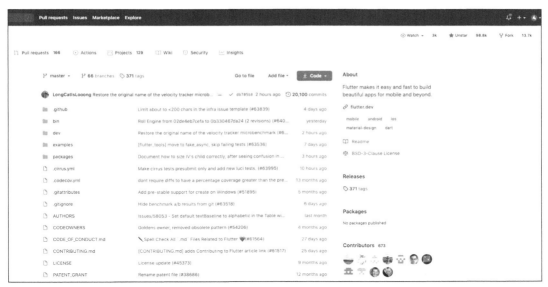

图 1-1　托管在 GitHub 上的 Flutter 项目源代码

　　自 2017 年 5 月第一个对外版本发布以来，Flutter 已经发布了多个正式版本，并且 Flutter 在 1.5 版本中新增了对 Web 环境的支持，Flutter 正式开启了全平台框架开发之路。

　　截至 2020 年 8 月，Flutter 已经发布了 1.20 正式版，并且保持着每月更新一个版的速度。从 Flutter 的推广力度和开发者社区的活跃度可以发现，Flutter 已经成为跨平台开发的主流技术和中坚力量。

1.1.1　Flutter 特性

　　众所周知，使用原生方式开发的应用体验最好，但研发效率较低，开发成本相对较高；而跨平台开发虽然效率高，但为了"抹平"多端平台差异，各类解决方案暴露的组件和应用程序接口（API）较原生平台来说要少很多，因此开发体验和产品功能并不完美。

在跨平台应用的开发历史中，从早期的 Web 浏览器方案到后来的以 React Native 和 Weex 为代表的泛 Web 技术，都没能从根本上解决跨平台技术的渲染和效率问题。不过，谷歌公司推出的 Flutter 跨平台技术框架，似乎让跨平台技术获得了最佳解决方案。作为目前最流行的跨平台技术方案之一，Flutter 的特性如下。

1. 跨平台开发

Flutter 支持在 macOS、Windows、Linux、Android、iOS 以及谷歌公司的 Fuchsia 操作系统上运行。同时，Flutter 可以真正做到一套代码同时运行在 Android、iOS 和 Web 平台上，避免过高的开发和维护成本，节约资源。

2. 符合不同平台的用户体验

Flutter 内置的 Material 和 Cupertino 风格的组件，为开发者开发 Android 和 iOS 平台风格的应用提供了便捷。同时，Flutter 提供的 motion API、平滑而自然的滑动效果和平台感知，为用户带来全新体验。

3. 响应式框架

使用 Flutter 的响应式框架和一系列基础组件，可以轻松地完成用户界面（UI）的构建。同时，功能强大且灵活的 API 可以帮助开发者解决复杂的 UI 构建问题。

4. 跨平台渲染引擎

与 Hybird App、React Native 跨平台技术采用的方案不同，Flutter 使用 Skia 作为其二维渲染引擎，因此它不需要像 React Native 那样在 JavaScript 和 Native 之间通信，从而减少了性能开销。

5. 支持本地访问和插件

通过 Flutter 提供的插件，开发者可以访问原生平台的 API，如蓝牙、相机和 Wi-Fi 等。同时，Flutter 还可以复用 Java、Swift 或 ObjC 代码，访问原生 Android 和 iOS 系统的功能。

6. 高性能

Flutter 采用 GPU 渲染技术，所以性能较强。使用 Flutter 编写的应用运行画面基本可以达到 60 帧/秒，因此使用 Flutter 开发的应用几乎可以媲美原生应用的性能。

7. 使用 Dart 进行应用开发

Flutter 使用 Dart 进行应用开发。与传统的 JavaScript 相比，Dart 在即时（Just In Time，JIT）编译模式下的速度与 JavaScript 基本持平，但是在静态（Ahead Of Time，AOT）编译模式下运行时，Dart 的性能远高于 JavaScript。

同时，Flutter 在应用开发阶段采用 JIT 编译模式，这样就避免了每次改动代码都需要重新编译的问题，极大地节省了开发时间。而基于 AOT 的发布包，使 Flutter 在发布时可以通过 AOT 生成高效的 ARM 代码，以保证应用性能。

1.1.2　Flutter 版本

目前，Flutter 源代码在 Git 上有 4 个分支，分别对应着 Flutter 的 4 种版本，即 master、dev 、 beta 和 stable，这些版本稳定性依次提高，但新特性依次减少。

- master：master 版的代码是最新的，包含最新的功能和特性，但是 master 版的代码没有经过测试，可能会出现各种各样的缺陷。
- dev：dev 版是经过谷歌公司内部测试的版本，所以 dev 版是通过测试的最新版本。不过，dev 版并不意味着不会有任何缺陷，因为 dev 版的测试只是最基础的测试，一旦发现有严重的阻塞性的缺陷，这个版本就会被废弃。
- beta：beta 版的更新频率通常是一个月一次，每个月初 Flutter 团队都会将上一个稳定的 dev 版选为 beta 版进行发布，此版本通常是经过线上运行的 dev 版，没有新的、严重的缺陷。
- stable：stable 版是从 beta 版中选出的版本，stable 版的更新频率一般为一个季度一次，所以 stable 版的发布频率是不确定的，每个季度可能发布一个或多个版本。

总体来说，用于正式的生产环境时一定要选择 stable 版。

1.2　Flutter 框架

和原生 Android、iOS 系统一样，Flutter 框架也是分层的结构，每一层都建立在前一层的基础之上，并且上层比下层的使用频率更高，官方给出的 Flutter 框架如图 1-2 所示。

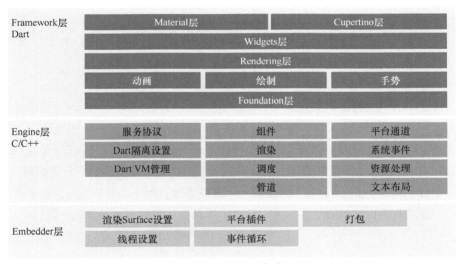

图 1-2　Flutter 框架

由图可知，Flutter 框架自下而上分为 Embedder 层、Engine 层和 Framework 层。其中，Embedder 是操作系统适配层，实现了渲染 Surface 设置、线程设置，以及平台插件等平台相关特性的适配；Engine 层负责图形绘制、文字排版，Engine 层具有独立虚拟机，正是由于它的存在，Flutter 程序才能运行在不同的平台上，实现跨平台运行；Framework 层则是使用 Dart 编写的一套基础视图库，包含了动画、图形绘制和手势识别等功能，是使用频率最高的一层。

1.2.1 Flutter Framework

Flutter Framework 是一个由 Dart 实现的软件开发工具包(Software Development Kit,SDK),它提供了一整套自下向上的基础库。下面按照自下向上的顺序,对 Framework 层进行简单的介绍。
- 底下两层:在 Framework 层中,Foundation、Animation、Painting、Gestures 被合并为 Dart UI 层,对应 Flutter 中的 dart:ui 包,它是 Flutter 引擎暴露的底层 UI 库,提供动画、手势识别及图形绘制功能。
- Rendering 层:抽象的布局层,负责构建 UI 对应的树结构。当 UI 树上的元素发生变化时,它会计算出有变化的部分并更新 UI 树,最终将 UI 树绘制到屏幕上展示给用户,整个过程类似于 React 中的虚拟文档对象模型(DOM)。
- Widgets 层:Flutter 在基础组件库之上,还提供了 Material 和 Cupertino 两种视觉风格的组件库。

在平时的应用开发中,与开发者打交道最多的就是 Widgets 层,并且在大多数情况下,官方提供的 UI 组件库即可满足应用的页面开发需求。

1.2.2 Flutter Engine

Flutter Engine 是一个由 C/C++实现的软件开发工具包 (SDK),是 Flutter 的引擎,主要由 Skia 引擎、Dart 运行时和文字排版引擎构成。当 Framework 层调用 dart:ui 包时,最终都会走到 Engine 层,然后由 Engine 层实现真正的绘制逻辑。

1.2.3 Flutter Embedder

Embedder 是 Flutter 的操作系统适配层,又称为嵌入层,通过该层可以把 Flutter 嵌入不同的平台。Embedder 的主要工作包括设置、线程设置、事件循环以及插件的平台适配等。

通常,平台(Android、iOS 等)只提供一个渲染容器,剩下的所有渲染工作则在 Flutter 框架内部完成。正是由于 Embedder 的存在,Flutter 才具备了跨端应用开发的一致性。

第 2 章
Flutter 快速入门

2.1 开发环境搭建

"工欲善其事，必先利其器"，要安装并运行 Flutter 程序，需要先搭建好 Flutter 的开发环境。Flutter 的开发环境需要满足以下最低要求。

- 操作系统：64 位 macOS。
- 磁盘空间：700MB，不包括 Xcode 或 Android Studio 的磁盘空间。
- 工具：Flutter 依赖的一些命令行工具，如 bash、mkdir、rm、git、curl、unzip 和 which 等。

2.1.1 搭建 macOS 环境

首先，去 Flutter 官网下载安装包，建议下载最新的 stable 版，因为 stable 版是最稳定的版本，如图 2-1 所示。

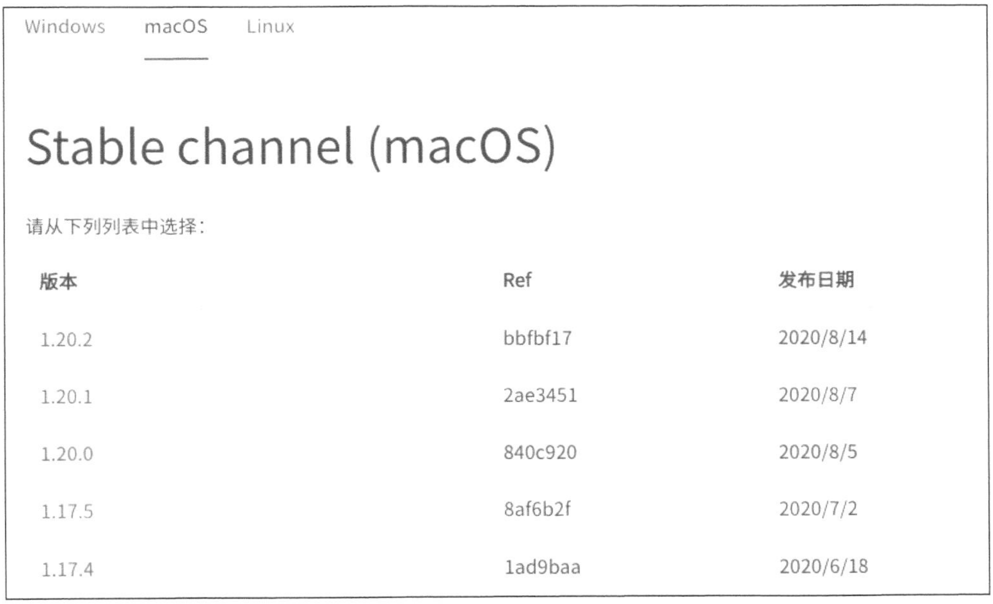

| Windows | macOS | Linux |

Stable channel (macOS)

请从下列列表中选择：

版本	Ref	发布日期
1.20.2	bbfbf17	2020/8/14
1.20.1	2ae3451	2020/8/7
1.20.0	840c920	2020/8/5
1.17.5	8af6b2f	2020/7/2
1.17.4	1ad9baa	2020/6/18

图 2-1 下载 Flutter SDK 的 stable 版

下载完成后，解压缩安装包到指定的安装目录。当然，也可以使用 unzip 命令来解压缩安装包。

```
cd ~/development
unzip ~/Downloads/flutter_macos_v1.9.1-beta.zip
```

接下来，还需要将 Flutter 添加到系统的环境变量配置文件中。找到 Flutter SDK 解压包的存放路径，将路径添加到.bash_profile 系统配置文件中即可，如下所示。

```
export PATH=/Users/xiangzhihong/Flutter/flutter/bin:$PATH
```

添加完成之后，使用如下命令让系统变量配置生效。

```
source ./.bash_profile
```

然后，运行如下命令，检测 Flutter 的环境变量是否配置正确，以及检测其他需要安装的依赖环境是否安装。

```
flutter doctor
```

该命令会检测 Flutter 需要的开发环境并在终端窗口中显示检测结果。如果首次运行该命令，终端窗口会显示错误信息，按照提示安装所需的依赖环境即可。

2.1.2   搭建 Android 环境

作为跨平台技术框架，Flutter 应用开发自然离不开原生 Android 环境的支持。安装 Android 环境之前需要先安装 Java 环境，之后还需要将对应的路径添加到系统环境变量中，如下所示。

```
export JAVA_HOME=/Library /JavaVirtualMachines/jdk1.8.0_181.jdk/Contents/Home
export PATH=$JAVA_HOME/bin:$PATH:.
export CLASSPATH=$JAVA_HOME/lib/tools.jar:$JAVA_HOME/lib/dt.jar:.
```

然后，使用 java –version 命令来验证 JDK 是否安装成功，如图 2-2 所示。

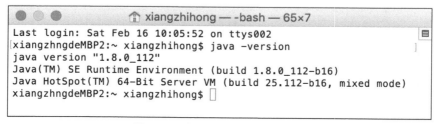

图 2-2   验证 JDK 是否安装成功

要为 Android 开发 Flutter 应用，那么 Android Studio 和 Android SDK Tools 是必不可少的。从 Android 官网下载和安装对应操作系统的 Android Studio。安装完成之后，启动 Android Studio，执行【Android Studio 安装向导】即可安装最新的 Android SDK、SDK Platforms 和 SDK Tools，如图 2-3 所示。

然后，启动 Android Studio，依次单击【Tools】→【AVD Manager】→【Create Virtual Device】创建一个 Android 模拟器，如图 2-4 所示。

图 2-3　下载 Android SDK

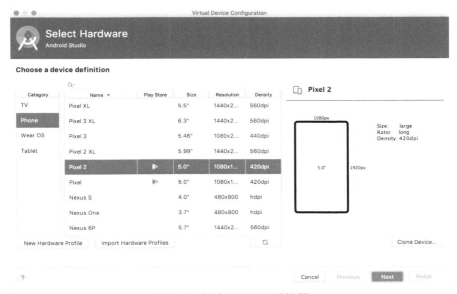

图 2-4　创建 Android 模拟器

接下来选中一个设备，单击【Next】按钮选择相关的配置即可创建 Android 模拟器。配置完成之后，在 Android Virtual Device Manager 面板中单击工具栏的【Run】启动 Android 模拟器，如图 2-5 所示。

需要说明的是，目前 Flutter 只支持 Android 4.1 及更高版本，所以应确保本地已经安装了对应版本的 Android SDK。同时，Flutter 启动 Android 项目时是基于 adb 命令的，所以为了保证能正常启动 Android 项目，需要将 Android 的 SDK 安装路径添加到系统环境变量中，如下所示。

```
export ANDROID HOME=/path/to/android/sdk/tools
export PATH=%{ PATH} : ${ANDROID HOME}/tools
export PATH=${PATH} : ${ANDROID HOME}/platform- tools
```

对于 Windows 操作系统,则可以依次单击【计算机】→【属性】→【高级设置】→【环境变量】打开环境变量配置面板,然后将 Android SDK Tools 目录下的 tools 文件和 platform-tools 文件的文件路径添加到 Windows 操作系统的环境变量中,如图 2-6 所示。

图 2-5 Android 模拟器

图 2-6 在 Windows 操作系统中配置 Android 环境变量

2.1.3 搭建 iOS 环境

要为 iOS 开发 Flutter 应用,需要先安装 Xcode 和 CocoaPods 等工具。

安装完成之后,可以使用如下命令启动 iOS 模拟器。

```
open -a Simulator
```

如果想切换模拟器,可以单击【Hardware】菜单下的【Device】命令,选择某一个模拟器,如图 2-7 所示。

图 2-7 切换 iOS 模拟器

安装 CocoaPods,需要先安装 Homebrew。Homebrew 是 macOS 平台下的一款软件包管理工具,拥有软件安装、卸载、更新、查看、搜索等很多实用的功能。

打开终端，运行如下命令即可安装 Flutter 所需的 iOS 工具。

```
brew update
brew install --HEAD libimobiledevice
brew install ideviceinstaller ios-deploy cocoapods
pod setup
```

如果运行上述命令出现错误，可以运行 brew doctor 命令诊断问题并按照说明来解决问题。

2.1.4 诊断 Flutter 开发环境

在 macOS、Android、iOS 环境搭建完成之后，可以使用 flutter doctor 命令来检测 Flutter 开发环境是否搭建成功。如果 Flutter 开发环境出现任何问题，操作系统会给出错误提示；如果没有任何错误，则说明 Flutter 开发环境搭建成功，如图 2-8 所示。

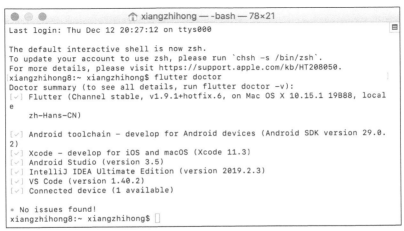

图 2-8　检测 Flutter 开发环境是否搭建成功

2.2　开发工具

目前，支持 Flutter 开发的工具有很多，不过官方推荐使用 VSCode、IntelliJ 或 Android Studio 来进行 Flutter 应用开发。在使用这些工具开发应用之前，需要安装相应的编辑器插件。

2.2.1　Android Studio

Android Studio 是 Android 默认开发工具，同时也可以作为 Flutter 应用的开发工具。使用 Android Studio 开发 Flutter 应用之前，需要先安装 Flutter 和 Dart 两个插件。

和其他 Android 插件的安装一样，在 Android Studio 中安装 Flutter 和 Dart 插件也比较简单。打开 Android Studio，依次单击【Preferences】→【Plugins】→【Browse repositories】，然后搜索并安装 "Flutter" 插件即可，如图 2-9 所示。

安装完成之后，重新启动 Android Studio，如果在启动页面看到一个新的选项【Start a new Flutter project】，则说明 Flutter 插件安装成功，如图 2-10 所示。

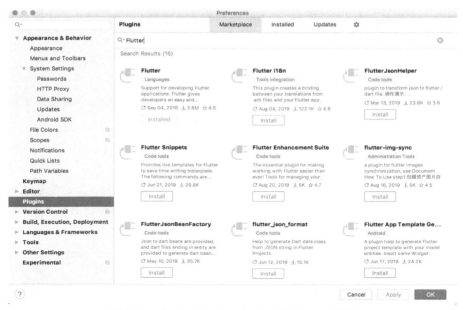

图 2-9 在 Android Studio 中安装 Flutter 插件

图 2-10 Flutter 插件安装成功

2.2.2 VSCode

除了 Android Studio 外，VSCode 也是官方推荐的一款可视化 Flutter 开发工具，它支持 C++、C#、Python、PHP 等开发语言，同时内置了 JavaScript、TypeScript 和 Node.js 支持，是一款轻量且强大的跨平台开源代码编辑器。

使用 VSCode 开发 Flutter 应用之前，需要先安装 Flutter 插件。打开 VSCode，依次选择【View】→【Command Palette...】打开搜索框。在搜索框中输入 "install"，并选择【Extensions：Install Extension】，然后在搜索框中输入 "Flutter"，之后进行安装即可，如图 2-11 所示。

当然，我们也可以单击 VSCode 左侧的【Extensions】按钮来安装 Flutter 插件。安装完成之后，依次选择【View】→【Command Palette...】打开 Command Palette，然后单击【Flutter: New Project】即可创建一个 Flutter 项目。

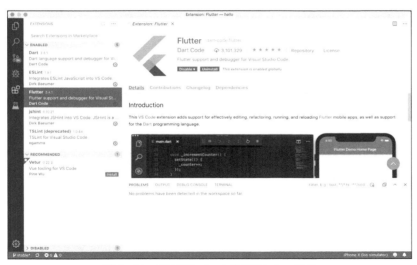

图 2-11 在 VSCode 中安装 Flutter 插件

2.3 Flutter 项目示例

2.3.1 创建示例项目

Flutter 支持开发者使用命令和集成开发环境（IDE）两种方式来创建 Flutter 项目。其中，创建 Flutter 项目的命令如下所示。

```
flutter create appName     // appName 为应用名称
```

除了命令方式外，更常用的方式是使用 IDE（如 Android Studio.vscode）。打开 Android Studio，然后选择【New Flutter Project】新建一个 Flutter 项目，如图 2-12 所示。

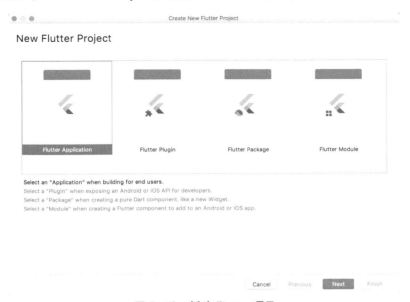

图 2-12 新建 Flutter 项目

单击【Next】按钮，打开应用配置界面，填写项目包名和选择配置，如图 2-13 所示。

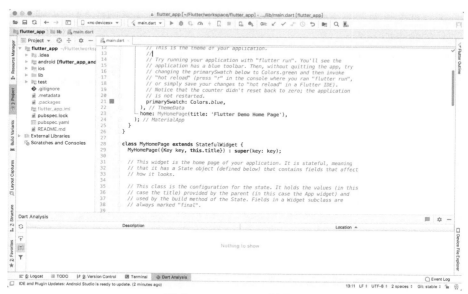

图 2-13 填写项目包名和选择配置

单击【Finish】按钮，等待几分钟即可完成 Flutter 示例项目的创建，如图 2-14 所示。

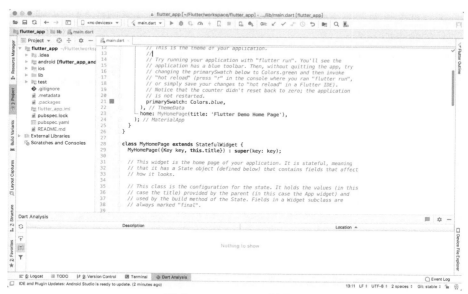

图 2-14 Flutter 示例项目

然后，打开 Android Studio 找到工具栏，选择目标模拟器（Android/iOS 模拟器）或者真机，如图 2-15 所示。

图 2-15 Android Studio 工具栏

单击工具栏中的【Run】图标，或者在菜单中单击【Run】按钮即可启动示例项目，如图 2-16 所示。

图 2-16　Flutter 官方示例项目的运行效果

2.3.2　项目结构

使用 Android Studio 打开新建的 Flutter 项目，其项目结构如图 2-17 所示。

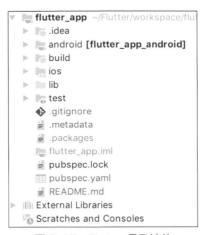

图 2-17　Flutter 项目结构

图 2-17 所示为一个完整的 Flutter 项目的目录结构。其中，比较重要的目录和文件如下所示。

- android：原生 Android 子工程。
- build：运行项目生成的编译文件项目，主要是 Android、iOS 的构建产物。
- ios：原生 iOS 子工程。
- lib：Flutter 应用源文件目录，开发者编写的 Dart 文件都需要放进 lib 目录。
- test：测试文件存放目录。

- pubspec.yaml：管理第三方库及资源的配置文件。

可以发现，除了 Flutter 自身的代码、资源、配置和依赖以外，Flutter 项目还包含了原生 Android 和 iOS 工程目录。除此之外，在 Flutter 应用开发中，图片、静态配置和资源都可以放在 assets 目录下。

2.3.3　修改示例项目

接下来，打开示例项目 lib 目录下的 main.dart 文件，清空 main.dart 文件的代码，并将下面的代码添加到 main.dart 文件中。

```dart
import 'package:flutter/material.dart';

void main() => runApp(new MyApp());

class MyApp extends StatelessWidget {
  @override
  Widget build(BuildContext context) {
    return new MaterialApp(
      title: 'Welcome to Flutter',
      home: new Scaffold(
        appBar: new AppBar(
          title: new Text('Welcome to Flutter'),
        ),
        body: new Center(
          child: new Text('Hello World'),
        ),
      ),
    );
  }
}
```

保存上面的代码，再次运行示例项目，效果如图 2-18 所示。

图 2-18　Hello World 示例项目的运行效果

2.3.4　体验热重载

所谓热重载，就是指不需要重新启动应用就可以加载最新的代码。Flutter 的热重载功能可以帮助开发者在不重新启动应用的情况下，快速地构建用户界面、添加功能以及修复漏洞。

在 Flutter 的热重载操作中，通过将更新后的源代码注入正在运行的 Dart 虚拟机即可实现热重载。在虚拟机使用新的字段和函数更新类后，Flutter 框架会自动重新构建应用的 Widget 树，并刷新效果。

接下来，让我们来体验一下 Flutter 的热重载。使用 Android Studio 打开 Flutter 项目目录下的 main.dart 文件，然后将里面的显示文字"Hello World"修改为"你好，Flutter"，修改完成后保存 main.dart 文件或者单击工具栏上的热重载按钮。此时，Flutter 项目的显示文字就会马上发生变化，如图 2-19 所示。

图 2-19　Flutter 热重载示例运行效果

可以发现，在热重载的过程中，我们并没有重新运行项目，只是执行了保存操作，Flutter 项目的显示文字就发生了变化。

2.3.5　程序调试

在 Flutter 应用开发中，Android Studio 和 VSCode 是两种比较常见的集成开发环境，因此程序调试也围绕这两款 IDE 进行。Android Studio 为 Flutter 提供完整的集成 IDE 体验，因此 Android 的调试技巧对于 Flutter 也是适用的。

Flutter 的断点调试可以分为 3 步，即标记断点、调试代码和查看信息。首先，在需要调试的代码处设置断点，然后在 Android Studio 应用调试工具栏上单击【Debug】按钮即可开启断点调试，如图 2-20 所示。

开启断点调试后，当程序运行到断点处时就会挂起，如果要调试代码或者查看变量的信息，可以在 Debug 视图区查看，如图 2-21 所示。

图 2-20 Android Studio 应用调试工具栏

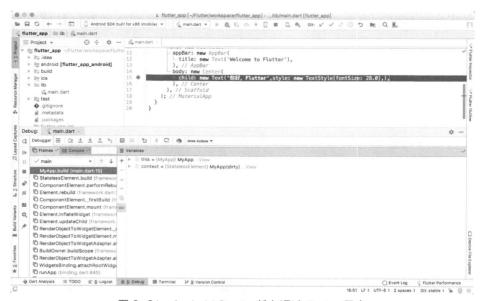

图 2-21 Android Studio 断点调试 Flutter 程序

按照职责的不同，可以将 Android Studio 的 Debug 视图划分为调试工具控制区、调试工具步进区、帧调试窗口和变量查看窗口。其中，调试工具控制区用于控制调试的执行情况，如图 2-22 所示。

调试工具控制区用于控制断点的执行、暂停和终止，以及编辑和禁用断点。调试工具步进区则用来控制断点的步进情况，如单步进入、单步跳过和单步跳出，如图 2-23 所示。

图 2-22 Android Studio 调试工具控制区   图 2-23 Android Studio 调试工具步进区

帧调试窗口用来指示当前断点所包含的函数执行堆栈，而变量查看窗口则用来查看堆栈中函数帧所对应的变量信息。

除了断点调试外，还可以使用 Flutter 提供的 Flutter Inspector 对布局问题进行诊断。通过单击工具栏上的【Open DevTools】按钮即可启动 Flutter Inspector 布局分析器，如图 2-24 所示。

图 2-24　Android Studio 布局分析器

然后，Android Studio 会打开操作系统自带的浏览器，将 Flutter 程序的 Widget 树结构展示在面板中。

除了 Android Studio 外，VSCode 也是一款比较常见的 Flutter 应用开发工具。使用 VSCode 提供的图形化调试界面，开发者可以很方便地进行 Flutter 应用的调试工作。使用 VSCode 打开 Flutter 项目，然后单击 VSCode 的断点调试按钮即可开启调试，如图 2-25 所示。

图 2-25　VSCode 调试 Flutter 程序

需要说明的是，在第一次使用 VSCode 进行断点调试时，需要先安装并激活 Dart DevTools 调试工具。如果不确定是否绑定过 Dart DevTools 工具，可以使用快捷键【Command+Shift+P】打开 VSCode 工具栏，然后输入 Open DevTools 打开调试窗口。

在需要调试的代码处设置断点，单击左上方的调试按钮即可开启调试功能。当代码运行到断点处时，会停留在断点处，然后就可以进行断点调试操作。

2.3.6　运行模式

目前，Flutter 一共提供了 3 种运行模式，分别是 Debug、Release 和 Profile 模式。其中，Debug 模式主要用在软件编写过程中，Release 模式主要用在应用发布过程中，而 Profile 模式则主要用于应用性能分析，每个模式都有自己特殊的使用场景。

1．Debug 模式

Debug 模式又名调试模式，Debug 模式可以同时在物理设备、仿真器或者模拟器上运行程序。默认情况下，使用 flutter run 命令运行程序时就是使用的 Debug 模式。

在 Debug 模式下，所有的断言、服务扩展是开启的，并且 Debug 模式对快速开发和运行周期进行了编译优化，当使用调试工具进行代码调试时可以直接连接到程序的进程里。

2．Release 模式

Release 模式又名发布模式，此模式只能在物理设备上运行，不能在模拟器上运行。使用 flutter run--release 命令运行程序时就是使用的 Release 模式。在 Release 模式下，断点、调试信息和服务扩展是不可用的，并且 Release 模式对快速启动、快速执行和安装包大小进行了优化。

3．Profile 模式

Profile 模式又名分析模式，只能在物理设备上运行，不能在模拟器上运行。此模式主要用于程序的性能分析，一些调试能力是被保留的，目的是分析程序中存在的性能问题。Profile 模式和 Release 模式大体相同，不同点体现在，Profile 模式的某些服务扩展是启用的，某些进程调试手段也是开启的。

2.4   Flutter Web 入门

在 2019 年 5 月召开的谷歌 I/O 大会上，谷歌公司发布了 Flutter 1.5，此版本支持 Web 环境，至此 Flutter 正式开启了全平台视图框架之路。

想要开发 Flutter 桌面和 Web 应用，需要将当前版本切换到 master。可以使用 flutter channel 命令来查看本地的版本，如果要切换到其他版本，可以使用 flutter channel 命令，如下所示。

```
flutter channel master          //切换到 master 版
```

切换完成之后，使用如下命令开启 Flutter 对桌面和 Web 的支持。

```
flutter config --enable-macos-desktop
```

对于其他的操作系统，可以使用如下命令开启。

```
flutter config --enable-linux-desktop       //Linux 操作系统
flutter config --enable-windows-desktop   // Windows 操作系统
```

接下来，就可以使用命令行或者 Android Studio、VSCode 等可视化工具来创建 Flutter Web 示例项目了，如图 2-26 所示。

图 2-26   Flutter Web 示例项目

可以发现，新建的 Flutter Web 示例项目比原来的项目多两个包，即"web"包和"macos"包。要运行 Flutter Web 示例项目，只需要点击工具栏上对应的设备即可，如图 2-27 所示。

图 2-27　选择 Flutter Web 示例项目的运行设备

选择运行环境为 Chrome，然后运行 Flutter Web 示例项目，最终的运行效果如图 2-28 所示。

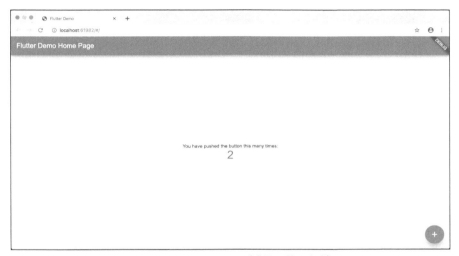

图 2-28　Flutter Web 示例项目的运行效果

如果选择运行的环境为 macOS，那么运行示例项目时会启动一个桌面应用。

2.5　Flutter 升级

目前，Flutter 提供 4 个版本，分别是 beta、dev、master 和 stable。官方推荐使用 stable 版，此版本是 Flutter 的稳定版本。我们可以通过在命令行工具中输入 flutter channel 命令来查看本地 Flutter 的版本，如图 2-29 所示。

```
xiangzhihongdeMacBook-Pro:~ xiangzhihong$ flutter channel
Flutter channels:
  beta
  dev
  master
* stable
```

图 2-29　查看本地 Flutter 版本

当然，如果想要体验 Flutter 的最新特性，可以选择 master 版，但是其稳定性相对较差。如果要切换版本，可以使用 flutter channel beta 或 flutter channel master 命令来切换。

除此之外，我们还可以为指定的 Flutter 项目升级 Flutter SDK。打开 Flutter 项目的 pubspec.yaml 文件，然后修改 Flutter SDK 的依赖项，如下所示。

```
name: hello_world
dependencies:
  flutter:
    sdk: flutter
dev_dependencies:
  flutter_test:
    sdk: flutter
```

如果想要同时升级 Flutter SDK 和项目的依赖包，可以在 Flutter 程序的根目录中运行如下命令。

```
flutter upgrade            //升级 Flutter SDK 和依赖包
```

如果只想升级依赖包，那么运行如下的命令即可。

```
flutter packages get          //安装依赖包
flutter packages upgrade      //升级依赖包
```

2.6 Flutter 包管理

一个完整的应用往往会依赖很多的第三方包。在原生 Android 开发中，通常使用 Gradle 来管理依赖包，在 iOS 中则使用 Cocoapods 或 Carthage 来管理依赖包。而对于 Flutter，我们可以使用配置文件 pubspec.yaml 来管理第三方依赖包。

在现代的软件体系中，.jaml 文件是一种直观、可读性高的文件，可以用来表达数据序列化。与.xml 文件、.json 文件相比，.jaml 文件的语法简单并非常容易解析，所以.jaml 文件常用于配置文件。Flutter 项目也使用.jaml 文件作为其配置文件，Flutter 项目默认的配置文件是 pubspec.yaml，位于 Flutter 项目的根目录下，如下所示。

```
name: flutter_app
description: A new Flutter application.

version: 1.0.0+1

environment:
  sdk: ">=2.1.0 <3.0.0"

dependencies:
  flutter:
    sdk: flutter
  cupertino_icons: ^0.1.2
  lpinyin: ^1.0.7

dev_dependencies:
  flutter_test:
    sdk: flutter


flutter:
  uses-material-design: true
```

Flutter 的 pubspec.yaml 支持多种方式的插件依赖，如常见的 Pub 依赖、Git 依赖和本地依赖。Pub 依赖根据是否支持自动更新，有以下 3 种写法。

```
dependencies:
  cupertino_icons: 0.1.2          //自动下载指定版本
  //或者
  cupertino_icons: ^0.1.2         //自动下载更高版本
  //或者
  cupertino_icons: ^0.1.2         //自动下载任意版本
```

具体使用哪种依赖方式，需要根据实际情况选择。pubspec.yaml 配置文件部分参数的含义如下。

- name：应用或包的名称。
- description: 应用或包的描述信息。
- version：应用或包的版本号。
- dependencies：应用或包依赖的其他第三方包或插件。
- dev_dependencies：开发环境依赖的工具包，区别于 Flutter 应用本身依赖的包。
- flutter：Flutter 的配置选项，如 fonts 或 assets 资源。

在 Flutter 开发中，可以通过 Pub 官网来搜索一些 Flutter 第三方包，如图 2-30 所示。

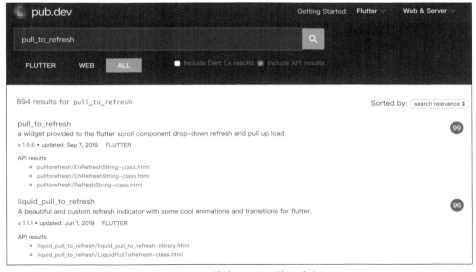

图 2-30　搜索 Flutter 第三方包

然后，在 pubspec.yaml 配置的 dependencies 节点中添加需要依赖的第三方插件，在命令行中输入 flutter packages get 命令即可下载依赖的插件。除此之外，也可以使用自己开发的插件，并将它上传到 Pub 上供其他开发者使用。

第 3 章
Dart 基础

3.1　Dart 入门

　　Dart 是谷歌公司于 2011 年 10 月发布的一门全新的编程语言，已经被欧洲计算机制造商协会（European Computer Manufacturers Association，ECMA）认定为标准，初期目标是将其用于 Web 应用、服务器、移动应用和物联网等领域的开发。

　　Dart 在设计之初参考了 Java 等面向对象的编程语言，因此 Dart 既有面向对象编程的特性，也有面向函数编程的特性。除了融合 Java 和 JavaScript 所长之外，Dart 还提供了一些其他具有表现力的语法，如可选命名参数、级联运算符和条件成员访问运算符等。总体来说，谷歌公司对 Dart 给予厚望，希望把它打造成一门集百家之所长的编程语言。

　　为了更好地学习 Dart，我们需要理解 Dart 开发中的一些重要概念。

- 在 Dart 中，所有的变量、数字、函数等内容都是对象，并且所有的对象都是类的实例。
- Dart 是一门强类型的语言，但是 Dart 可以推断类型，所以类型注释是可选的。
- Dart 的入口为 main()。
- Dart 代码在运行前解析，因此指定数据类型和编译时的常量可以提高运行效率。
- Dart 没有 public、protected 和 private 的权限概念。
- Dart 工具可以提示警告和错误两种类型的问题：警告只是表明代码可能无法正常工作，但不会阻止程序的执行；错误可能是编译时错误或者运行时错误，会影响程序的正常工作。

　　目前，Dart 已经发布了 2.5 稳定版本，新增了 dart:ffi 外部函数接口和机器学习驱动的代码补全等特性，并且 Dart 2.5 还改进了对常量表达式的支持。

3.1.1　Dart 安装与升级

　　使用 Dart 之前，需要先安装 Dart SDK。Dart SDK 包含了编写和运行 Dart 代码所需的一切工具，如虚拟机（Virtual Machine，VM）、库、分析器、包管理工具、文档生成器和代码调试等。

　　目前，Dart 支持手动和包管理工具两种安装方式，官方推荐使用包管理工具进行安装，因为此种方式有利于 Dart SDK 的安装和更新。打开 Dart 官网，然后根据操作系统选择对应的 SDK 平台。对于 macOS 环境，执行如下命令即可安装 Dart SDK。

```
brew tap dart-lang/dart
```

```
brew install dart              //安装稳定版
brew install dart --devel      //安装开发版
```

安装完成后，可以执行 brew info dart 命令验证是否安装成功。如果要升级或者移除 Dart，可以执行如下命令。

```
brew update
brew upgrade dart              //升级 Dart
brew cleanup dart             //移除 Dart
```

因为 Dart 是全平台开发语言，所以如果要开发 Web 应用，还需要下载 Dartium 环境。除此之外，Dart 还提供了在线编辑运行环境，开发者可以使用它来体验 Dart 的魅力。

3.1.2　编写 Hello World

和大多数编程语言一样，Dart 也把 main()作为程序的入口。不过与 Java 语言相比，Dart 就要简单许多。首先，新建一个名为 hello.dart 的文件，并添加如下代码。

```
void main() {
  print('Hello, World!');        //输出 Hello, World!
}
```

找到 hello.dart 文件所在的路径，执行 dart hello.dart 命令，然后就会在控制台看到输出了"Hello, World!"，如图 3-1 所示。

```
xiangzhihongdeMacBook-Pro:Flutter xiangzhihong$ dart /Users/
xiangzhihong/Desktop/hello.dart
Hello, World!
```

图 3-1　Dart 示例运行效果

3.2　Dart 基础知识

3.2.1　变量与常量

在 Dart 中，变量可以使用 var、object 或 dynamic 关键字来声明，如下所示。

```
var name = 'Bob';
```

在计算机语言中，变量仅存储对象的引用，因此我们可以认为变量 name 存储了一个 String 类型的对象引用，Bob 是 String 类型对象的值。如果不限定变量的类型，那么可以将变量指定为对象类型或动态类型，如下所示。

```
dynamic name = 'Bob';
```

除此之外，还可以使用显式声明的方式来定义变量，如下所示。

```
String name = 'Bob';
```

在 Dart 中，一切皆为对象，因此未初始化的变量默认值是 null，如下所示。

```
int lineCount;
assert(lineCount == null);      //错误
```

在 Dart 中，声明常量需要使用 final 或 const 关键字。final 关键字修饰的变量（简称 final 变量）的值只能被设置一次，const 关键字修饰的变量（简称 const 变量）在编译时就已经固定。实例变量可以是 final 变量，但不能是 const 变量。

创建和设置一个 final 变量，如下所示。

```
final name = 'Bob';                      //正确
final String nickname = 'Bobby';         //正确
name = 'Alice';                          //错误，final 变量只能设置一次
```

如果需要在编译时就固定变量的值，可以使用 const 变量，如下所示。

```
const bar = 1000000;
const double atm = 1.01325 * bar;
```

const 关键字不仅可以用于声明常量，还可以用来创建常量值，以及声明创建常量值的构造函数，如下所示。

```
var foo = const [];
final bar = const [];
const baz = [];               // 等价于 const []
```

使用 const 关键字声明初始化表达式时，const 关键字是可以省略的。

3.2.2 内置数据类型

目前，Dart 常用的基本数据类型有 8 种，分别是 Number、String、Bool、List、Set、Map、Rune 和 Symbol。

1. Number 类型

Dart 中的 Number 类型分为整型和浮点型两种，使用 int 和 double 进行声明。

int 和 double 都是 Number 类型的子类，int 类型只能表示整数，不能包含小数点。Number 类型除了可以进行基本的加、减、乘、除和位移操作，还提供了将字符串和数字相互转换的方法，如下所示。

```
var one = int.parse('1');                  //String 类型转换为 int 类型
assert(one == 1); Number

var onePointOne = double.parse('1.1');     //String 类型转换为 double 类型
assert(onePointOne == 1.1);

String oneAsString = 1.toString();         // int 类型转换为 String 类型
assert(oneAsString == '1');

String piAsString = 3.14159.toStringAsFixed(2);//double 类型转换为 String 类型
assert(piAsString == '3.14');
```

并且从 Dart 2.1 开始，使用 num 声明的变量如果初始化时是 int 类型，那么它可以在初始化后转换成 double 类型，但是反过来不行，如下所示。

```
num a=10;
a=3.14;          //正确
a=20;            //错误
```

2. String 类型

Dart 的 String 类型是一组 UTF-16 的单元序列，通过单引号或者双引号进行声明，如下所示。

```
num a=10;
var s1 = 'hello world';
var s2 = "hello world";
```

可以使用 3 个单引号或 3 个双引号来定义多行的 String 类型,该字符串会原样输出,如下所示。

```
var s1 = '''
hello
world
''';

var s2 = """ hello
world""";
```

当然, 还可以为字符串添加一个 r 前缀, 用来创建原始 raw 字符串, 如下所示。

```
var s = r"In a raw string, even \n isn't special";
```

3. Bool 类型

Dart 的 Bool 类型只有 true 和 false 两个值,并且 Bool 值是编译时的常量。因为 Dart 是一个强类型检查的语言,所以只有当 Bool 类型的值是 true 时其结果才为 true。例如,有的语言里 0 是 false,大于 0 是 true,在 Dart 里是不支持的。

Dart 的强类型检查并不意味着不能使用 if 或者 assert,例如,我们可以在 Debug 模式下通过 assert 断言函数判断 bool 值,如下所示。

```
var fullName = '';
assert(fullName.isEmpty);            //检查空字符串

var hitPoints = 0;
assert(hitPoints <= 0);              //检查值是否为 0
```

4. List 类型

在 Dart 中,List 表示列表,和数组是同一个概念。Dart 中的 List 类型和 JavaScript 中的 Array 类型是一样的, 如下所示。

```
var list = [1, 2, 3];          //创建列表
var list2=new List()           //通过构造函数方式创建列表
var list3=const[1, 2, 3]       //创建一个不可变的列表
```

List 的索引从 0 开始, 第一个元素的索引是 0, 最后一个元素的索引是 list.length − 1。访问 List 的长度和元素与 JavaScript 中的用法一样, 如下所示。

```
var list= [1,2,3,4,5,6];
print(list.length);            //输出 6
print(list[list.length -1]);   //输出 6
```

5. Set 类型

在 Dart 中,Set 用来表示集合。使用 Set 定义的集合,它的对象不需要按照特定的规则排列,如下所示。

```
var halogens = {'fluorine', 'chlorine', 'bromine', 'iodine', 'astatine'};
```

同时, 对集合的访问和操作都是通过对象来实现的,因此集合中不能有重复的对象。要创建一个空集合, 可以使用带有类型参数的{},或者将{}赋值给 Set 类型的变量,如下所示。

```
var names = <String>{};        //创建一个空集合
```

除此之外, Dart 的集合还提供了 add()、addAll()等常用的方法。

```
var elements = <String>{};
elements.add('fluorine');
elements.addAll(halogens);
```

6. Map 类型

在 Dart 中,Map 以键值对(key-value)的形式进行存储。key 和 value 可以是任何类型的

对象，一个 Map 中，key 只能出现一次，但是 value 却可以出现多次，如下所示。

```
var gifts = {
  'first': 'hat',
  'second': 'book',
  'fifth': 'book'
};
```

当然，也可以使用 Map 的构造函数来创建，如下所示。

```
var gifts = Map();
gifts['first'] = 'hat';
gifts['second'] = 'book';
gifts['fifth'] = 'book';
```

如果要创建一个不可变的 Map 对象，只需要在 Map 对象前面添加 const 关键字即可，如下所示。

```
var gifts =const {
  'first': 'hat',
  'second': 'book',
  'fifth': 'book'
};
```

7. Rune 类型

在 Dart 中，Rune 类型用来表示 UTF-32 字符串，并且可以将文字转换成符号表情或者代表特定含义的文字。例如，下面是官方给出的 Rune 类型的示例。

```
var clapping = '\u{1f44f}';
print(clapping);
print(clapping.codeUnits);
print(clapping.runes.toList());

Runes input = new Runes('\u2665  \u{1f605}  \u{1f60e}  \u{1f47b}  \u{1f596}
\u{1f44d}');
print(new String.fromCharCodes(input));
```

执行上面的代码，运行结果如下所示。

```
□
[55357, 56399]
[128079]
♥  □  □  □  □  □
```

8. Symbol 类型

Symbol 表示在 Dart 程序中声明的运算符或标识符。在 Dart 开发中，几乎很少会用到 Symbol 类型，除非需要按名称引用标识符的 API，因为代码经过编译后标识符的名称会发生改变，但标识符的符号不会发生改变，如下所示。

```
print(#radix);          //输出 Symbol("radix")
print(#bar);            //输出 Symbol("bar")
```

3.3 函数

Dart 是一门面向对象的编程语言，所以函数也是对象，而且函数属于 Function 类型。这意味着 Dart 可以把函数当成变量传给另外一个函数，也可以把 Dart 类的实例当作方法来调用，如下所示。

```
var _nobleGases = { };
bool isNoble(int atomicNumber){
return _nobleGases[atomicNumber]!=null;}
```

如果函数只有一个表达式，那么可以使用箭头表达式进行简写，如下所示。

```
bool isNoble(int atomicNumber) => _nobleGases[atomicNumber]!=null;
```

3.3.1　main()

任何一个应用都必须有一个入口函数，Dart 应用的 main() 就是其入口函数。main() 返回值为空，参数为一个可选的 List<String> 数组。Flutter 应用的 main() 如下所示。

```
void main() => runApp(new MyApp());
```

3.3.2　函数参数

函数的参数类型有两种，即可选参数和必传参数。通常，必传参数会显示在参数列表的前面，后面再跟上可选参数。可选参数使用命名参数或者位置参数进行传值。

Dart 中的可选参数分为可选命名参数和可选位置参数两种，可选命名参数的参数部分使用{}包裹，如下所示。

```
void param(int num, {String name, int range}) {          //可选命名参数
}
param (10,range: 1);
```

可选位置参数的参数部分使用[]包裹，如下所示。

```
void param (int num, [String where, int range]) {   //可选位置参数
}
param (10,'shenzhen',10);
```

除了可选参数外，有的函数的参数是必传的。在 Dart 中，必传参数需要使用@required 修饰符，如下所示。

```
void enableFlags({bool bold, bool hidden, @required bool circle}){   // 必传参数
}
enableFlags(bold: true, circle:true);
```

当然，也可以给函数的参数设置默认值，如下所示。

```
void say(String from, [String device="android ", String id]){ }
```

3.3.3　返回值

几乎所有的函数都会有一个返回值，如果没有明确指定返回值，那么函数体会隐式地添加一个 "return null;" 语句，如下所示。

```
foo() {}
assert(foo() == null);
print(foo() == null);                    //true
```

运行上面的代码，控制台会返回正确信息。

3.3.4 匿名函数

和其他编程语言一样，Dart 也支持匿名函数。匿名函数通常以 lambda 表达式或者闭包的形式存在，一个匿名函数可以有 0 个或多个参数，参数之间使用逗号分隔，匿名函数的格式如下所示。

```
([[Type] param1[, …]]) {
    //函数体
};
```

下面是一个包含无类型参数 item 的匿名函数。

```
var list = ['apples', 'bananas', 'oranges'];
list.forEach((item) {
print('${list.indexOf(item)}: $item');
});
```

在上面的示例中，list 数组中的每个元素都会调用这个匿名函数，输出元素位置和对应位置的值。执行上面的示例代码，输出结果如下所示。

```
null
0: apples
1: bananas
2: oranges
```

3.4 Dart 运算符

计算机程序的最小单位是表达式，表达式主要由操作数和运算符组成。操作数可以是变量、常量、类、数组和方法，甚至还可以是表达式；而运算符则用于执行程序代码的相关运算。Dart 支持各种类型的运算符，并且部分运算符还支持重载操作。

1. 算术运算符

算数运算符是常见的运算符之一，Dart 支持的算术运算符有+、−、*、/、~/、−expr 和%，如表 3-1 所示。

表 3-1　Dart 算术运算符

运算符	说明
+	加法
−	减法
*	乘法
/	除法
~/	除法，取整
expr	取负
%	取余

下面是使用算术运算符的示例代码。

```
assert(2 + 3 == 5);
assert(2 - 3 == -1);
assert(2 * 3 == 6);
assert(5 / 2 == 2.5);      //结果是双浮点型
assert(5 ~/ 2 == 2);       //结果是整型
assert(5 % 2 == 1);        //取余
```

除此之外，Dart 还支持自增和自减运算符，如表 3-2 所示。

表 3-2 Dart 自增和自减运算符

运算符	说明
++var	先执行自增操作
var++	先使用值再执行自增操作
--var	先执行自减操作
var--	先使用值再执行自减操作

++var 和 var++的区别在于，++var 会先执行自增操作然后再使用值，而 var++则先使用值再执行自增操作。下面是自增和自减操作的示例代码。

```
var v = 2;
print(v++);        //输出 2
print(++v);        //输出 4
print(v--);        //输出 4
print(--v);        //输出 2
```

2. 关系运算符

关系运算符是用来表示两个操作数或表达式关系的运算符，Dart 的关系运算符主要由==、!=、>、<、>=和<=构成，如下所示。

```
assert(2 == 2);
assert(2 != 3);
assert(3 > 2);
assert(2 < 3);
assert(3 >= 3);
assert(2 <= 3);
```

3. 类型判定运算符

Dart 的类型判定运算符由 as、is 和 is!运算符构成，主要用于在运行时进行类型检查，如表 3-3 所示。

表 3-3 Dart 类型判定运算符

运算符	说明
as	判断是否属于某种类型
is	对象具有指定的类型，返回 true
is!	对象具有指定的类型，返回 false

其中，使用 as 运算符可以将对象强制转换为特定类型，如下所示。

```
var a = 123;
print((a as num) is num);
```

4．位运算符

在 Dart 中，位运算符主要由&、~、|、^、<<和>>构成。下面是按位和移位运算符的示例代码。

```
final value = 0x22;
final bitmask = 0x0f;

print((value & bitmask) == 0x02);      //按位与
print((value &~ bitmask) == 0x20);     //按位取反
print((value | bitmask) == 0x2f);      //按位或
print((value ^ bitmask) == 0x2d);      //按位异或
print((value << 4) == 0x220);          //按位左移
print((value >> 4) == 0x02);           //按位右移
```

5．逻辑运算符

Dart 的逻辑运算符由&&、||、!构成，如下所示。

```
var a = 12;
print( a>10 && a<11);          //false
print( a>10 II a<11);          //true
print(!(a>10));                //false
```

6．赋值运算符

在 Dart 中，最常见的赋值运算符是=。除此之外，赋值运算符还包括复合运算符，常见的复合运算符包括-=、/=、%=、>>=、^=、+=、*=、~/=、<<=、&=和|=，如下所示。

```
var nullVar;
var intVar = 12;

nullVar ??= intVar;
print(nullVar);                         //输出 12

var strVar = intVar > 10 ? "a": "b";
print(strVar);                          //输出 a
```

7．条件表达式

Dart 提供了三目表达式和??运算符来替换 if-else 条件表达式，如下所示。

```
condition ? expr1 : expr2               //三目表达式
expr1 ?? expr2                          //??运算符
```

通常，如果判定条件是 Bool 值，可以考虑使用?:运算符，如果判定是否为 null，则可以考虑使用??运算符，如下所示。

```
var isPublic;
var visibility = isPublic ? 'public' : 'private';

String playerName(String name) => name ?? 'Guest';
```

8．级联运算符

Dart 中的级联运算符用..表示，级联运算符可以对同一个对象进行一系列操作。级联运算符不仅可以调用函数，还可以访问同一对象上的字段属性。级联运算符可以简化语法，如下所示。

```
querySelector('#confirm')               //获取对象
```

```
..text = '确定'                          //调用成员变量
..classes.add('important')
..onClick.listen((e) => window.alert('确定'));
```

在上面的示例代码中，第一句代码调用 querySelector()，该函数会返回获取的对象，然后为该对象设置文本值和执行导入，最后为该对象添加一个点击监听事件。如果不使用级联运算符，上面的示例代码等价于：

```
var button = querySelector('#confirm');
button.text = 'Confirm';
button.classes.add('important');
button.onClick.listen((e) => window.alert('Confirmed!'));
```

除此之外，级联运算符还支持嵌套，如下所示。

```
final addressBook = (AddressBookBuilder()
    ..name = 'jenny'
    ..phone = (PhoneNumberBuilder()
        ..number = '415-555-0100'
        ..label = 'home')
      .build())
  .build();
```

不过，严格意义上来说，两个点的级联运算符算不上是一个运算符，它只是 Dart 中的一种特殊语法，用于简化表达式。

3.5 流程控制语句

Dart 的流程控制语句主要由 if-else、for、while 与 do-while、break 与 continue、switch 与 case、assert 等构成。

1. if-else

和其他编程语言一样，Dart 也支持 if-else 语句，其中 else 是可选的，如下所示。

```
bool isRaining = true;
if (isRaining) {
  print("true...");
}else{
  print("false...");
}
```

不过需要注意的是，Dart 的判断条件结果必须是 Bool 值，不能是其他类型。

2. for

进行迭代操作时，可以使用 for 循环语句，如下所示。

```
var message = StringBuffer('Dart is fun');
for (var i = 0; i < 3; i++) {
  message.write('!');
}
print(message);          //输出 Dart is fun!!!
```

除了常规的 for 循环外，针对可以序列化的操作数，还可以使用 forEach()。当不关心操作数的当前索引时，forEach()是很简便的。

```
var collection = [0, 1, 2];
for (var x in collection) {
```

```
  print(x);                    // 依次输出 0 1 2
}
collection.foreacn((item) ⇒ print(item));                    //依次输出 0  1  2
```

3. while 与 do-while

while 循环用于在执行前判断执行条件，do-while 循环用于在执行后判断执行条件，如下所示。

```
int i=1;
while(i<=10){
  print(i);                //输出 1~10
  i++;
 }

var j=10;
do{
  print('do-while');     //输出 do-while
}while(j<2);
```

4. break 与 continue

使用 break 可以停止程序循环，如下所示。

```
while (true) {
  if (shutDownRequested()) break;
  processIncomingRequests();
}
```

使用 continue 则可以跳出当前循环，并执行下一次迭代，如下所示。

```
for (int i = 0; i < candidates.length; i++) {
  var candidate = candidates[i];
  if (candidate.yearsExperience < 5) {
    continue;
  }
  candidate.interview();
}
```

如果对象实现了 Iterable 接口，那么上面示例的等价代码如下所示。

```
candidates
    .where((c) => c.yearsExperience >= 5)
    .forEach((c) => c.interview());
```

5. switch 与 case

switch 语句是一个多分支选择语句，用于在多种情况中执行一种符合条件的语句。switch 语句比较的对象必须都是同一类型，可以是整数、字符串或者编译时常量。

switch 语句通常需要和 case 语句配合使用。在 case 语句中，每个非空的 case 语句结尾必须跟一个 break 语句，当没有 case 语句进行匹配时，会默认执行 default 语句，如下所示。

```
var command = 'OPEN';
switch (command) {
  case 'CLOSED':
      print("CLOSED...");
    break;
  case 'OPEN':
    print("OPEN...");
    break;
  default:
    print("default...");
```

```
}
```

除了 break 语句以外，case 语句还可以使用 continue、throw 或者 return 来执行特定的逻辑。

6. assert

assert 用于表示断言，用于判断语句是否满足条件。

如果 assert 修饰的语句中的判断结果为 false，那么正常的程序执行流程会被中断；如果 assert 修饰的判断条件结果为 true，则继续执行后面的语句。并且 assert 的判断条件是任何可以转化为 Bool 类型的对象，即使是函数也可以，如下所示。

```
var text='hello';
assert(text!= null);
var number=0;
assert(number<100);
```

需要说明的是，Flutter 中的 assert 只在 Debug 模式中有效，在生产环境是无效的，请谨慎使用。

3.6 异常

异常表示程序运行过程中发生的意外错误，如果没有捕获异常，会导致程序终止执行。Dart 可以抛出并捕获异常，不过与 Java 的异常不同，Dart 的所有异常都是未检查的异常。也就是说，Dart 不需要声明它们可能抛出的异常，也不强制捕获任何异常。

Dart 提供了异常和错误类型以及许多预定义的子类型，开发者可以根据需要抛出或者捕获异常。当然，开发者也可以定义自己的异常。

3.6.1 抛出异常

如果不对异常进行任何处理，那么可以将异常抛出。下面的示例演示了如何抛出异常。

```
throw FormatException('抛出 FormatException 异常');
throw '非法数据异常!';
```

如果抛出异常的是一个表达式，那么也可以在其他的表达式语句中使用它，并且可以在使用表达式的地方抛出异常，如下所示。

```
void distanceTo(Point other) => throw UnimplementedError();
```

不过，稳定健壮的程序一定是做了大量异常处理的，而不是简单的抛出异常，所以不建议在编写程序时直接抛出异常而不做任何异常处理。

3.6.2 捕获异常

没有异常的代码几乎是不存在的，捕获异常可以避免异常继续传递。在实际开发过程中，可以通过某个特定的时机来捕获异常并处理该异常，如下所示。

```
void foo(a) {
  if (a is int) {
   throw Exception("hello");
  }
```

```
}

try{
    foo(1);
}on Exception catch(e,s){
  print("22222==${e}==$s");
}catch(e){
  print("1111==$e");
}
```

在上述示例代码中，捕获异常时同时使用了 on() 和 catch()。其中，on 可以用来指定异常类型，catch() 则用来捕获异常对象。

同时，catch() 可以指定 1~2 个参数，第一个参数为抛出的异常对象，第二个参数为 catch() 捕获的堆栈信息，如下所示。

```
try {
  //···
} on Exception catch (e) {
  print('Exception details:\n $e');
} catch (e, s) {
  print('Exception details:\n $e');
  print('Stack trace:\n $s');
}
```

3.6.3　finally

在异常处理流程中，不管是否抛出异常，finally 中的代码都会被执行。如果 catch() 没有匹配到异常，异常会在 finally 执行完后继续传播。

```
try {
  print(' try…');
} catch (e) {
  print('Error: $e');
} finally {
  cleanLlamaStalls();           // 始终都会执行
}
```

3.7　类

Dart 作为一门高级编程语言，支持很多面向对象的特性，因此它支持 Mixin 继承。Mixin 继承指的是一个类可以继承自多个父类，相当于其他语言里的多继承。并且每一个对象都是一个类的实例，所有的类都继承自 Object，Object 是所有类的父类，且它没有父类。

3.7.1　类的成员变量

在面向对象编程中，类的对象通常由函数和数据组成。方法的调用需要通过对象来完成，被调用的方法还可以访问其对象的其他函数和数据，我们使用点操作符来引用对象的变量和方法，如下所示。

```
class Point{
    int x;
    int y;
}

main() {
  Point p=new Point();
  p.x=2;
  p.y=2;
  print(p.x);          //输出 2
}
```

类中所有的变量都会隐式地定义 setter()，针对非空的变量还会额外增加 getter()。并且在使用过程中，还可以使用?·操作符来避免空指针异常。

3.7.2 构造函数

构造函数是一种特殊的函数，主要用来在创建对象时初始化对象，即为对象成员变量赋初值，构造函数的函数名必须要和类名相同，如下所示。

```
class Point{
    int x;
    int y;

    Point(int x, int y) {            //构造函数
        this.x = x;
        this.y = y;
    }
}
```

在 Dart 中，this 关键字指向了当前类的实例，使用 new 关键字创建类的实例时，操作系统会默认调用有参的构造函数。如果一些类提供了常量构造函数，使用常量构造函数时可以添加 const 关键字来创建编译时常量，如下所示。

```
class ImmutablePoint {
  static final ImmutablePoint origin =
      const ImmutablePoint(0, 0);
  final num x, y;
  const ImmutablePoint(this.x, this.y);
}

main() {
var p = const ImmutablePoint(2, 2);
print(p.x);                  //输出 2
```

如果常量构造函数在常量上下文之外，且省略了 const 关键字，则此时创建的对象是非常量对象，如下所示。

```
var a = const ImmutablePoint(1, 1);      //创建一个常量对象
var b = ImmutablePoint(1, 1);            //创建一个非常量对象
```

3.7.3　继承类

继承是面向对象编程语言的基本特征之一，它允许创建分等级层次的类。继承指的是子类继承父类的特征和行为，使得子类对象具有父类的实例域和方法，子类对象还能扩展新的能力。

和其他编程语言一样，Dart 使用 extends 关键字来创建一个子类，使用 super 关键字来指定继承的父类，如下所示。

```
class Person {                              //父类
  String name;
  int age;
  void run(){
    print('Person is run...');
  }
}

class Student extends Person{               //继承类
  @override
  void run() {
    print('Student ${name} is run...');
  }
  void study(){
    print('Student ${name} is study...');
  }
}

main() {
  var student=new Student();
  student.name='Tom';
  student.study();
  student.run();
}
```

执行上面的代码，输出结果如下所示。

```
Student Tom is study...
Student Tom is run...
```

3.7.4　抽象类

使用 abstract 修饰符定义的类被称为抽象类，抽象类只能被继承，不能实例化。Dart 的抽象类可以用来定义接口和部分接口实现，子类可以继承抽象类也可以实现抽象类接口。抽象类通常具有一个或多个抽象方法，如下所示。

```
abstract class AbstractContainer {
  …//省略构造行数、字段、方法
  void updateChildren();                //抽象方法
}            //抽象方法
```

如果希望抽象类被实例化，那么需要定义一个工厂构造函数。并且抽象类的抽象方法是必须实现的，而普通方法则不需要实现，如下所示。

```
abstract class Animal{
  eat();              //抽象方法
  run();              //抽象方法
  printInfo(){        //普通方法
    print('抽象类中的普通方法...');
  }
}


class Dog extends Animal{

  @override
  eat() {
    print('小狗在啃骨头...');
  }

  @override
  run() {
    print('小狗在跑...');
  }
}

main() {
  var dog=Dog();
  dog.eat();
  dog.run();
  dog.printInfo();
}
```

3.7.5 枚举类

枚举类是一种特殊的类，用来表示相同类型的一组常量值。枚举类型使用 enum 关键字进行定义，枚举类型中的每个值都有一个 index 的 getter()，用来标记元素在枚举类型中的位置，如下所示。

```
enum Color { red, green, blue }
assert(Color.red.index == 0);
assert(Color.green.index == 1);
assert(Color.blue.index == 2);
```
使用枚举类型的 values 常量可以获取所有枚举值列表，如下所示。

```
List<Color> colors = Color.values;
print(colors);            //输出[Color.red, Color.green, Color.blue]
```
因为枚举类型里面的每个元素都具有相同的类型，所以可以在 switch 语句中使用枚举类型，如下所示。

```
var aColor = Color.blue;

switch (aColor) {
  case Color.red:
    print('Red as roses!');
    break;
```

```
case Color.green:
  print('Green as grass!');
  break;
default:
  print(aColor);
}
```

需要说明的是，在 Dart 中使用枚举类型需要注意以下限制。

- 枚举类型不能被子类化、继承或实现。
- 枚举类型不能被显式实例化。

3.7.6 Mixin

Mixin 是复用类代码的一种途径，复用的类可以在不同层级，并且复用的类之间可以不存在任何继承关系，是现代函数式编程语言的一个基本特性。

众所周知，Java 中类的继承都是很简单的单继承，也就是说一个子类只有一个父类。而 Dart 的 Mixin 则相当于多继承，也就是说一个子类可以继承多个父类。Dart 使用 with 关键字来实现 Mixin 的功能，如下所示。

```
class SoftEngineer {
  void doWork() {
    print('工程师在写代码');
  }
}

class HardEngineer {
  void fixComputer() {
    print('工程师在修电脑');
  }
}

class Engineer = SoftEngineer with HardEngineer;

main() {
  var engineer =  Engineer();
  engineer.doWork();              //工程师在写代码
  engineer.fixComputer();         //工程师在修电脑
}
```

从上面的示例可以看到，使用 Mixin 机制可以让一个类复用多个父类的代码，从而获得更高的灵活性。

3.8 泛型

泛型是程序设计语言的特性，是一种特有的语法糖，只在源代码中出现，编译时会替换为具体的代码对象。泛型的本质是数据类型的参数化，它给强类型编程语言增加了灵活性。并且，使用泛型可以减少重复的代码，提高代码的质量。

例如，有两个抽象类 ObjectCache 和 StringCache，代码如下所示。

```
abstract class ObjectCache {
  Object getByKey(String key);
  void setByKey(String key, Object value);
}

abstract class StringCache {
  String getByKey(String key);
  void setByKey(String key, String value);
}
```

可以发现，ObjectCache 类和 StringCache 类中的方法都是一样的，因此可以通过创建一个带有泛型参数的接口来代替上述接口，如下所示。

```
abstract class Cache<T> {
  T getByKey(String key);
  void setByKey(String key, T value);
}
```

泛型可以用于集合中 List、Set 和 Map 类型的参数化。对于 List 或 Set，只需要在声明语句前添加类型前缀；对于 Map，则需要在声明语句前添加<keyType, valueType>类型前缀，格式如下所示。

```
List: <type>
Set: <type>
Map: <keyType , valueType>
```

下面是泛型在集合中的使用示例。

```
var names = <String>['Seth', 'Kathy', 'Lars'];
var uniqueNames = <String>{'Seth', 'Kathy', 'Lars'};
var pages = <String, String>{
  'index.html': 'Homepage',
  'robots.txt': 'Hints for web robots',
  'humans.txt': 'We are people, not machines'
};
```

在调用构造函数时，可以在类名字后面使用尖括号来指定泛型类型，如下所示。

```
var nameSet = Set<String>.from(names);
```

当然，在使用泛型的时候，也可以使用 extends 关键字来限制参数的类型，如下所示。

```
class SomeBaseClass{}

class Foo<T extends SomeBaseClass> {
  String toString() => "Instance of 'Foo<$T>'";
}

class Extender extends SomeBaseClass {}

main() {
  var someBaseClassFoo = Foo<SomeBaseClass>();
  var extenderFoo = Foo<Extender>();
}
```

除了作用于类之外，还可以使用泛型来定义泛型方法，如下所示。

```
T first<T>(List<T> ts) {
  T tmp = ts[0];
  return tmp;
```

```
  }

main() {
  var names = <String>['Seth', 'Kathy', 'Lars'];
  print(first(names));
}
```

3.9   元数据

元数据又称中介数据、中继数据，主要用来描述数据的属性信息，如存储位置、历史数据、文件记录等。元数据注释以字符@开头，后接对编译时常量的引用或对常量构造函数的调用。

目前，Dart 支持 3 种元数据注解，即@deprecated、@override 和@proxy。其中，@deprecated 用来表示被标注的元素已过时，@override 用来表示需要覆盖父类的方法，@proxy 可以用来在编译时避免错误警告，如下所示。

```
// deprecated 示例
class Television {
  @deprecated
  void activate() {
    turnOn();
  }
  void turnOn() {...}
}

//override 示例
class Electronics{
  void activate(){
    print('Electronics activate...');
  }
}

class Television extends Electronics{
  @override
  void activate() {
    super.activate();
    print('Television activate...');
  }
}

// proxy 示例
class Television {
@proxy
  void noSuchMethod(Invocation mirror) {
  }
```

使用自定义注解时，需要先导入自定义的注解，如下所示。

```
import 'todo.dart';

@Todo('seth', 'make this do something')
```

```
void doSomething() {
  print('do something');
}
```

除此之外,元数据还可以作用在 library(库)、class(类)、typedef(类型定义)、type parameter(类型参数)、constructor(构造函数)、factory(工厂函数)、function(函数)、field(作用域)、parameter(参数)和 variable(变量)中,并且可以使用反射,在运行时获取元数据信息。

3.10　异步编程

3.10.1　声明异步函数

在编程语言中,按照代码的执行顺序,通常可以分为同步与异步两种。同步指的是按照代码的编写顺序,从上到下依次执行。代码同步执行的缺点显而易见,如果其中某一行或几行代码非常耗时,那么就会造成程序阻塞,影响后面代码的执行。

而异步编程,是一种非阻塞的、事件驱动的编程机制。异步编程可以充分利用系统资源来并行执行多个任务,因此提高了系统的运行效率。Dart 是目前少数几个支持异步编程的语言之一,开发者可以使用异步函数或 await 表达式来实现异步编程。

异步函数指的是被 async 标识符标记的函数,该函数会返回 Future 对象,如下所示。

```
Future<String> lookUpVersion() async => '1.0.0';
```

如果函数不需要返回值,可以将返回类型设置为 Future<void>,如下所示。

```
Future<void> lookUpVersion() async => '1.0.0';
```

3.10.2　Future

在 Java 并发编程中,经常会使用 Future 来处理异步或者延迟任务,而在 Dart 中,同样也可以使用 Future 来处理异步任务。默认情况下,Future 执行的是一个事件队列任务,并且 Future 提供了多个 API 和特性来辅助任务队列的完成。

Dart 的 Future 与 JavaScript 的 Promise 非常相似,主要用来处理异步任务的最终完成结果。也就是说,异步任务处理成功就执行成功的操作,异步任务处理失败就捕获错误或者停止后续操作。在 Dart 中,创建 Future 的函数有很多,常见的有以下几种。

- Future():默认构造函数,返回值可以是普通值或 Future 对象。
- Future.microtask():将 Future 对象添加到异步任务队列。
- Future.sync():创建一个同步任务,该任务会被立即执行。
- Future.delayed():创建一个延时任务,但是延时不一定准确。
- Future.error():创建一个 Future 对象,返回结果为错误。

在异步任务中,Future 中的任务完成后还需要添加一个回调函数,用于处理回调的结果,并且回调会被立即执行,不会被添加到事件队列,如下所示。

```
void main() {
```

```
  Future fut =new Future.value(007);
  fut.then((res){
    print(res);
  });

  new Future((){
    print("async task");
  }).then((res){
    print("async task complete");
  }).then((res){
    print("async task after");
  });
}
```

运行上面的代码，最终的执行结果如下所示。

```
7
async task
async task complete
async task after
```

如果要捕获异步任务的异常，可以使用 catchError()，如下所示。

```
void main() {
print("main start");
  Future.sync((){
    throw AssertionError("Error");
  }).then((data){
    print("success");
  }).catchError((e){
    print(e);
  });
print("main stop");
}
```

在上面的代码中，异步任务抛出了一个异常，因此 then()回调函数将不会被执行，取而代之的是 catchError()回调函数被调用。运行上面的代码，输出结果如下所示。

```
main start
main stop
Assertion failed
```

在 Dart 中，并不是只有 catchError()回调函数才能捕获错误，then()也提供了一个可选参数 onError，可以使用它来捕获异常，如下所示。

```
void main() {
  Future.sync(() {
    throw AssertionError("Error");
  }).then((data) {
    print("success");
  }, onError: (e) {
    print(e);
  });
}
```

如果要执行多个任务反馈执行的结果，那么可以使用 Future.wait()，如下所示。

```
void main() {
  print("main start");
  Future.wait([
```

```
    Future.sync(() {
      return "hello";
    }),
    Future.sync(() {
      return " world";
    })
  ]).then((results) {
    print(results[0] + results[1]);
  }).catchError((e) {
    print(e);
  });
  print("main stop");
}
```

Future.wait()在多个任务都完成之后才执行回调，执行上面的代码，输出结果如下所示。

```
main start
main stop
hello world
```

3.10.3 async/await

async 和 await 是 Dart 1.9 中的两个新关键字，开发者使用 async/await 可以编写更简洁的异步代码，且不需要再调用 Future 的相关 API。在 Future 中，使用 async 修饰的方法会将 Future 对象作为返回值，如下所示。

```
checkVersion() async {
  var version = await lookUpVersion();
  print(version);
}
```

使用 async 修饰的方法会同步执行方法里面的代码，直到遇到第一个 await 关键字，并且一旦 await 修饰的 Future 任务执行完成，await 下的第一行代码将立即执行。

同时，为了防止使用 await 导致的错误，还需要使用 try、catch 和 finally 来处理代码中的异常，如下所示。

```
try {
  version = await lookUpVersion();
} catch (e) {
}
```

如果使用 await 导致编译时错误，那么需要确认 await 是否工作在一个异步函数中。例如，在应用的 main 函数中使用 await 时，main()的函数体必须被标记为 async，如下所示。

```
main() async {
  checkVersion();
  print('In main: version is ${await lookUpVersion()}');
}
```

3.10.4 Stream

除了 Future 外，Stream 也可以用于接收异步事件数据。和 Future 不同的是，Stream 除了可以接收单个异步事件数据外，还可以接收多个异步任务的结果。也就是说，在执行异步任务时，可以通过多次触发成功或失败事件来传递结果数据或错误异常。

根据使用场景的不同，Stream 的创建方式也有多种，常见的有如下几种。

- Stream<T>.fromFuture：接收一个 Future 对象来创建 Stream。

- Stream<T>.fromFutures：接收一个 Future 集合对象来创建 Stream，即将一系列的异步任务执行结果放入 Stream。

- Stream<T>.fromIterable：接收一个集合对象来创建 Stream。

- Stream<T>.periodic：接收一个 Duration 对象来创建 Stream。

根据数据流监听器个数的不同，Stream 数据流可以分为单订阅流和多订阅流。实际开发过程中，创建 Stream 数据流使用的是 StreamController，而不是使用 Stream 的几种创建方式。例如，下面是使用 StreamController 创建单订阅流的示例。

```
StreamController<String> streamController = StreamController();
streamController.stream.listen((data)=> print(data));
streamController.sink.add("a");
streamController.add("b");
streamController.add("c");
streamController.close();              //输出 a、b、c
```

使用 StreamController 创建多订阅流有两种方式，即直接创建多订阅流和将单订阅流转成多订阅流，如下所示。

```
//直接创建多订阅流
StreamController<String> s1 = StreamController.broadcast();
s1.stream.listen((data){
  print(data);
  },onError: (error){
  print(error.toString());
  });
s1.stream.listen((data) => print(data));
s1.add("a");

//将单订阅流转成多订阅流
StreamController<String> s2 = StreamController();
Stream stream =s2.stream.asBroadcastStream();
stream.listen((data) => print(data));
stream.listen((data) => print(data));
s2.sink.add("a");
s2.close();
```

需要说明的是，为了避免造成资源浪费，数据流用完之后需要调用 close()关闭 Stream 数据流。

在 Dart 中，Stream 和 Future 是异步编程的两个核心 API。Future 用于处理异步或者延迟任务等，返回值是一个 Future 对象。Future 通常用于获取一次异步获得的数据，而 Stream 则可以通过多次触发成功或失败事件来获取数据。

第 4 章
Flutter 组件基础

4.1　Widget 组件基础

Flutter 开发中有一个非常重要的理念，即一切皆为组件。Flutter 中的 Widget 概念不仅可以表示 UI 元素，也可以布局元素、动画、装饰效果。

Flutter 使用组件来构建应用的视图，当组件的状态发生改变时，组件会重构自身的描述，并且 Flutter 框架会对比之前的描述，以确定底层渲染树从当前状态转换到下一个状态所需要的最小更改，最后再执行界面的刷新。

在 Flutter 的 Widget 体系中，Widget 是一个描述 UI 元素的配置数据，也就是说，Widget 并不是最终显示在设备屏幕上的显示元素，而是一个描述显示元素的配置数据。

实际上，Flutter 中真正代表屏幕显示元素的类是 Element。因此可以认为，Widget 只是描述 Element 的配置数据而已，并且一个 Widget 可以对应多个 Element。不过，因为 Element 是通过 Widget 生成的，所以它们之间存在唯一的对应关系。在大多数场景下，可以宽泛地认为 Widget 树就是指 UI 组件树或 UI 渲染树。

在 Flutter 开发中，一个简单的 Flutter 应用只需要一个组件，如下所示。

```
import 'package:flutter/material.dart';

void main() {
  runApp(
    new Text(
        'Hello, world!',
        textDirection: TextDirection.ltr,
      ),
  );
}
```

在上面的示例中，一个 Text 组件即构成了一个 Flutter 应用。当然，真实的应用远不会这么简单，但是也都是由一些基础组件构成的，因此，基础组件是 Flutter 应用开发的基础。

4.1.1　StatelessWidget

StatelessWidget 表示没有状态的组件，因此它不需要管理组件的内部状态，也无法使用

setState()来改变组件的状态。对于无状态组件的内部属性，为了防止内部成员变量的值被改变，需要使用 final 修饰符进行修饰。

如果要创建一个无状态的组件，只需要继承 StatelessWidget 根组件，并重写 build()即可，如下所示。

```dart
import 'package:flutter/material.dart';

void main() => runApp(new MyApp('Hello Flutter'));

class MyApp extends StatelessWidget {

  final String content;
  MyApp(this.content);

  @override
  Widget build(BuildContext context) {
    return MaterialApp(
        title: 'Flutter Demo',
        theme: ThemeData(
          primarySwatch: Colors.blue,
        ),
        home: Scaffold(
          body: Center(
            child: Text(content),
          ),
        )
    );
  }
}
```

由于 StatelessWidget 根组件是没有状态，它只在初始化阶段构建 Widget 时才会执行一次渲染，因此它无法基于任何事件或用户操作重绘视图。

StatelessWidget 组件的 build()有一个 context 参数，它是 BuildContext 类的一个实例，表示当前 Widget 在 Widget 树中的上下文，每一个 Widget 都会对应一个 context 对象。可以理解为，context 是当前 Widget 在 Widget 树中执行相关操作的一个句柄，例如可以使用它向上遍历 Widget 树以及按照 Widget 类型查找父级 Widget。

下面是一个在子树中获取父级 Widget 的示例。

```dart
class ContextRoute extends StatelessWidget {
  @override
  Widget build(BuildContext context) {
    return Scaffold(
      appBar: AppBar(
        title: Text("Context 测试"),
      ),
      body: Container(
        child: Builder(builder: (context) {
          Scaffold scaffold = context.ancestorWidgetOfExactType(Scaffold);
          return (scaffold.appBar as AppBar).title;
        }),
      ),
```

```
      );
  }
}
```

4.1.2　StatefulWidget

StatefulWidget 表示有状态的 Widget。当我们创建一个 StatefulWidget 组件时，它同时也会创建一个 State 对象，StatefulWidget 就是通过与 State 对象进行关联来管理组件状态树的。

因为 StatefulWidget 是有状态的，所以它的内部成员变量不需要使用 final 修饰符，当需要更新内部变量时直接使用 setState()即可，一旦 Flutter 监听到状态树发生变化，就会触发视图的重绘。

如果要创建一个有状态的组件，需要该组件继承 StatefulWidget，然后在该组件中创建状态对象，并重写 build()，如下所示。

```
import 'package:flutter/material.dart';

void main() => runApp(new MyApp('Hello Flutter'));

class MyApp extends StatefulWidget {

  String content;
  MyApp(this.content);

  @override
  State<StatefulWidget> createState() {
    return new MyAppState();
  }
}

class MyAppState extends State<MyApp> {

  bool isShowText =true;

  void increment(){
    setState(() {
      widget.content += "!";
    });
  }

  @override
  Widget build(BuildContext context) {
  return MaterialApp(
      title: 'Flutter Demo',
      theme: ThemeData(
        primarySwatch: Colors.blue,
      ),
      home: Scaffold(
        body: Center(
          child: GestureDetector(
            child: isShowText? Text(widget.content) :null,
            onTap: increment,
```

```
                )
              ),
          )
      );
    }
  }
```

在上面的示例中，MyApp 就是一个 StatefulWidget，当单击文字时，文字的内容会发生变化，因为我们执行了数字自增运算。在 StatefulWidget 中，如果要更改状态的数据，直接调用 setState() 即可。

4.1.3　MaterialApp

作为一个跨平台技术框架，Flutter 提供了 Material 和 Cupertino 两套视觉组件以分别满足 Android 和 iOS 的视觉要求，并且都以 Widget 的形式表现出来。

MaterialApp 是 Flutter 开发的符合 Material Design 设计理念的 Widget，可以将它类比为网页开发中的<html>标签，且它提供了路由、主题色和标题等功能。作为 Flutter 提供的入口 Widget，MaterialApp 有以下几个比较重要的参数。

- title：String 类型，表示在 Android 应用管理器的 App 上方显示的标题，对 iOS 设备不起作用。
- home：Widget 类型，Flutter 应用默认启动后显示的第一个 Widget。
- routes：Map<String, WidgetBuilder>类型，是应用的顶级路由表。当我们使用 Navigator. pushNamed 进行命名路由的跳转时，会在路由表中进行查找并执行跳转操作。
- theme：定义应用主题。
- theme.primarySwatch：应用的主题色。
- theme.primaryColor：单独设置导航栏的背景颜色。

如果 Flutter 应用只有一个页面，那么无须使用 routes 框架，直接使用 MaterialApp 的 routes 参数即可。下面是使用 MaterialApp 的 routes 参数实现页面跳转的示例。

```
import 'package:flutter/material.dart';

main() => runApp(MyApp());

class MyApp extends StatelessWidget {
  @override
  Widget build(BuildContext context) {
    return MaterialApp(
      title: 'Material Components',
      home: FirstPage(),
      routes:  <String, WidgetBuilder>{//1
        '/first': (BuildContext context) => FirstPage(),
        '/second': (BuildContext context) => SecondPage(),
      },
      initialRoute: '/first' ,
    );
  }
}
```

```
class FirstPage extends StatelessWidget {
  @override
  Widget build(BuildContext context) {
    return Scaffold(
      appBar: AppBar(
        title: Text('第一页'),
      ),
      body: Padding(
        padding: EdgeInsets.all(30.0),
        child: MaterialButton(
          color: Colors.blue,
          textColor: Colors.white,
          child: Text('跳转到第二页'),
          onPressed: () {
            Navigator.pushNamed(context, '/second');//2
          },
        ),
      ),
    );
  }
}

class SecondPage extends StatelessWidget {
  @override
  Widget build(BuildContext context) {
    return Scaffold(
      appBar: AppBar(
        title: Text('第二页'),
      ),
      body: Padding(
        padding: EdgeInsets.all(30.0),
        child: MaterialButton(
            color: Colors.blue,
            textColor: Colors.white,
            child: Text('返回第一页'),
            onPressed: () {
              Navigator.of(context).pop();
            }),
      ),
    );
  }
}
```

在上面的代码中，我们调用 Navigator.push 将新建的路由添加到 Navigator 管理的 route 堆栈的栈顶。这个路由可以自定义，但是建议使用 MaterialPageRoute。它是一个模态路由，可以自适应各个平台，并提供了相应的页面切换动画，运行效果如图 4-1 所示。

图 4-1　MaterialApp 应用示例

4.1.4 AppBar

AppBar 是 Flutter 应用的顶部导航栏组件，可以用来控制路由、标题和溢出下拉菜单，其结构如图 4-2 所示。

AppBar 的基本属性如下。

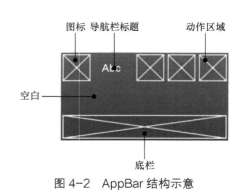

图 4-2 AppBar 结构示意

- leading：标题左边的图标按钮，默认是一个返回箭头样式的按钮。
- title：导航栏标题。
- actions：右边的动作区域中可放置多个组件，可以是图标或者文字。
- flexibleSpace：位于标题下面的空白空间。
- bottom：位于导航栏底部的自定义组件。
- elevation：控制下方阴影栏的坐标。
- backgroundColor：导航栏的颜色，默认值为 ThemeData.primarycolor（主题颜色）。
- brightness：导航栏材质的亮度。
- textTheme：文本主题设置。
- primary：导航栏是否显示在任务栏顶部。
- centerTitle：标题是否居中显示。
- titleSpacing：标题的间距。
- toolbarOpacity：导航栏透明度，1.0 表示完全不透明，0.0 表示完全透明。

下面是官方给出的 AppBar 组件使用示例，本示例主要由标题栏和弹出菜单构成。

```
import 'package:flutter/material.dart';

void main() => runApp(AppBarSample());

class AppBarSample extends StatelessWidget {
  @override
  Widget build(BuildContext context) {
    return new MaterialApp(
      home: new Scaffold(
        appBar: new AppBar(
          title: const Text('Basic AppBar'),
          centerTitle: true,
          actions: <Widget>[
            new IconButton( // action button
              icon: new Icon(choices[0].icon),
            ),
            new IconButton( // action button
              icon: new Icon(choices[1].icon),
            ),
            new PopupMenuButton<Choice>( // overflow menu
              itemBuilder: (BuildContext context) {
```

```
                    return choices.skip(2).map((Choice choice) {
                      return new PopupMenuItem<Choice>(
                        value: choice,
                        child: new Text(choice.title),
                      );
                    }).toList();
                },
              ),
            ],
          ),
          body: new Padding(
            padding: const EdgeInsets.all(16.0),
            child: new ChoiceCard(choice:choices[0]),
          ),
        ),
      );
    }
  }

class Choice {
  const Choice({ this.title, this.icon });
  final String title;
  final IconData icon;
}

const List<Choice> choices = const <Choice>[
  const Choice(title: 'Car', icon: Icons.directions_car),
  const Choice(title: 'Bicycle', icon: Icons.directions_bike),
  const Choice(title: 'Boat', icon: Icons.directions_boat),
];
```

运行上面的代码，效果如图 4-3 所示。

图 4-3　AppBar 运行效果

4.1.5　Scaffold

Scaffold 是具有 Material Design 布局风格的 Widget，它被设计为 MaterialApp 的顶级容器组件，可以自动填充可用的屏幕空间，占据整个窗口或者设备屏幕。同时，Scaffold 提供了很多有用的属性，比较常见的有如下几个。

- appBar：用于设置顶部的标题栏，不设置就不显示。
- body：Widget 类型，显示 Scaffold 内容的主要容器。
- bottomNavigationBar：设置 Scaffold 的底部导航栏，items 的数量必须大于 2。
- drawer：设置抽屉效果。
- floatingActionButton：设置位于右下角的按钮。

下面是使用 Scaffold 组件的 bottomNavigationBar 属性实现底部导航栏的示例。

```
import 'package:flutter/material.dart';

main() => runApp(MyApp());

class MyApp extends StatelessWidget {
  @override
  Widget build(BuildContext context) {
    return MaterialApp(
      home: Scaffold(
        appBar: AppBar(
          title: Text('首页'),
        ),
        bottomNavigationBar: BottomNavigationBar(
          type: BottomNavigationBarType.fixed,
          currentIndex: 1,
          items: [
            new BottomNavigationBarItem(
                icon: Icon(Icons.account_balance), title: Text('银行')),
            new BottomNavigationBarItem(
                icon: Icon(Icons.contacts), title: Text('联系人')),
            new BottomNavigationBarItem(
                icon: Icon(Icons.library_music), title: Text('音乐'))
          ],
        ),
        body: Center(
          child: Text('联系人页面'),
        ),
      ),
    );
  }
}
```

需要说明的是，使用 Scaffold 的 bottomNavigationBar 属性时，items 的数量需要大于 2。运行上面的代码，运行效果如图 4-4 所示。

图 4-4　Scaffold 运行效果

4.2　状态管理基础知识

作为时下流行的编程模式，响应式的开发框架都会有一个永恒的主题，即状态管理。无论是在 React、Vue 等前端 Web 开发框架，还是 Flutter 等跨平台开发框架，都可以看到响应式开发的影子。

Flutter 中的状态概念和前端 React 中的状态概念是一致的。React 框架的核心思想是组件化，应用由组件搭建而成。组件最重要的概念就是状态，状态是一个组件的 UI 数据模型，是组件渲染时的数据依据。

在 Flutter 开发中，Widget 状态管理主要分为 3 种场景，即 Widget 自身状态管理、子 Widget 状态管理、父 Widget 和子 Widget 都存在的状态管理。具体选择哪种状态管理，可以参考如下基本原则。

- 如果状态是有关界面外观效果的（如颜色、动画等），那么状态最好由 Widget 自身管理。
- 如果状态是用户数据（如复选框的选中状态、滑块位置等），则该状态最好由父 Widget 管理。
- 如果某一个状态是不同 Widget 共享的，则最好由它们共同的父 Widget 管理。

4.2.1　状态生命周期

状态的生命周期指的是在用户参与的情况下，其关联的组件所经历的从创建、显示、更新、停止，直至销毁的各个阶段。Flutter 的状态生命周期主要针对的也是 StatefulWidget 有状态组件。

在 Flutter 开发中，不同的阶段涉及特定的任务处理，状态组件的生命周期如图 4-5 所示。

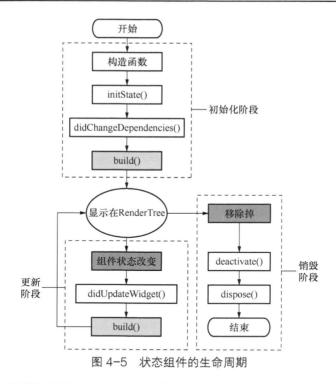

图 4-5　状态组件的生命周期

状态组件的生命周期大体可以分为 3 个阶段：初始化（插入视图树）、更新（在视图树中存在）和销毁（从视图树中移除）。

1. **初始化阶段**

状态组件的初始化过程主要由构造函数、状态创建、状态依赖和视图构建等生命周期构成，涉及的生命周期函数如下。

- 构造函数：生命周期的起点，通过调用 createState() 来创建一个状态。
- initState()：在状态组件被插入视图树时调用。在状态组件的生命周期中只会被调用一次。
- didChangeDependencies()：专门用来处理状态组件依赖关系变化，会在 initState() 调用结束后被调用。
- build()：用于构建视图。在 build() 中，需要根据父 Widget 传递过来的初始化配置数据及状态组件的当前状态，创建一个 Widget 然后返回。

2. **更新阶段**

经过初始化阶段后，状态组件已经被创建出来，因此在更新阶段主要涉及的是组件的状态更新操作。此阶段涉及的生命周期函数有 setState()、didChangeDependencies() 和 didUpdateWidget()。

- setState()：当状态数据发生变化时，可以通过调用 setState() 告诉系统使用更新后数据重建视图。
- didChangeDependencies()：状态组件的依赖关系发生变化后，Flutter 会回调该函数，随后触发组件的构建操作。
- didUpdateWidget()：当组件的配置发生变化或执行热重载时，系统会回调该函数更新视图。

3. **销毁阶段**

经过初始化和更新阶段之后，组件就到了销毁阶段，主要用来移除或销毁组件。相对初始化和更新阶段来说，销毁阶段则更加简单，销毁阶段涉及的生命周期函数有 deactivate()和 dispose()。

- deactivate()：当组件的可见状态发生变化时，deactivate()会被调用，此时状态组件会被暂时从视图树中移除。
- dispose()：当状态组件需要被永久地从视图树中移除时，就会调用 dispose()。调用 dispose()后，组件会被销毁，因此在调用 dispose()之前可以执行资源释放、移除监听、清理环境等工作。

4.2.2 自身状态管理

在 Flutter 开发中，管理 Widget 自身状态是一种比较常见的情况，改变 Widget 自身的状态时需要使用 setState()，当调用 setState()后视图会执行重绘操作。

下面是管理自身 Widget 状态的示例，当单击组件时即可实现组件背景颜色切换。

```dart
import 'package:flutter/material.dart';

void main() => runApp(new TapboxA());

class TapboxA extends StatefulWidget {
  @override
  State<StatefulWidget> createState() {
    _TapboxAState TapboxAState = _TapboxAState();
    return TapboxAState;
  }
}

class _TapboxAState extends State<TapboxA> {
  bool _active = false;

  void _handleTap() {
    setState(() {
      _active = !_active;
    });
  }

  Widget build(BuildContext context) {
    return new GestureDetector(
      onTap: _handleTap,
      child: new Container(
        child: new Center(
          child: new Text(
            _active ? 'Active' : 'Inactive',
            style: new TextStyle(fontSize: 32.0, color: Colors.white),
            textDirection: TextDirection.ltr,
          ),
        ),
        width: 200.0,
        height: 200.0,
```

```
            decoration: new BoxDecoration(
                color: _active ? Colors.lightGreen[700] : Colors.grey[600],
            ),
          ),
        );
    }
}
```

运行上面的代码，由于组件的状态是自身控制的，因此单击界面即可实现界面背景颜色的切换，运行效果如图 4-6 所示。

图 4-6　Widget 自身状态管理应用示例

4.2.3　父子组件状态管理

对存在父子关系的 Widget 来说，通过父 Widget 来管理子 Widget 的状态是一种比较灵活的管理方式。在此种情况下，子 Widget 往往是一个无状态的组件，父 Widget 只需要告诉子 Widget 何时更新即可。

例如，有一个无状态的 TapboxB 组件，它的状态由父组件管理，它的父组件为 StatefulWidget 组件，TapboxB 组件通过构造函数接收父组件传递的状态。TapboxB 组件的代码如下所示。

```
import 'package:flutter/material.dart';

class TapboxB extends StatelessWidget {
  TapboxB({Key key, this.active: false, @required this.onChanged})
      : super(key: key);

  final bool active;
  final ValueChanged<bool> onChanged;

  void _handleTap() {
    onChanged(!active);
  }
```

```
Widget build(BuildContext context) {
  return new GestureDetector(
    onTap: _handleTap,
    child: new Container(
      child: new Center(
        child: new Text(
          active ? 'Active' : 'Inactive',
          style: new TextStyle(fontSize: 32.0, color: Colors.white),
          textDirection: TextDirection.ltr,
        ),
      ),
      width: 200.0,
      height: 200.0,
      decoration: new BoxDecoration(
        color: active ? Colors.lightGreen[700] : Colors.grey[600],
      ),
    ),
  );
}
}
```

在上面的代码中，TapboxB 是一个无状态的组件，它的状态由父组件进行管理，父组件通过子组件的构造函数将当前状态传递给 TapboxB，TapboxB 接收到状态后执行渲染操作。

父组件通过 TapboxB 组件提供的构造函数将当前的状态传递给 TapboxB 组件，当 TapboxB 组件接收到父组件传递过来的状态后就会执行渲染操作。同时，在 TapboxB 组件执行单击操作后，又会通知父组件改变状态，父组件的代码如下所示。

```
import 'package:flutter/material.dart';
import 'TabboxB.dart';

void main() => runApp(new ParentWidget());

class ParentWidget extends StatefulWidget {

  @override
  State<StatefulWidget> createState() {
    return new ParentWidgetState();
  }
}

class ParentWidgetState extends State<ParentWidget> {
  bool _active = false;

  void _handleTapboxChanged(bool newValue) {
    setState(() {
      _active = newValue;
    });
  }

  @override
  Widget build(BuildContext context) {
    return new Container(
```

```
        child: new TapboxB(
          active: _active,
          onChanged: _handleTapboxChanged,
        ),
      );
    }
  }
```

由于子组件的状态是父组件来管理的，因此点击界面即可实现界面背景颜色的切换。运行上面的代码，运行效果如图 4-7 所示。

图 4-7   父子组件状态管理应用示例

4.2.4   混合状态管理

在混合状态管理模式下，子组件自身管理一些内部状态，而父组件则管理其他外部状态。在此种模式下，子组件使用构造函数接收父组件传递的状态，并使用回调函数返回子组件内部的状态。

例如，TapboxC 是一个有状态的组件，它可以控制组件内部的状态。同时其他组件也可以控制 TapboxC 的状态。如果要在其他组件中使用 TapboxC 组件，需要通过 TapboxC 的构造函数传递状态，并使用 TapboxC 提供的回调函数接收 TapboxC 组件返回的状态值。

在此示例中，主要存在两个状态对象，即父组件的状态和子组件的状态，父组件使用子组件提供的构造函数和回调函数实现状态管理。TapboxC 组件的代码如下所示。

```
import 'package:flutter/material.dart';

class TapboxC extends StatefulWidget {

  TapboxC({Key key, this.active: false, @required this.onChanged})
      : super(key: key);
```

```
  final bool active;
  final ValueChanged<bool> onChanged;

  @override
  TapboxCState createState() => new TapboxCState();
}

class TapboxCState extends State<TapboxC> {
  bool _highlight = false;

  void _handleTapDown(TapDownDetails details) {
    setState(() {
      _highlight = true;
    });
  }

  void _handleTapUp(TapUpDetails details) {
    setState(() {
      _highlight = false;
    });
  }

  void _handleTapCancel() {
    setState(() {
      _highlight = false;
    });
  }

  void _handleTap() {
    widget.onChanged(!widget.active);
  }

  @override
  Widget build(BuildContext context) {
    return new GestureDetector(
      onTapDown: _handleTapDown,
      onTapUp: _handleTapUp,
      onTap: _handleTap,
      onTapCancel: _handleTapCancel,
      child: new Container(
        child: new Center(
          child: new Text(
            widget.active ? 'Active' : 'Inactive',
            style: new TextStyle(fontSize: 32.0, color: Colors.white),
            textDirection: TextDirection.ltr,
          ),
        ),
        width: 200.0,
        height: 200.0,
        decoration: new BoxDecoration(
          color: widget.active ? Colors.lightGreen[700] : Colors.grey[600],
          border: _highlight
```

```
                    ? new Border.all(
                        color: Colors.teal[700],
                        width: 10.0,
                      )
                    : null,
              ),
          ),
       );
   }
}
```

在上面的代码中，TapboxC 是一个有状态的组件，它的状态由自己管理，其他组件可以通过 TapboxC 组件的构造函数传递一个初始值给 TapboxC 组件，并使用回调函数接收 TapboxC 的状态返回值。

创建一个有状态的父组件，定义需要管理的状态，然后绑定子组件的状态和回调函数即可，如下所示。

```
import 'package:flutter/material.dart';
import 'TabboxC.dart';

void main() => runApp(new ParentWidget());

class ParentWidget extends StatefulWidget {

  @override
  ParentWidgetState createState() => new ParentWidgetState();
}

class ParentWidgetState extends State<ParentWidget> {

  bool _active = false;

  void _handleTapboxChanged(bool newValue) {
    setState(() {
      _active = newValue;
    });
  }

  @override
  Widget build(BuildContext context) {
    return new Container(
      child: new TapboxC(
        active: _active,
        onChanged: _handleTapboxChanged,
      ),
    );
  }
}
```

4.3　基础组件

4.3.1　文本组件

文本组件即 Text 组件，用于显示文本，它是 Flutter 开发中使用频率最高的组件之一。Text 组件最简单的使用方式就是在 Text 里传入要显示的文字，如下所示。

```
Text("Hello Flutter");
```

除了用于显示文本内容的必传属性 data 外，其余都是可选属性，Text 组件的其他常见属性如表 4-1 所示。

表 4-1　Text 组件属性

属性名	类型	说明
data	String	显示文本内容
style	TextStyle	文本样式，如字体大小、颜色等
strutStyle	StrutStyle	设置每行的最小行高
textAlign	TextAlign	文本的对齐方式
textDirection	TextDirection	文字方向
locale	Locale	选择用户语言和格式设置的标识符
softWrap	bool	是否支持换行
overflow	TextOverflow	文本的截断方式
textScaleFactor	double	文本相对于默认字体大小的缩放因子
maxLines	int	文本显示的最大行数
semanticsLabel	String	给文本添加一个语义标签

其中，textAlign 属性用于控制文本的对齐方式，取值有如下 6 种。

- TextAlign.left：左对齐。
- TextAlign.right：右对齐。
- TextAlign.center：居中对齐。
- TextAlign.start：文字开始的方向对齐，如果文字方向是从左到右，就左对齐，反之则右对齐。
- TextAlign.end：文字开始的相反方向对齐，如果文字方向是从左到右，就右对齐，反之则左对齐。
- TextAlign.justify：两端对齐，当文字不足一行时，中间的文字会被拉伸。

textDirection 属性用于控制文字的显示方向，取值有如下两种。

- TextDirection.ltr：文字方向从左到右。
- TextDirection.rtl：文字方向从右到左。

overflow 属性用于表示文本的截断方式，取值有如下 3 种。

- TextOverflow.ellipsis：多余文本截断后以省略符表示。
- TextOverflow.clip：剪切多余文本，多余文本不显示。
- TextOverflow.fade：将多余的文本设为透明。

Text 组件是 Flutter 应用开发中使用频率最高的组件之一。下面是使用 Text 组件创建不同文本样式的示例。

```
import 'package:flutter/material.dart';

main() => runApp(new TextWidget());

class TextWidget extends StatelessWidget {
  @override
  Widget build(BuildContext context) {
    return new MaterialApp(
        title: 'Text 组件',
        home: new Scaffold(
            appBar: new AppBar(title: new Text('Text 组件')),
            body: Center(
              child: Column(
                children: <Widget>[
                  Text('默认样式'),
                  Text(
                    '红色，20 号字体',
                    style: TextStyle(
                      color: const Color(0xffff0000),
                      fontSize: 20,
                    ),
                  ),
                  Text(
                    '20 号字体，中划线',
                    style: TextStyle(
                      decoration: TextDecoration.lineThrough,
                      fontSize: 20,
                    ),
                  ),
                  Text(
                    '20 号字体，粗体，倾斜',
                    style: TextStyle(
                      fontWeight: FontWeight.bold,
                      fontStyle: FontStyle.italic,
                      fontSize: 20,
                    ),
                  ),
                  Text(
                    '红色，20 号字体，文字装饰',
                    style: TextStyle(
                      decoration: TextDecoration.underline,
```

```
                      decorationColor: Colors.red,
                      decorationStyle: TextDecorationStyle.wavy,
                      fontSize: 20,
                    ),
                  )
                ],
              ),
            )
          ));
  }
}
```

运行上面的代码，运行效果如图 4-8 所示。

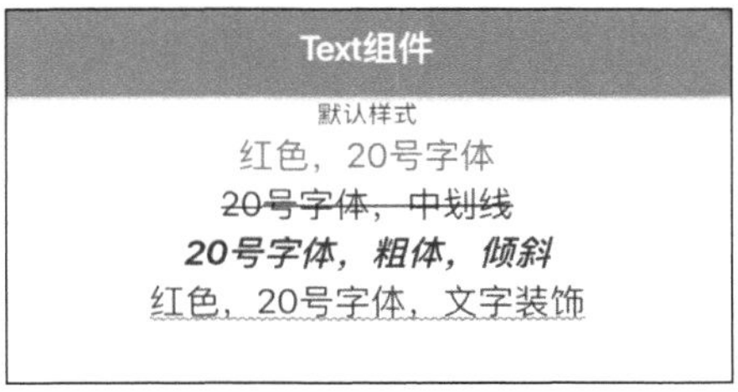

除了使用 Flutter 官方提供的默认字体外，还可以在 Flutter 中使用设计人员的自定义字体，或者其他第三方的字体。

使用自定义字体前，需要先在 pubspec.yaml 配置文件中进行声明，以确保自定义的字体文件被打包到应用中，如下所示。

图 4-8　Text 组件应用示例

```
flutter:
  fonts:
    - family: Raleway
      fonts:
        - asset: assets/fonts/Raleway-Regular.ttf
        - asset: assets/fonts/Raleway-Medium.ttf
          weight: 500
        - asset: assets/fonts/Raleway-SemiBold.ttf
          weight: 600
    - family: AbrilFatface
      fonts:
        - asset: assets/fonts/abrilfatface/AbrilFatface-Regular.ttf
```

然后，使用 Flutter 提供的 TextStyle 属性引入自定义字体，如下所示。

```
var 名字（ftName）= const TextStyle(
  fontFamily: 'Raleway',
);


var buttonText = const Text(
  "自定义字体…",
  style: textStyle,
);
```

如果要使用包中的自定义字体，那么必须提供 package 参数，如下所示。

```
const textStyle = const TextStyle(
  fontFamily: 'Raleway',
  package: 'my_package',       //指定包名
);
```

4.3.2　按钮组件

Material 组件库中提供了多种按钮组件，如 RaisedButton、FlatButton 和 OutlineButton 等组

件，它们都是直接或者间接对 RawMaterialButton 组件进行包装，所以它们的大多数属性都和
RawMaterialButton 一样。下面是 Material 组件库中一些常见的按钮组件。

- RaisedButton：默认为带有阴影和灰色背景的按钮，按下后阴影会变大。
- FlatButton：默认为背景透明并不带阴影按钮，按下后会有背景色。
- OutlineButton：默认为一个带有边框、不带阴影且背景透明的按钮，按下后边框颜色会变
  亮，同时会出现背景和阴影效果。
- IconButton：一个可点击的图标按钮，不支持文字，默认没有背景，点击后会出现背景。

另外，所有 Material 组件库的按钮都有两个相同点：一是按下时会有水波动画，另一个是都有
一个 onPressed 属性来设置单击回调。下面是 Material 组件库中一些常用的按钮组件的使用示例。

```dart
import 'package:flutter/material.dart';

void main() => runApp(ButtonWidget());

class ButtonWidget extends StatelessWidget {

  @override
  Widget build(BuildContext context) {
    return MaterialApp(
      home: Scaffold(
        appBar: AppBar(title:Text('Button 组件')),
        body: Center(
            child: Column(
              children: <Widget>[
                FlatButton(
                  child: Text('Flat'),
                  onPressed: () => print('FlatButton pressed'),
                ),
                RaisedButton(
                  child: Text('Raised'),
                  onPressed: () => print('RaisedButton pressed'),
                ),
                FloatingActionButton(
                  child: Text('Float'),
                  onPressed: () => print('FloatingActionButton pressed'),
                ),
                OutlineButton(
                  child: Text("Outline"),
                  onPressed: () => print('OutlineButton pressed'),
                ),
                IconButton(
                  icon: Icon(Icons.thumb_up),
                  onPressed: () => print('IconButton pressed'),
                )
              ],
            ),
          ),
        ),
    );
  }
}
```

运行上面的代码，运行效果如图 4-9 所示。

除此之外，RaisedButton、FlatButton 和 OutlineButton 等 Material 按钮组件都有一个图标构造函数，可以使用它创建带图标的按钮，如下所示。

```
RaisedButton.icon(
  icon: Icon(Icons.send),        //图标按钮
  label: Text("发送"),
  onPressed: _onPressed,
),
```

当然，按钮的外观可以通过按钮的属性来控制，不同按钮之间的属性大同小异，如表 4-2 所示。

图 4-9　按钮组件应用示例

表 4-2　按钮组件属性

属性名	类型	说明
textColor	Color	按钮的文字颜色
disabledTextColor	Color	按钮禁用时的文字颜色
color	Color	按钮背景颜色
disabledColor	Color	按钮禁用时的背景颜色
highlightColor	Color	按钮按下时的背景颜色
splashColor	Color	单击时产生的水波动画中的水波颜色
colorBrightness	Brightness	按钮的主题
padding	EdgeInsetsGeometry	按钮填充距离
shape	ShapeBorder	按钮外形
child	Widget	按钮的文字内容
onPressed	VoidCallback	按钮点击回调

在这些众多的属性中，child 属性和 onPressed 属性是必须的。同时，借助这些按钮属性我们可以自定义复杂的按钮效果，如下所示。

```
FlatButton(
  color: Colors.blue,
  highlightColor: Colors.blue[700],
  colorBrightness: Brightness.dark,
  splashColor: Colors.grey,
  child: Text("Submit"),
  shape:RoundedRectangleBorder(borderRadius: BorderRadius.circular(20.0)),
  onPressed: () => {},
)
```

在上面的代码中，我们通过 shape 来指定外形为圆角矩形、背景是蓝色、主题为 Brightness.dark 的按钮。运行上面的代码，效果如图 4-10 所示。

如果想让按钮带上阴影，只需要将 FlatButton 换成

图 4-10　按钮组件自定义属性应用示例

RaisedButton 即可，因为 RaisedButton 默认是有阴影的。

4.3.3 图片组件

Image 组件是用来加载和显示图片的组件，支持加载本地、文件类型、网络以及内存图片，因此可以使用如下方式来加载不同形式的图片。

- Image：通过 ImageProvider 来加载图片。
- Image.asset：用来加载本地的图片。
- Image.file：用来加载本地.file 文件类型的图片。
- Image.network：用来加载网络图片。
- Image.memory：用来加载内存缓存的图片。

Image 组件有很多属性，如表 4-3 所示。

表 4-3　Image 组件属性

属性名	类型	说明
scale	double	图形显示的比例
semanticsLabel	String	给 Image 加上一个语义标签
width	double	图片的宽，如果为 null 的话，则系统会选择最佳大小显示
height	double	图片的高，如果为 null 的话，则系统会选择最佳大小显示
color	Color	图片的混合颜色
fit	BoxFit	图片的填充模式
alignment	Alignment	图片的对齐方式
repeat	ImageRepeat	当图片本身小于显示空间时，指定图片的重复规则
centerSlice	Rect	在矩形范围内的图片会被当成.9 格式的图片
matchTextDirection	Bool	图片的绘制方向，true 表示从左往右，false 表示从右往左
gaplessPlayback	Bool	当图像提供者发生更改时，是否保留原图像
filterQuality	FilterQuality	图片的过滤质量

其中，fit 属性用于指定图片的填充模式，取值如下。

- BoxFit.fill：全图显示，图片有可能被拉伸，造成图片变形。
- BoxFit.contain：全图显示，图片不会变形，超出显示空间的部分会被剪裁。
- BoxFit.cover：默认填充规则，在保证长宽比不变的情况下缩放以适应当前显示空间，图片不会变形。
- BoxFit.fitWidth：从宽度上充满空间，高度会按比例缩放，图片不会变形，超出显示空间部分会被剪裁。
- BoxFit.fitHeight：从高度上充满空间，宽度会按比例缩放，图片不会变形，超出显示空间部分会被剪裁。

- BoxFit.scaleDown：与 BoxFit.contain 的效果差不多，但此属性会缩小图像以确保图像位于显示空间内。
- BoxFit.none：没有填充策略，按图片原始大小显示。

要加载本地的图片资源，可以在 Flutter 项目的根目录下新建一个 assets 目录，然后将图片复制到此目录。打开 pubspec.yml 配置文件，在 Flutter 中添加图片的配置信息，如下所示。

```
flutter:
  uses-material-design: true

  assets:
    - assets/flutter.png
```

使用 flutter packages get 命令添加本地图片依赖，然后在加载本地图片的时候传入图片的相对路径即可，如下所示。

```
Image.asset("assets/flutter.png")
```

当然，加载图片的时候可以给图片设置显示大小。如果要加载一个本地.file 文件的图片，如相册中的图片，可以使用 Image.file()，如下所示。

```
Image.file(File('/storage/flutter.png '))
```

Image.network 的最简单使用方式就是传入图片 URL 地址，如下所示。

```
Image.network(
  "https://xxx",
)
```

默认情况下，Image 组件加载图片是有缓存的，默认的最大缓存数量是 1000，最大的缓存空间为 100MB。如果要加载缓存的图片可以使用 Image.memory()，如果要将图片缓存到存储介质，那么可以使用 cached_network_image 等图片缓存库。

由于图片的加载过程是异步的，所以为了更好的用户体验，通常需要给图片添加一个占位图，如下所示。

```
FadeInImage.assetNetwork(
  placeholder: 'images/logo.png',          //占位图
  image: imageUrl,
  width: 120,
  fit: BoxFit.fitWidth,
)
```

如果要给图片加上圆角或者圆形背景，可以使用 ClipRRect 或 ClipOval 组件进行包裹，如下所示。

```
ClipOval(
    child: Image.network(imageUrl,scale: 8.5),
)
```

4.3.4　图标组件

Icon 组件是用于图标展示的组件，该组件不可交互，要实现可交互的图标，可以使用 IconButton 组件。除了 Icon 组件，下面几个图标组件也是比较常用的。

- IconButton：可交互的 Icon 组件。

- Icons：Flutter 自带的 Icon 组件集合。
- IconTheme：Icon 组件的主题。
- ImageIcon：通过 AssetImages 或者其他图片显示 Icon 组件。

Icon 是 Flutter 开发中比较常见的组件，支持的属性如表 4-4 所示。

表 4-4　Icon 组件属性

属性名	类型	说明
size	double	图标的大小
color	Color	图标的颜色
semanticsLabel	String	给图标添加一个语义标签
textDirection	TextDirection	图标的绘制方向

同时，Android 支持系统自带的图标，mipmap 文件中存放的就是 Icon 类型的图标，如下所示。

```
Icon(
  Icons.android,
  size: 50.0,
  color: Colors.green,
)
```

除此之外，Flutter 默认包含了一套 Material Design 的字体图标，使用前需要在 pubspec.yaml 文件中进行如下配置。

```
flutter:
  uses-material-design: true              //打开 Material Design 字体图标
```

Material Design 的所有图标都可以在官方的矢量图网站中找到。下面是使用 Material Design 实现字体图标的示例。

```
import 'package:flutter/material.dart';

void main() => runApp(IconWidget());

class IconWidget extends StatelessWidget {
  @override
  Widget build(BuildContext context) {
    //字体图标
    String icons = "";
    icons += "\uE914";
    icons += " \uE000";
    icons += " \uE90D";

    return MaterialApp(
      title: "Flutter Demo",
      theme: ThemeData(
        primaryColor: Colors.blue,
      ),
      home: Scaffold(
        appBar: AppBar(title: Text("Icon 组件")),
        body: Text(icons,
          style: TextStyle(
```

```
        fontFamily: "MaterialIcons",
        fontSize: 24.0,
        color: Colors.green
      ),
    )
  ),
 );
}
}
```

运行上面的代码,运行效果如图 4-11 都所示。

可以看到,使用字体图标就像使用文本一样简单,但是字体图标需要开发者知道每个图标的编码号,这对开发者来说并不是很友好,

图 4-11　Icon 组件应用示例

所以 Flutter 又提供了专门用于显示字体图标的 Icon 组件。

除此之外,Flutter 还支持使用自定义字体图标。在 pubspec.yaml 文件添加如下配置。

```
fonts:
  - family: myIcon      #指定一个字体名
    fonts:
      - asset: fonts/iconfont.ttf
```

为了方便使用,可以定义一个 MyIcons 类,其作用和 Icons 类相似,即将字体文件中的所有图标都定义为静态变量,如下所示。

```
class MyIcons{
  //book 图标
  static const IconData book = const IconData(
      0xe614,
      fontFamily: 'myIcon',
      matchTextDirection: true
  );
  //微信图标
  static const IconData wechat = const IconData(
      0xec7d,
      fontFamily: 'myIcon',
      matchTextDirection: true
  );
}
```

最后,在代码中引入自定义的字体图标即可,如下所示。

```
Row(
  children: <Widget>[
    Icon(MyIcons.book,color: Colors.purple,),
    Icon(MyIcons.wechat,color: Colors.green,),
  ],
)
```

4.3.5　输入框组件

TextField 是一个文本输入框组件,也是开发中使用频率比较高的组件,多用于用户填写信息

的场景，如输入账号、密码登录等。TextField 组件有很多属性，常见的属性如下所示。

- controller：输入框控制器，通过它可以获取和设置输入框的内容以及监听文本内容的改变。如果没有提供 controller，则 TextField 组件内部会自动创建一个。
- focusNode：用于控制 TextField 组件是否获取输入焦点，它是用户和键盘交互的一种常见方式。
- decoration：用于控制 TextField 组件的外观显示，如提示文本、背景颜色和边框。
- textAlign：输入框内文本在水平方向的对齐方式。
- textDirection：输入框内文本的方向。
- keyboardType：用于设置该输入框默认的键盘输入类型。
- textInputAction：回车键为动作按钮图标。
- style：输入框的样式。
- autofocus：是否自动获取焦点，默认为 false。
- obscureText：是否隐藏正在编辑的文本内容，如用于输入密码的场景等。
- maxLines：输入框文本的最大行数，默认为 1。
- maxLength：输入框中允许的最大字符数，使用此属性会在输入框右下角显示已输入的字符数。
- onChange：输入框内容改变时的回调函数。
- onEditingComplete：输入框输入完成时触发，不会返回输入的内容。
- onSubmitted：输入框输入完成时触发，会返回输入的内容。
- inputFormatters：指定输入格式，当用户输入的内容发生改变时，会根据指定的格式来进行校验。
- enabled：是否禁用输入框。
- enableInteractiveSelection：是否启用交互式选择，为 true 时表示长选中文字，并且弹出 cut、copy、paste 菜单。
- keyboardAppearance：设置键盘的亮度模式，只能在 iOS 上使用。
- onTap：TextField 组件的点击事件。
- buildCounter：自定义 InputDecorator.counter 小部件的回调实现。

下面通过一个登录示例来说明 TextField 组件的基本用法。

```
import 'package:flutter/material.dart';

void main() => runApp(TextFieldWidget());

class TextFieldWidget extends StatelessWidget {
  @override
  Widget build(BuildContext context) {
    return MaterialApp(
      home: Scaffold(
        appBar: AppBar(title: Text("TextField组件")),
        body: Column(
          children: <Widget>[
            TextField(
```

```
                autofocus: true,
                decoration: InputDecoration(
                    hintText: "请输入用户名或邮箱",
                    prefixIcon: Icon(Icons.person)),
              ),
              TextField(
                decoration: InputDecoration(
                    hintText: "请输入登录密码",
                    prefixIcon: Icon(Icons.lock)),
                obscureText: true,
              ),
              SizedBox(height: 15),
              Container(
                height: 46.0,
                width: 300,
                child: RaisedButton(
                  color: Colors.blue,
                  textColor: Colors.white,
                  child: new Text('登录'),
                  onPressed: () {},
                ),
              )
            ],
          )),
        );
      }
    }
```

运行上面的代码，效果如图 4-12 所示。

图 4-12　TextField 组件应用示例

如果要获取输入框的内容，可以通过 controller 获取。首先，定义一个 controller，如下所示。
```
TextEditingController _unameController = TextEditingController();
```
然后，将输入框的 controller 属性与自定义的 controller 进行绑定，如下所示。

```
TextField(
    controller: _unameController,        //设置 controller
    …//省略其他代码
)
```

接下来，通过 controller 即可获取输入框内容，如下所示。

```
print(_unameController.text)              //获取输入框内容
```

如果要监听输入框文本的变化，可以使用 onChange 回调和 controller 监听两种方式，如下所示。

```
TextField(
    autofocus: true,
    onChanged: (v) {                    //onChange 回调
      print("onChange: $v");
    }
)

@override
void initState() {
  _unameController.addListener((){          //controller 监听输入改变
    print(_unameController.text);
  });
}
```

4.3.6　表单组件

Form 是一个包含表单元素的表单组件，可以用来对输入的信息进行校验。表单组件由 FormField 及其子类构成，最常用的表单组件有 DropdownButtonFormField 和 TextFormField 两个。

表单组件是一个有状态的组件，FormState 就是表单的状态，可以通过 Form.of()或 GlobalKey 获取组件的状态。Form 组件的属性如表 4-5 所示。

表 4-5　Form 组件属性

属性名	类型	说明
child	Widget	表单的子组件
autovalidate	bool	是否自动验证表单内容，默认 false
onWillPop	WillPopCallback	表单所在的路由是否可以直接返回
onChanged	VoidCallback	表单子元素发生变化时触发的回调

接下来，我们对 TextField 组件示例进行修改以满足表单校验的要求。具体来说，当用户名大于 5 个字符，且密码大于 8 个字符时，才算校验成功，代码如下所示。

```
import 'package:flutter/material.dart';

void main() => runApp(FormWidget());

class FormWidget extends StatefulWidget {
  @override
```

```
        State<StatefulWidget> createState() {
            return FormWidgetState();
        }
    }

    class FormWidgetState extends State<FormWidget> {
        final GlobalKey<FormState> _formKey = GlobalKey<FormState>();

        String _userName;
        String _userPassword;

        @override
        Widget build(BuildContext context) {
            return MaterialApp(
                title: "Flutter Demo",
                theme: ThemeData(
                    primaryColor: Colors.blue,
                ),
                home: Scaffold(
                    appBar: AppBar(title: Text("Form 组件")),
                    body: Form(
                        key: _formKey,
                        child: Column(
                            children: <Widget>[
                                TextFormField(
                                    decoration: InputDecoration(
                                        hintText: '用户名',
                                        icon: Icon(Icons.person)
                                    ),
                                    validator: (value) {
                                        if (value?.length <= 5) {
                                            return '用户名必须大于 5 个字符';
                                        }
                                    },
                                ),
                                TextFormField(
                                    decoration:
                                        InputDecoration(hintText: '密码',
                                            icon: Icon(Icons.lock)
                                        ),
                                    obscureText: true,
                                    validator: (value) {
                                        if (value?.length <= 8) {
                                            return '密码必须大于 8 个字符';
                                        }
                                    },
                                ),
                                RaisedButton(
                                    padding: EdgeInsets.all(15.0),
                                    child: Text('登录'),
                                    color: Theme.of(context).primaryColor,
                                    textColor: Colors.white,
                                    onPressed: () {
```

```
                            if (_formKey.currentState.validate()) {
                               _formKey.currentState.save();
                            }
                          },
                       )
                     ],
                  ),
               )
             ),
           );
        }
    }
```

运行上面的代码，当用户名小于 5 个字符，或者密码小于 8 个字符时，就会弹出错误提示信息，如图 4-13 所示。

图 4-13　Form 组件应用示例

使用 Form 组件验证表单元素时，我们使用 validator()，如果用户输入的表单元素的 value 值不符合条件，就返回一个错误提示信息，当符合条件时则不做任何处理，如下所示。

```
validator: (v) {
    if (v?.length <= 8) {
      return '用户名必须大于 5 个字符';
    }
}
```

4.4　容器组件

Container 是 Flutter 提供的容器组件，可以包含一个子组件，自身具备 alignment、margin、 padding 等基础属性，方便开发者在布局过程中摆放子组件。Container 组件常用的属性如表 4-6 所示。

表 4-6　Container 组件属性

属性名	类型	说明
key	Key	Widget 的标识，用于查找更新
alignment	AlignmentGeometry	容器内子组件的对齐方式
padding	EdgeInsetsGeometry	容器的内边距
color	Color	容器的背景颜色
decoration	Decoration	容器的背景装饰
foregroundDecoration	Decoration	容器的前景装饰
width	double	容器的宽度
height	double	容器的高度
constraints	BoxConstraints	容器的约束条件
margin	EdgeInsetsGeometry	容器外边距
transform	Matrix4	容器的变化矩阵
child	Widget	容器里面的子组件

其中，padding 与 margin 的不同之处在于，padding 包含在容器内部的边距，而 margin 则是容器的外部边距。同时，在处理单击事件方面，padding 区域会响应单击事件，而 margin 区域则不会响应。

下面是一个带有装饰效果的 Container 组件示例，容器内部主要由背景装饰和文字构成。

```
import 'package:flutter/material.dart';

main() => runApp(new ContainerWidget());

class ContainerWidget extends StatelessWidget {
  @override
  Widget build(BuildContext context) {
    return new MaterialApp(
        title: 'Flutter 容器组件',
        home: new Scaffold(
            appBar: AppBar(title: new Text('Flutter 容器组件')),
            body: Container(
              margin: EdgeInsets.only(top: 30.0, left: 120.0),
              constraints: BoxConstraints.tightFor(width: 200.0, height: 150.0),
              //背景装饰效果
              decoration: BoxDecoration(
                  gradient: RadialGradient(
                      colors: [Colors.red, Colors.orange],
                      center: Alignment.topLeft,
```

```
                radius: .98
              ),
              boxShadow: [
                BoxShadow(
                    color: Colors.black54,
                    offset: Offset(2.0, 2.0),
                    blurRadius: 4.0
                )
              ]
          ),
          transform: Matrix4.rotationZ(.2),
          alignment: Alignment.center,
          child: Text(
            "5.20", style: TextStyle(color: Colors.white, fontSize: 40.0),
          ),
        )
      )
    );
  }
}
```

运行上面的代码，运行效果如图 4-14 所示。

图 4-14　Container 组件应用示例

4.5　盒约束模型

盒约束是指组件可以按照指定限制条件来决定如何布局自身位置。Flutter 提供的尺寸限制类容器可以用于限制容器的大小，并且提供了多种约束容器组件，常见的有 ConstrainedBox、SizedBox 和 UnconstrainedBox。

4.5.1　ConstrainedBox

ConstrainedBox 是 Flutter 提供的一种常见的盒约束组件，用来对子组件添加额外的约束，ConstrainedBox 的构造函数格式如下所示。

```
ConstrainedBox({
    Key key,
    @required this.constraints,
    Widget child,
```

```
  })
```

可以看出，ConstrainedBox 的 constraints 参数是必需的，用来给子组件添加额外的约束。

下面是一个 ConstrainedBox 的使用示例。首先，我们先定义一个背景颜色为红色的盒子，不指定它的宽度和高度，代码如下所示。

```
Widget redBox=DecoratedBox(
  decoration: BoxDecoration(color: Colors.red),
);
```

然后，创建一个最小宽度为 50 像素、高度为 50 像素的红色容器，代码如下所示。

```
ConstrainedBox(
  constraints: BoxConstraints(
    minWidth: 50.0,              //最小宽度为 50 像素
    minHeight: 50.0              //最小高度为 50 像素
  ),
  child: Container(
      height: 5.0,
      child: redBox
  ),
)
```

运行上面的代码，运行效果如图 4-15 所示。

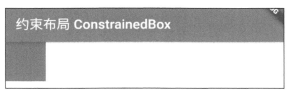

图 4-15　ConstrainedBox 应用示例

在上面的示例代码中，我们虽然将子组件的高度设置为 5 像素，但最终的显示高度却是 50 像素，之所以产生这样的结果，是因为我们将 ConstrainedBox 的最小高度限制为 50 像素。如果将子组件的高度设置为 80 像素，那么最终红色区域的高度会是 80 像素，这是因为我们只限制了 ConstrainedBox 的最小高度而没有限制它的最大高度。

作为一个约束容器类组件，BoxConstraints 可以给组件设置限制条件，它的定义如下所示。

```
const BoxConstraints({
  this.minWidth = 0.0,              //最小宽度
  this.maxWidth = double.infinity,  //最大宽度
  this.minHeight = 0.0,             //最小高度
  this.maxHeight = double.infinity  //最大高度
})
```

除此上面的属性外，BoxConstraints 还定义了一些便捷的构造函数，用于快速生成特定限制规则的约束，常见的构造函数如下。

- BoxConstraints.tight()：创建一个生成给定大小的限制约束布局。
- BoxConstraints.expand()：创建一个尽可能大的用于填充另一个容器的约束布局。
- BoxConstraints.tightForFinite ()：创建一个最大值是确定值的松散约束布局。
- BoxConstraints.tightFor()：创建一个不限最大值的松散约束布局。

4.5.2 SizedBox

SizedBox 用于给子元素指定固定的宽和高，如下所示。

```
SizedBox(
  width: 80.0,
  height: 80.0,
  child: redBox
)
```

事实上，SizedBox 是 ConstrainedBox 的子类，因此上面的代码可以改写为如下形式。

```
ConstrainedBox(
  constraints: BoxConstraints.tightFor(width: 80.0,height: 80.0),
  child: redBox,
)
```

由于，ConstrainedBox 和 SizedBox 都是通过使用 RenderConstrainedBox 来渲染的，因此可以看到 ConstrainedBox 和 SizedBox 的 createRenderObject() 都返回了 RenderConstrainedBox 对象，代码如下所示。

```
@override
RenderConstrainedBox createRenderObject(BuildContext context) {
  return new RenderConstrainedBox(
    additionalConstraints: …,
  );
}
```

如果某个子组件被多个父级约束限制，那么子组件会以哪个约束为准呢？事实上，子组件并不以某个父级约束为准，而是与约束的 minWidth、minHeight、maxWidth 和 maxHeight 属性有关，如下所示。

```
ConstrainedBox(
    constraints: BoxConstraints(minWidth: 60.0, minHeight: 60.0),   //父约束
    child: ConstrainedBox(
      constraints: BoxConstraints(minWidth: 90.0, minHeight: 20.0),//子约束
      child: redBox,
    )
)
```

在上面的示例代码中，redBox 有两个约束，它们的限制条件不同，最终的运行效果如图 4-16 所示。

可以发现，最终的显示结果是宽 90、高 60，也就是说当有多重约束限制时，子组件的显示结果由 minWidth、minHeight、maxWidth 和 maxHeight 属性决定。

图 4-16　多重约束应用示例

4.5.3 UnconstrainedBox

UnconstrainedBox 组件不会对子组件产生任何限制，它允许子组件按照自己本身的大小进行绘制。一般情况下，我们很少会用到此组件，但在它在去除多重约束限制的时候会很有用，如下所示。

```
ConstrainedBox(
    constraints: BoxConstraints(minWidth: 60.0, minHeight: 100.0),//父级约束
    child: UnconstrainedBox(                        //去除父级约束
      child: ConstrainedBox(
        constraints: BoxConstraints(minWidth: 90.0, minHeight: 20.0),//子级约束
        child: redBox,
      ),
    )
)
```

在上面的示例代码中，如果没有中间的组件 UnconstrainedBox，根据多重限制规则，最终将显示一个 90×100 的红色框。但是由于组件 UnconstrainedBox 去除了父 ConstrainedBox 的约束限制，那么最终会按照子 ConstrainedBox 的限制来绘制红色框，即显示一个 90×20 的红色框。

不过需要注意的是，UnconstrainedBox 对父级的约束并非是真正的去除，因为父组件限制的 minHeight 等属性仍然是生效的，只不过它不影响最终子组件的显示大小，但仍然会占有相应的空间。

在 Flutter 开发中，有时候已经使用 SizedBox 或 ConstrainedBox 给子组件指定了宽和高，但是仍然没有效果，此时可以断定已经有父组件对其设置了限制，如下所示。

```
AppBar(
    actions: <Widget>[
        SizedBox(
            width: 20,
            height: 20,
            child: CircularProgressIndicator(
                strokeWidth: 3,
                valueColor: AlwaysStoppedAnimation(Colors.white70),
            ),
        )
    ],
)
```

在上面的代码中，虽然已经使用 SizedBox 指定加载按钮的大小，但是由于父组件对其设置了限制，所以子组件并不会生效。运行上面的代码，效果如图 4-17 所示。

图 4-17 UnconstrainedBox 应用示例

之所以出现上面的情况，是因为 AppBar 已经为子组件指定了限制条件，所以要修改自定义加载按钮的大小，就必须使用 UnconstrainedBox 去除父级约束，因此上面的代码需要做如下修改。

```
AppBar(
    actions: <Widget>[
        UnconstrainedBox(                   //去除父级约束
            child: SizedBox(
                ...//省略其他代码
            ),
        )
    ],
)
```

第 5 章
Flutter 页面布局

布局类组件通常都会包含一个或多个子组件，不同的布局类组件对子组件的布局方式通常也会不同。按照布局类组件包含的子组件数量的不同，可以将布局类组件分为单子组件布局和多单子组件布局。而按照子元素排布的方式的不同，又可以分为线性布局、弹性布局、流式布局和层叠布局等几类。

5.1　线性布局

所谓线性布局，即指的是沿水平或垂直方向排布子组件的布局方式。Flutter 使用 Row 或 Column 来实现线性布局，作用类似于 Android 的线性布局（LinearLayout），且 Row 和 Column 都继承自弹性布局。

线性布局有主轴和纵轴之分。如果布局沿水平方向排列，那么水平方向就是主轴，而垂直方向即为纵轴；如果布局沿垂直方向排列，那么垂直方向就是主轴，而水平方向就是纵轴。在线性布局中，有两个定义对齐方式的枚举类，即 MainAxisAlignment 和 CrossAxisAlignment，分别代表主轴对齐和纵轴对齐。

Row 表示在水平方向排列子组件，因此水平方向是主轴，而垂直方向是纵轴，它支持的属性如下所示。

- mainAxisAlignment：表示子组件在主轴的对齐方式。
- mainAxisSize：表示主轴应该占用多大的空间。
- crossAxisAlignment：表示子组件在交叉轴的对齐方式。
- textDirection：表示子组件在主轴方向上的布局顺序。
- verticalDirection：表示子组件在交叉轴方向上的布局顺序。
- textBaseline：排列子组件时使用的基线标准。
- children：线性布局里排列的内容。

Row 表示在水平方向排列子组件，使用时只需要将子组件添加到 children 属性中，如下所示。

```
Row(
  mainAxisAlignment: MainAxisAlignment.center,
  children: <Widget>[
    Text(" hello world "),
    Image.asset("assets/flutter.png",width: 200,),
  ],
)
```

在上面的代码中,Row 的 children 分别是 Text
和 Image,它们按照水平方向排列,运行效果如
图 5-1 所示。

图 5-1 Row 线性布局应用示例

Column 表示在垂直方向排列子组件,Column
的参数和 Row 是一样的,不同的是 Column 的排列
方向为垂直方向,主轴和纵轴正好与 Row 相反,
如下所示。

```
Column (
  children: <Widget>[
    Text(" hello world "),
    Image.asset("assets/flutter.png",width: 200,),
  ],
)
```

在上面的示例代码中,Column 的 children 分
别是 Text 和 Image,它们按照垂直方向排列,运行
效果如图 5-2 所示。

实际使用时,Row 和 Column 都只会在主轴方
向占用尽可能大的空间,而纵轴的长度则取决于它
最大子元素的长度。特殊情况下,如果 Row 里面嵌

图 5-2 Column 线性布局应用示例

套 Row,或者 Column 里面嵌套 Column,那么只
有最外面的 Row 或 Column 会占用尽可能大的空间,里面的 Row 或 Column 所占用的空间为实
际大小。

5.2 弹性布局

弹性布局(Flexible Box),用来为盒子模型提供最大的灵活性。Flutter 中的弹性布局,类
似于 CSS 的 FlexBox。和线性布局一样,Flex 也有主轴和交叉轴之分,Flex 的子组件默认沿主
轴排列,当 Flex 和 Expanded 可伸缩组件配合使用时还可以实现子组件按照一定比例来分配父
组件空间。

和线性布局一样,Flex 也可以沿着水平或垂直方向排列子组件,如果已经知道主轴的方向,
那么建议直接使用 Row 或 Column 布局。弹性布局支持的常见属性如下。

- direction:主轴的方向。
- mainAxisAlignment:子组件在主轴的对齐方式。
- mainAxisSize:主轴占用的空间大小。
- crossAxisAlignment:子组件在交叉轴的对齐方式。
- textDirection:子组件在主轴方向上的布局顺序。
- verticalDirection:子组件在交叉轴方向上的布局顺序。
- textBaseline:排列子组件时使用的基线标准。
- children:弹性布局里排列的内容。

Flex 作为 Row 和 Column 布局的父类，本身就具有很强大的功能。使用时需要和 Expanded 组件配合使用，如下所示。

```
Flex(
    direction: Axis.horizontal,
    mainAxisAlignment: MainAxisAlignment.start,
    children: <Widget>[
      Expanded(
        flex: 1,
        child: Container(
          height: 50.0,
          color: Colors.yellow,
        ),
      ),
      Expanded(
        flex: 1,
        child: Container(
          height: 50.0,
          color: Colors.green,
        ),
      ),
      Expanded(
        flex: 1,
        child: Container(
          height: 50.0,
          color: Colors.blue,
        ),
      ),
    ],
  ),
```

上面的示例代码中，我们使用 Expanded 组件来包裹 3 个宽、高都为 50 的色块，并使用 Flex 对屏幕宽度进行等分。运行上面的代码，效果如图 5-3 所示。

Flex 组件与 Expanded 组件可以让 Row、Column、Flex 的子组件具有弹性能力。当子组件超过主轴的大小时会自动换行。当还有剩余空间时，

图 5-3 弹性布局应用示例

Expanded 组件会占满剩余的所有空间，而 Flexible 组件只会占用自身大小的空间。

5.3 流式布局

所谓流式布局，指的是页面元素的宽度可以根据屏幕的分辨率适配调整，但整体布局风格保持不变。在 Row、Column 和 Flex 中，如果子组件超出屏幕范围就会报溢出错误，如下所示。

```
Row(
  children: <Widget>[
    Text('Hello Flutter ' * 100)
  ],
);
```

在上面的示例中，由于 Text 组件里的文本内容太多，超出了屏幕，因此抛出溢出错误，如图 5-4 所示。

图 5-4　屏幕溢出错误应用示例

要解决此错误，可以在弹性布局中配合使用 Flex 与 Expanded 组件来解决。除此之外，还可以使用流式布局。使用流式布局来解决此问题时，只需要将代码中的 Row 换成 Wrap 即可。

流式布局支持的属性与线性布局、弹性布局差不多，常见属性如下。

- direction：主轴的方向，默认是 Axis.horizontal。
- alignment：子组件在主轴上的对齐方式。
- runAlignment：流式布局会自动换行或换列,runAlignment 属性指的是每行或每列的对齐方式。
- runSpacing：每行或每列的间距，默认是 0.0。
- crossAxisAlignment：子组件在交叉轴上的对齐方式。
- textDirection：子组件在主轴方向上的布局顺序。
- verticalDirection：子组件在交叉轴方向上的布局顺序。
- children：流式布局里的子组件。

流式布局的使用很简单，只需要设置主轴方向，并给 children 属性添加子组件即可。如果不设置主轴方向，则默认的主轴方向为水平方向，如下所示。

```
Row(
Wrap(
  spacing: 8.0,                //主轴(水平)方向间距
  runSpacing: 4.0,             //纵轴(垂直)方向间距
  children: <Widget>[
    new Chip(
      avatar: new CircleAvatar(backgroundColor: Colors.blue, child: Text ('S')),
      label: new Text('少年的你'),
    ),
    new Chip(
      avatar: new CircleAvatar(backgroundColor: Colors.blue, child: Text ('Z')),
      label: new Text('中国机长'),
    ),
    …  //省略其他子组件
  ],
)
```

运行上面的代码，效果如图 5-5 所示。

除了使用 Wrap 组件外，还可以使用 Flow 组件来实现流式布局。不过由于 Flow 组件的使用过于复杂，并且需要自定义布局策略、有较高的性能要求，因此能使用 Wrap 组件的场景就不需要考虑 Flow 组件。

图 5-5　流式布局应用示例

当然，Flow 组件也并非一无是处，当 Wrap 组件无法满足需求时就可以使用 Flow 组件来实现。Flow 组件具有如下优点。

- 性能强大：Flow 组件是一个对子组件尺寸和位置调整非常高效的组件，Flow 组件用转换
  矩阵在对子组件进行位置调整的时候进行了优化。
- 灵活：由于 Flow 组件需要开发者实现 FlowDelegate 的 paintChildren()，开发者需要自己
  计算每一个组件的确切位置，因此可以自定义布局策略。

下面是使用 Flow 组件自定义流式布局的示例。

```
Flow(
  delegate: TestFlowDelegate(margin: EdgeInsets.all(10.0)),
  children: <Widget>[
    new Container(width: 80.0, height:80.0, color: Colors.red,),
    new Container(width: 80.0, height:80.0, color: Colors.green,),
    … //省略其他子布局
  ],
)

//自定义流式布局
class TestFlowDelegate extends FlowDelegate {

  EdgeInsets margin = EdgeInsets.zero;
  TestFlowDelegate({this.margin});

  @override
  void paintChildren(FlowPaintingContext context) {
    var x = margin.left;
    var y = margin.top;
    for (int i = 0; i < context.childCount; i++) {
      var w = context.getChildSize(i).width + x + margin.right;
      if (w < context.size.width) {
        context.paintChild(i,
            transform: new Matrix4.translationValues(
                x, y, 0.0));
        x = w + margin.left;
      } else {
        x = margin.left;
        y += context.getChildSize(i).height + margin.top + margin.bottom;
        context.paintChild(i,
            transform: new Matrix4.translationValues(
                x, y, 0.0));
         x += context.getChildSize(i).width + margin.left + margin.right;
      }
    }
  }

  @override
  getSize(BoxConstraints constraints){
    return Size(double.infinity,200.0);
  }

  @override
  bool shouldRepaint(FlowDelegate oldDelegate) {
    return oldDelegate != this;
```

```
  }
}
```

在上面的示例代码中，我们自定义了一个 TestFlowDelegate 组件，该组件需要实现了 paintChildren()，用于确定每个子组件的确切位置。由于 Flow 组件不能自适应子组件的大小，所以需要通过 getSize() 返回一个固定大小来指定 Flow 组件的大小。运行上面的代码，结果如图 5-6 所示。

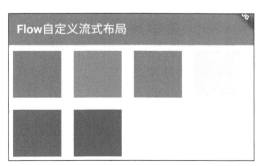

图 5-6　Flow 组件自定义流式布局应用示例

5.4　层叠布局

所谓层叠布局，就是指子组件可以根据距父组件 4 的位置来确定自身位置的布局。层叠布局允许子组件以堆叠的方式来排列子组件，它和 Web 中的绝对定位、Android 中的 Frame 布局是类似的。

Flutter 使用 Stack 和 Positioned 两个组件来配合实现绝对定位，Stack 组件主要用于子组件的堆叠操作，而 Positioned 组件则用于确定子组件在 Stack 组件中的位置。层叠布局支持的属性如下。

- alignment：决定如何去对齐没有定位或者部分定位的子组件。所谓部分定位，是指在 left、right 为横轴，top、bottom 为纵轴的某一个轴上没有确切的定位。
- textDirection：用于确定 alignment 的对齐方向。
- fit：用于决定 non-positioned 子组件如何去适应层叠布局的大小。
- overflow：当子组件超出 Stack 组件的范围时，决定如何显示超出的子组件。
- children：Stack 组件里排列的内容。

假如需要在一张图片上添加一行文字，使用前文介绍的布局基本上是实现不了的，如果用层叠布局就很容易实现，如下所示。

```
Stack(
    alignment: const Alignment(0.1, 0.1),
    children: <Widget>[
     Image.asset("assets/logo.png",width: 200,fit: BoxFit.cover,),
     Text('Hello Flutter',
        style: TextStyle(fontSize: 24.0,color: Colors.white,)),
     ],
)
```

在层叠布局中，先排列的子组件会出现在视图的底部，后排列的则会显示在上面。运行上面的代码，效果如图 5-7 所示。

同时，为了确定子组件到父组件 4 个角的距
离，Stack 组件将子组件分为有定位的子组件和无
定位的子组件两类。

其中，有定位的子组件是指被 Positioned 组
件嵌套的组件，Positioned 组件可以控制子组件到
父组件 4 条边的距离；无定位的子组件是指不能
被 Positioned 组件嵌套的组件，不过无定位组件

图 5-7　层叠布局应用示例

需要使用 Stack 组件设置 alignment 属性来确定自己在父组件里的位置，如下所示。

```
Stack(
  fit: StackFit.expand,
  children: <Widget>[
  Positioned(
    left: 50,
    top: 100,
    child: Image.asset("assets/logo.png",width: 200,fit: BoxFit.cover,),),
  Text('Hello Flutter',),
    ],
)
```

可以发现，使用 Positioned 组件包裹的子组
件可以使用诸如 left、top、right 和 bottom 等属性
来确定自己在父组件中的位置，而使用 Stack 组件
包裹的子组件则无法做到。运行上面的代码，效果
如图 5-8 所示。

可以看出，Flutter 的层叠布局主要使用在绝
对定位场景中，使用时需要配合 Stack 和
Positioned 这两个组件。其中，Stack 组件允许子
组件堆叠，而 Positioned 组件则根据 Stack 组件
的 4 个角来确定子组件的位置。

图 5-8　层叠布局有、无定位组件应用示例

第 6 章
高级组件

6.1 可滚动组件

在 Flutter 开发中，当组件的内容超过当前显示窗口时，如果不做特殊处理的话，系统会提示溢出错误，并在界面上显示黄黑色的警告条，这种情况经常出现在列表和长布局的场景。对于列表和长布局的显示溢出问题，可以使用 Flutter 提供的可滚动组件来处理。在 Flutter 中，可滚动组件代表的是一系列组件，包括 Scrollable、Scrollbar、Single Child ScrollView。

6.1.1 Scrollable 组件

在 Flutter 中，一个可滚动的组件直接或间接包含一个 Scrollable 组件，它是可滚动组件的基础组件。

```
Scrollable({
  …//省略其他代码
  this.axisDirection = AxisDirection.down,
  this.controller,
  this.physics,
  @required this.viewportBuilder,
})
```

如上所示，axisDirection、controller 和 physics 属性是可滚动组件公有的，它们的含义如下。

- axisDirection：滚动方向。
- controller：用于接收一个 ScrollController 对象，ScrollController 对象的主要作用是控制滚动位置和监听滚动事件。
- physics：用于接收一个 ScrollPhysics 类型的对象，该对象可以决定可滚动组件响应用户操作的方式，如果滚动到边界再继续拖曳的话，在 iOS 上会出现弹性效果，而在 Android 操作系统上会出现微光效果。

在可滚动组件的坐标描述中，通常将滚动方向称为主轴，非滚动方向称为纵轴。因为可滚动组件的默认方向一般都是沿垂直方向，所以默认情况下主轴就是指垂直方向，如果要更改滚动的方向，可以修改 axisDirection 属性。

6.1.2　Scrollbar 组件

Scrollbar 是一个 Material 风格的滚动指示器组件，如果要给可滚动组件添加滚动条，只需将 Scrollbar 组件作为可滚动组件的父组件使用即可，如下所示。

```
Scrollbar(
    child: SingleChildScrollView(
        … //省略其他代码
    ),
);
```

如果在 iOS 平台使用中 Scrollbar 组件，系统会自动将其切换为 CupertinoScrollbar 组件。Scrollbar 组件和 CupertinoScrollbar 组件都是通过 ScrollController 对象来监听滚动事件并确定滚动条位置的。

通常，可滚动组件的子组件可能会有多个，占用的总高度会非常大，如果要一次性将所有子组件都渲染出来，代价将会非常昂贵。为此，Flutter 提出了 Sliver 模型，如果一个可滚动组件支持 Sliver 模型，那么该滚动可以将子组件分成多个部分，只有当子组件出现在视口中时才会去构建它。

而所谓的视口，指的是一个 Widget 的实际显示区域。目前，可滚动组件中的大部分组件都支持基于 Sliver 的延迟构建模型，如 ListView、GridView。

6.1.3　SingleChildScrollView 组件

SingleChildScrollView 组件是一个只能包含单一子组件的可滚动组件，其作用类似于 iOS 的 UIScrollView 组件或者 Android 的 ScrollView 组件。

不过，SingleChildScrollView 组件只能应用于内容不会超过屏幕尺寸太多的情况，因为 SingleChildScrollView 组件目前还不支持基于 Sliver 的延迟加载，如果视图内容超出屏幕尺寸太多会导致性能问题。如果视图内容超出屏幕尺寸太多，建议使用一些支持 Sliver 延迟加载的可滚动组件，如常见的 ListView 组件和 GridView 组件。

所谓基于 Sliver 的延迟加载，是 Flutter 中提出的薄片（Sliver）概念。如果一个可滚动组件支持 Sliver，那么该可滚动组件可以将子组件分成多个 Sliver，只有当 Sliver 出现在视图窗口时才会去构建它，从而提高渲染的性能。

作为一个可滚动组件，SingleChildScrollView 组件的构造函数如下所示。

```
const SingleChildScrollView({
    Key key,
    this.scrollDirection = Axis.vertical,
    this.reverse = false,
    this.padding,
    bool primary,
    this.physics,
    this.controller,
    this.child,
    this.dragStartBehavior = DragStartBehavior.down,
})
```

除了可滚动组件的通用属性外，SingleChildScrollView 组件支持的属性如下所示。

- scrollDirection：滚动的方向，默认在垂直方向滚动。
- padding：SingleChildScrollView 组件插入子组件时的内边距。
- reverse：控制 SingleChildScrollView 组件是从头开始滚动，还是从尾开始滚动，默认为 false，即从头开始滚动。
- primary：是否是与父级关联的主滚动视图。
- physics：设置 SingleChildScrollView 组件的滚动效果。
- controller：控制 SingleChildScrollView 组件滚动的位置，当 primary 属性为 true 时，controller 属性必须为 null。
- dragStartBehavior：处理拖曳开始行为的方式。
- child：SingleChildScrollView 组件的列表项内容。

SingleChildScroolView 组件可以让子组件具有滚动的功能，并且可以指定滚动的方向，使用时使用 child 属性添加滚动组件即可，如下所示。

```
SingleChildScrollView(
  scrollDirection: Axis.horizontal,
  child: Row(
    children: <Widget>[Text('Hello Flutter ' * 100)],
  ),
)
```

对于上面的示例代码，因为使用了 SingleChildScroolView 组件进行包裹，所以不会报溢出错误，并且滚动的方向为水平方向滚动。

6.1.4 CustomScrollView 组件

在 Flutter 中，Sliver 模型通常用来表示可滚动组件的子元素，如列表的子元素，而 CustomScrollView 组件是可以使用 Sliver 模型实现的自定义滚动组件。作为一个可滚动组件，CustomScrollView 可以包含多个子组件，而且可以将这些子组件包裹起来实现一致的滚动效果。

但是，CustomScrollView 作为容器组件使用时，子组件不能是 ListView、GridView 等可滚动组件，因为这会造成滚动冲突。因此，在实际使用过程中，Flutter 提供了 SliverList、SliverGrid 等可滚动组件的 Sliver 版本。它们最大的区别在于，ListView、GridView 自带滚动模型，而 SliverList、SliverGrid 不包含滚动模型，因此不会造成滚动冲突。CustomScrollView 组件的构造函数如下所示。

```
class CustomScrollView extends ScrollView {
  const CustomScrollView({
    Key key,
    Axis scrollDirection = Axis.vertical,
    bool reverse = false,
    ScrollController controller,
    bool primary,
    ScrollPhysics physics,
    bool shrinkWrap = false,
    Key center,
    double anchor = 0.0,
    double cacheExtent,
    this.slivers = const <Widget>[],
    int semanticChildCount,
```

```
      DragStartBehavior dragStartBehavior = DragStartBehavior.down,
  })
  … //省略其他代码
}
```

除了可滚动组件的一些公共属性外，CustomScrollView 组件特有的属性如下。

- center：CustomScrollView 组件中子组件的 key 值。
- anchor：CustomScrollView 组件开始滚动的偏移量，默认从坐标原点开发排列。
- cacheExtent：缓存不可见的列表项，即使这部分区域不可见，也会被加载出来。
- slivers：CustomScrollView 组件的列表子元素。
- semanticChildCount：CustomScrollView 组件的子项数量。
- dragStartBehavior：开始处理拖曳行为的方式，默认为检测到拖曳手势时开始处理。

作为一个可滚动组件，CustomScrollView 组件通常被用于实现复杂的滚动效果，并且可以用它来实现复杂的动画效果。

例如，有一个页面，它的顶部是一个广告栏，中间是一个网格布局，而底部是一个列表，并且要求滚动时标题有渐变效果。如果使用常见的可滚动组件来实现上面的效果难度可想而知，但如果使用 CustomScrollView 组件则比较容易，因为 CustomScrollView 组件会将整个页面看成一个整体，滚动时自带滚动效果，如下所示。

```
class CustomScrollViewWidget extends StatelessWidget {
  @override
  Widget build(BuildContext context) {
    return new MaterialApp(
        title: '滚动组件',
        home: Scaffold(
          body: CustomScrollView(
            slivers: <Widget>[
              SliverAppBar(                    //头部 SliverAppBar
              pinned:true,
                expandedHeight: 180.0,
                flexibleSpace: FlexibleSpaceBar(
                  title: Text('CustomScrollView'),
                  background: Image.asset('assets/banner/banner1.jpg'),
                ),
              ),
              SliverGrid(                      //中间 SliverGrid
                gridDelegate: SliverGridDelegateWithMaxCrossAxisExtent(
                  maxCrossAxisExtent: 200.0,
                  mainAxisSpacing: 10.0,
                  childAspectRatio: 3.0,
                ),
                delegate: SliverChildBuilderDelegate(
                    (BuildContext context, int index) {
                  return Card(
                    child: Container(
                      alignment: Alignment.centerLeft,
                      padding: EdgeInsets.all(10),
                      child: Text('grid $index'),
                    ),
                  );
```

```
                    },
                  childCount: 11,
                ),
              ),

              SliverFixedExtentList(            //底部 SliverFixedExtentList
                itemExtent: 60.0,
                delegate: SliverChildListDelegate(
                  List.generate(20, (int index){
                    return GestureDetector(
                      onTap: () {
                        print("单击$index");
                      },
                      child: Card(
                        child: Container(
                          alignment: Alignment.centerLeft,
                          padding: EdgeInsets.all(15),
                          child: Text('list $index'),
                        ),
                      ),
                    );
                  }),
                ),
              ),
            ],
          ),
        )
      );
    }
  }
```

在上面的示例代码中，页面由 3 部分组成，分别是顶部的 SliverAppBar、中部的 SliverGrid 和底部的 SliverFixedExtentList。SliverAppBar 对应的是 AppBar，可以实现 Material Design 的头部伸缩效果；SliverGrid 对应 GridView，开发中可以使用 SliverPadding 给 SliverGrid 添加补白。运行上面的代码，效果如图 6-1 所示。

图 6-1　CustomScrollView 组件应用示例

6.1.5 ScrollController 组件

Flutter 提供了很多有用的可滚动组件，可以使用它们来实现各种炫酷的滚动效果。如果需要监听可滚动组件的滚动过程，那么可以使用 ScrollController 组件来进行监听。ScrollController 组件的构造函数如下所示。

```
ScrollController({
    double initialScrollOffset = 0.0,          //初始化滚动位置
    this.keepScrollOffset = true,              //是否保持滚动位置
    this.debugLabel,
  })
```

可以发现，ScrollController 组件提供了两个属性，分别用于初始化滚动位置和设置是否需要保持滚动位置。当 keepScrollOffset 的属性值为 true 时，可滚动组件的滚动位置会被存储到 PageStorage 中，当可滚动组件重新创建时可以使用 PageStorage 恢复存储的位置。除此之外，ScrollController 组件还提供了如下的属性和方法。

- offset：可滚动组件当前的滚动位置。
- jumpTo()：用于跳转到指定的位置。
- animateTo()：跳转到指定位置，跳转时会执行设置的动画。

因为 ScrollController 组件间接地继承自 Listenable 类，而 Listenable 就是用来监听 widget 位置的，所以可以使用它来监听可滚动组件的滚动位置，如下所示。

```
ScrollController controller = ScrollController();
controller.addListener(()=>print(controller.offset))
```

下面是使用 ListView 组件创建的一个列表，然后使用 ScrollController 组件监听列表滚动位置，当滚动的位置超过 1000 像素时就会在屏幕的右下角显示一个返回顶部的按钮，点击按钮后会自动滚动到初始位置，代码如下所示。

```
class ScrollControllerPage extends StatefulWidget {
  @override
  State<StatefulWidget> createState() {
    return ScrollControllerPageState();
  }
}

class ScrollControllerPageState extends State<ScrollControllerPage> {

  ScrollController controller = new ScrollController();
  bool showTopBtn = false;        //是否显示按钮

  @override
  void initState() {
    super.initState();
    controller.addListener(() {
      if (controller.offset < 1000 && showTopBtn) {
        setState(() {
          showTopBtn = false;
        });
      } else if (controller.offset >= 1000 && showTopBtn == false) {
```

```
      setState(() {
        showTopBtn = true;
      });
    }
  });
}


@override
Widget build(BuildContext context) {
  return Scaffold(
    body: ListView.builder(
        itemCount: 100,
        itemExtent: 50.0,
        controller: controller,
        itemBuilder: (context, index) {
          return ListTile(title: Text("列表 Item $index"),);
        }
    ),
    floatingActionButton: !showTopBtn ? null : FloatingActionButton(
        child: Icon(Icons.arrow_upward),
        onPressed: () {
          controller.animateTo(0,
              duration: Duration(milliseconds: 200),
          );
        }
    ),
  );
}
}
```

　　在上面的代码中，因为列表绑定了 ScrollController 组件，所以可以很容易就监听到列表当前的滚动位置。当位置发生变化时，通过当前的列表位置来判断是否需要显示返回顶部的按钮，即当列表滚动的位置超过 1000 像素时就会显示返回顶部按钮，运行效果如图 6-2 所示。

　　同时，ScrollController 组件可能同时被多个可滚动组件使用。当出现这种情况时，ScrollController 组件会为每个可滚动组件都创建一个 ScrollPosition 对象，用来保存滚动的数据，这样也方便对每一个可滚动组件进行单独的处理。

　　在有多个组件嵌套的组件树中，组件树中的子组件可以通过发送通知来与父组件进行通信，父组件则可

图 6-2　监听列表滚动位置应用示例

以通过 NotificationListener 组件来监听自己关注的通知，这种跨组件的通信方式通常被称为事件冒泡。

而接收滚动事件的参数类型为 ScrollNotification，它提供了一个 metrics 属性，该属性包含了当前可视窗口和滚动位置等信息，NotificationListener 组件支持的属性如下。

- pixels：当前滚动位置。
- maxScrollExtent：最大可滚动长度。
- extentBefore：距离滚出视图窗口顶部的长度。
- extentInside：视图窗口内部长度，大小等于屏幕显示的列表长度。
- extentAfter：列表中未滑入视图窗口部分的长度。
- atEdge：是否滚动到了可滚动组件的边界。

下面是使用 NotificationListener 组件监听列表的滚动通知，然后显示当前滚动进度百分比的例子。

```
class ScrollNotificationPage extends StatefulWidget {
  @override
  State<StatefulWidget> createState() {
    return ScrollNotificationPageState();
  }
}

class ScrollNotificationPageState extends State<ScrollNotificationPage> {

  String _progress = "0%";

  @override
  Widget build(BuildContext context) {
    return Scaffold(
      body: Scrollbar(
        child: NotificationListener<ScrollNotification>(
          onNotification: (ScrollNotification notification) {
            double progress = notification.metrics.pixels /
                notification.metrics.maxScrollExtent;
            setState(() {
              _progress = "${(progress * 100).toInt()}%";
            });
          },
          child: Stack(
            alignment: Alignment.center,
            children: <Widget>[
              ListView.builder(
                  itemCount: 100,
                  itemExtent: 50.0,
                  itemBuilder: (context, index) {
                    return ListTile(title: Text("标题 $index"));
                  }),
              CircleAvatar(
                radius: 30.0,
                child: Text(_progress),
                backgroundColor: Colors.black54,
```

```
                    )
                  ],
                ),
              ),
            ),
          );
        }
      }
```

运行上面的代码，运行效果如图 6-3 所示。

图 6-3　滚动通知组件应用示例

　　事实上，NotificationListener 组件和 ScrollController 组件都可以实现列表滚动的监听。不同之处在于，NotificationListener 组件可以监听可滚动组件的整个组件树，并且监听到的信息更多，而 ScrollController 组件则只能监听关联的可滚动组件的相关信息。

6.2　列表组件

6.2.1　ListView

　　ListView，即列表组件，作用类似于 Android 的 RecyclerView 或 ListView。ListView 可以沿一个线性方向排布相同或相似的子组件元素，并且它支持基于 Sliver 的延迟。因此 ListView 组件支持列表元素的复用，可以用它加载大量列表数据的情况，ListView 的默认构造函数如下所示。

```
class ListView extends BoxScrollView {
  ListView({
    //可滚动组件公共属性
    Key key,
    Axis scrollDirection = Axis.vertical,
```

```
    bool reverse = false,
    ScrollController controller,
    bool primary,
    ScrollPhysics physics,
    bool shrinkWrap = false,
    EdgeInsetsGeometry padding,
    // ListView 组件各个构造函数的共同参数
    this.itemExtent,
    bool addAutomaticKeepAlives = true,
    bool addRepaintBoundaries = true,
    bool addSemanticIndexes = true,
    double cacheExtent,
    //各个子组件列表
    List<Widget> children = const <Widget>[],
    int semanticChildCount,
    DragStartBehavior dragStartBehavior = DragStartBehavior.down,
  })
  ...//省略其他代码
}
```

在默认构造函数中，除了可滚动组件的公共属性外，还包括列表组件的各个构造函数的公共属性，下面重点看下这些公共属性。

- itemExtent：列表项的大小。如果滚动方向是垂直方向，则表示子组件的高度；如果滚动方向为水平方向，则表示子组件的长度。
- shrinkWrap：是否根据列表项的总长度来设置 ListView 的长度，默认值为 false。
- addAutomaticKeepAlives：是否将列表项包裹在 AutomaticKeepAlive 组件中，默认值为 true。如果使用 AutomaticKeepAlive 组件包裹，列表项滑出视图窗口时不会被垃圾回收，会保存之前的状态。
- addRepaintBoundaries：是否将列表项包裹在 RepaintBoundary 组件中，默认值为 true。如果将列表项包裹在 RepaintBoundary 组件中可以避免列表项的重绘，提高渲染的性能。

ListView 组件一共提供了 4 个构造函数，也就是说，ListView 组件有 4 种基本的使用方法。

- ListView()：默认的构造函数，给 children 属性添加子元素即可创建列表。
- ListView.builder()：由于 ListView.builder()只会构建那些可见的子组件，因此可以用于构建大量或无限的列表。
- ListView.separated()：用于构建具有分割线的列表。
- ListView.custom()：用于自定义列表，childrenDelegate 为必传属性。

使用默认的构造函数创建列表时，只需要给 ListView 组件的 children 属性赋值即可，如下所示。

```
class ListViewDemo extends StatelessWidget {

  final _items = List<Widget>.generate(10,
      (i) => Container(padding: EdgeInsets.all(16.0), child: Text("Item $i"
)));

  @override
```

```
Widget build(BuildContext context) {
  return ListView(
    children: _items,
  );
}
}
```

使用默认构造函数创建的列表，children 是一个必传参数，它接受一个子组件列表。运行上面的代码，效果如图 6-4 所示。

图 6-4 ListView 组件应用示例

不过，默认的构造函数适合只含有少量子组件的情况，因为它不支持基于 Sliver 的延迟加载，当列表的元素较多时，很容易出现卡顿现象，导致滚动不流畅。

6.2.2 ListView.builder

ListView.builder 组件适用于列表元素比较多的情况，因为只有当列表的子组件真正显示的时候子组件才会被创建。也就是说使用 ListView.builder()创建的列表是基于 Sliver 的延迟加载创建的，因此渲染性能比较高。

相对 ListView 组件来说，除了一些公共属性外，ListView.builder()独有的属性如下。

```
ListView.builder({
  //省略公共属性
  …
  @required IndexedWidgetBuilder itemBuilder,
  int itemCount,
  …
})
```

可以发现，除了一些公共属性外，ListView.builder()还有两个独立的属性，即 itemBuilder 和 itemCount。

- itemBuilder：用于构建列表项的可见子组件构建器，只有索引大于等于零且小于 itemCount 数量时才会被调用。
- itemCount：列表项的数量。如果为 null，则列表为无限列表。

与列表的默认构造函数不同，ListView.builder()支持基于 Sciver 的延迟加载，因此从性能和用户体验方面来说都获得了很好的提升，开发者不需要考虑列表滚动时的卡顿问题。下面是使用 ListView.builder()创建列表视图的示例。

```
ListView.builder(
    itemCount: 100,
    itemExtent: 50.0, //强制高度为 50.0
    itemBuilder: (BuildContext context, int index) {
      return ListTile(title: Text('Item'+'$index'));
    }
);
```

需要说明的是，使用 ListView.builder()创建列表时，最好固定单元格元素的高度，这样可以减少列表绘制过程中的耗时计算。

6.2.3   ListView. separated

与 ListView.builder 相比，ListView.separated 多了一个 separatorBuilder 属性，该属性可以在生成的列表项之间添加一条分割线。除了 separatorBuilder 属性外，itemBuilder 和 itemCount 也是必传属性，如下所示。

```
class ListViewWidget extends StatelessWidget {

  @override
  Widget build(BuildContext context) {

    Widget divider=Divider(color: Colors.grey,);

    return new MaterialApp(
        home: new Scaffold(
            body: ListView.separated(
              itemCount: 100,
              //列表项
              itemBuilder: (BuildContext context, int index) {
                return ListTile(title: Text("Item "+"$index"));
              },
              //分割线
              separatorBuilder: (BuildContext context, int index) {
                return divider;
              },
            )
        )
    );
  }
}
```

运行上面的代码，运行效果如图 6-5 所示。

图 6-5 ListView.separated 应用示例

6.2.4 ListView.custom

ListView.custom 适用于自定义列表的场景。其中，childrenDelegate 是它的必传参数，需要传入一个实现了 SliverChildDelegate 抽象类的组件，用来给 ListView 组件添加列表项。

SliverChildDelegate 是一个抽象类，在给列表组件添加列表项时需要传入它的实现类，它的实现类有 SliverChildListDelegate 和 SliverChildBuilderDelegate，并且 SliverChildDelegate 的 build()可以对单个子组件进行自定义样式处理，如下所示。

```
class ListViewWidget extends StatelessWidget {

  @override
  Widget build(BuildContext context) {

    final _items = List<Widget>.generate(100,
        (i) => Container(padding: EdgeInsets.all(16.0), child: Text
("Item $i")));

    return new MaterialApp(
        home: new Scaffold(
            body: ListView.custom(
              childrenDelegate: SliverChildListDelegate(_items),
            )
        )
    );
  }
}
```

运行上面的代码，运行效果如图 6-6 所示。

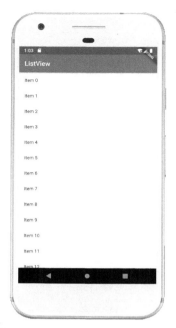

图 6-6　ListView.custom 应用示例

需要说明的是，如果滚动视图中出现列表嵌套的场景，为了不造成滚动时的冲突，需要对子组件添加禁止滚动属性，如下所示。

```
ListView.builder (
physics: NeverScrollableScrollPhysics(),        //禁止滚动
itemCount: 10
)
```

6.3　网格组件

6.3.1　GridView 基础

GridView 是一个可以构建二维网格的列表组件，作用类似于原生 Android 中的 GridView/RecyclerView 或者 iOS 的 UICollectionView。GridView 的默认构造函数定义如下所示。

```
GridView({
    Key key,
    Axis scrollDirection = Axis.vertical,
    bool reverse = false,
    ScrollController controller,
    bool primary,
    ScrollPhysics physics,
    bool shrinkWrap = false,
    EdgeInsetsGeometry padding,
    @required this.gridDelegate,        //控制子组件布局的委托，必传
    bool addAutomaticKeepAlives = true,
    bool addRepaintBoundaries = true,
    bool addSemanticIndexes = true,
```

```
      double cacheExtent,
      List<Widget> children = const <Widget>[],
      int semanticChildCount,
   })
```

可以发现，GridView 和 ListView 的大多数属性都是相同的，它们的含义也都相同。唯一需要关注的是 gridDelegate 属性，它的类型是 SliverGridDelegate，作用是控制 GridView 子组件的排列方式。

SliverGridDelegate 是一个抽象类，也是一个控制子元素排列方式的接口，此抽象类一共有两个实现类。

- SliverGridDelegateWithFixedCrossAxisCount：用于列数固定的场景。
- SliverGridDelegateWithMaxCrossAxisExtent：用于子元素有最大宽度限制的场景。

SliverGridDelegateWithFixedCrossAxisCount 通常用在列数固定的场景中，其构造函数如下所示。

```
SliverGridDelegateWithFixedCrossAxisCount({
  @required double crossAxisCount,        //列数
  double mainAxisSpacing = 0.0,           //垂直子 Widget 的间距
  double crossAxisSpacing = 0.0,          //水平子 Widget 的间距
  double childAspectRatio = 1.0,          //子 Widget 的宽高比
})
```

除了 crossAxisCount 属性外，SliverGridDelegateWithFixedCrossAxisCount 和 SliverGrid-DelegateWithMaxCrossAxisExtent 两个实现类的其他属性都是一样的，属性的含义如下。

- crossAxisCount：横轴子元素的数量，此属性决定了子组件在横轴的长度。
- mainAxisSpacing：主轴方向上子组件的间距。
- crossAxisSpacing：横轴方向上子组件的间距。
- childAspectRatio：子元素横轴和主轴的长度比例。由于 crossAxisCount 指定了子元素在横轴的长度，那么只需要使用此属性值即可确定子元素在主轴的长度。

可以发现，网格组件的子元素大小是由 crossAxisCount 和 childAspectRatio 两个属性共同决定的。需要说明的是，此处的子元素指的是子组件的最大显示空间，使用 GridView 创建网络视图时要确保子组件的大小不超出子元素的最大显示空间。下面是一个横轴子元素数量固定的网格示例，代码如下所示。

```
GridView(
  gridDelegate: SliverGridDelegateWithFixedCrossAxisCount(
      crossAxisCount: 3,              //横轴有 3 个子组件
      childAspectRatio: 1.0.          //宽高比为 1
  ),
  children:<Widget>[
    Icon(Icons.ac_unit),
    Icon(Icons.airport_shuttle),
    Icon(Icons.all_inclusive),
    Icon(Icons.beach_access),
    Icon(Icons.cake),
    Icon(Icons.free_breakfast)
  ]
);
```

运行上面的代码，运行效果如图 6-7 所示。

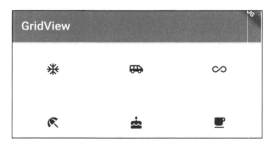

图 6-7　SliverGridDelegateWithFixedCrossAxisCount 应用示例

同时，SliverGridDelegateWithFixedCrossAxisCount 还可以使用 GridView.count 进行代替，所以上面的示例代码可以改写为如下的代码。

```
GridView.count(
  crossAxisCount: 3,
  childAspectRatio: 1.0,
  children: <Widget>[
    Icon(Icons.ac_unit),
    … //省略其他部分
  ],
);
```

SliverGridDelegateWithMaxCrossAxisExtent 是 SliverGridDelegate 的另一个实现类，不过它在实际开发中使用得比较少，它的构造函数如下所示。

```
SliverGridDelegateWithMaxCrossAxisExtent({
  @required this.maxCrossAxisExtent,         //子元素在横轴上的最大长度
  this.mainAxisSpacing = 0.0,
  this.crossAxisSpacing = 0.0,
  this.childAspectRatio = 1.0,
})
```

可以看到，除了 maxCrossAxisExtent 属性外，其他属性基本都是一样的。其中，maxCrossAxisExtent 属性表示子元素在横轴上的最大长度；之所以说是最大长度，是因为横轴方向上每个子元素的长度是等分的。

举个例子，如果视图横轴的长度是 450，那么 maxCrossAxisExtent 属性值的区间是[450/4，450/3]，而子元素的实际长度都为 112.5，如下所示。

```
GridView(
  padding: EdgeInsets.zero,
  gridDelegate: SliverGridDelegateWithMaxCrossAxisExtent(
      maxCrossAxisExtent: 120.0,         //最大长度
      childAspectRatio: 2.0             //宽高比
  ),
  children: <Widget>[
    Icon(Icons.ac_unit),
    … //省略其他代码
  ],
);
```

运行上面的代码，运行效果如图 6-8 所示。

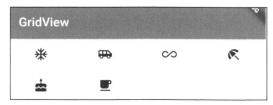

图 6-8 GridView 应用示例

同时，SliverGridDelegateWithMaxCrossAxisExtent 还可以使用 GridView.extent()代替。因此，上面的示例可以使用 GridView.extent()改为如下形式。

```
GridView.extent(
    maxCrossAxisExtent: 120.0,
    childAspectRatio: 2.0,
    children: <Widget>[
      Icon(Icons.ac_unit),
      … //省略其他代码
    ],
);
```

6.3.2　GridView 构造函数

和 ListView 类似，GridView 也提供了很多的构造函数，开发者可以使用这些构造函数创建不同风格的网格。GridView 的构造函数一共有 5 个，分别是 GridView()、GridView.builder()、GridView.count()、GridView.extent()和 GridView.custom()，含义如下。

- GridView()：默认构造函数，适用于子元素个数有限的场景，因为 GridView 会一次性全部渲染 children 属性中的子元素组件。
- GridView.builder()：适用于构建大量或无限长的列表，因为 GridView 会只构建那些可见的组件，对于不可见的会动态销毁，减少内存消耗，渲染更高效。
- GridView.count()：SliverGridDelegateWithFixedCrossAxisCount 实现类的简写方式，用于创建横轴数量固定的网格视图。
- GridView.extent()：SliverGridDelegateWithMaxCrossAxisExtent 实现类的简写方式，用于创建横轴子元素宽度固定的网格视图。
- GridView.custom ()：自定义的网格视图，需要同时传入 gridDelegate 和 childrenDelegate。

GridView.builder()是 GridView 提供的可用于构建大量或无限的列表的构造函数，可以通过它来动态创建子组件，因而性能更高。使用 GridView.builder()创建网格视图必须指定两个属性，如下所示。

```
GridView.builder(
  …//省略其他代码
  @required SliverGridDelegate gridDelegate,
  @required IndexedWidgetBuilder itemBuilder,
)
```

其中，gridDelegate 表示网格视图的构建方式，itemBuilder 表示子组件的构建器。首先，新建一个组件作为网格视图的子组件，如下所示。

```
import 'package:flutter/material.dart';

class GridItem extends StatelessWidget {

  final ItemViewModel data;

  GridItem({Key key, this.data}) : super(key: key);

  @override
  Widget build(BuildContext context) {
    return Container(
      padding: EdgeInsets.only(bottom: 5),
      child: Column(
        children: <Widget>[
          Image.asset(this.data.icon,width: 55,fit: BoxFit.fitWidth,),
          Text(this.data.title),                        //图片描述文字
        ],
      ),
    );
  }
}

class ItemViewModel {

  final String icon;
  final String title;

  const ItemViewModel({
    this.icon,
    this.title,
  });
}
```

然后使用 GridView.builder()即可创建一个网格视图，创建网络视图时需要传入 gridDelegate 和 itemBuilder 等属性，代码如下所示。

```
class GridViewWidget extends StatelessWidget {
  @override
  Widget build(BuildContext context) {
    return MaterialApp(
        title: '网格组件',
        home: Scaffold(
            body: GridView.builder(
                gridDelegate:
                SliverGridDelegateWithFixedCrossAxisCount(crossAxisCount: 4),
                itemCount: list.length,
                padding: EdgeInsets.symmetric(vertical: 10),
                itemBuilder: (context, index) {
                  return GridItem(data: list [index]);
                },
            )
        )
    );
  }
```

```
}
```

其中，网格列表所需的数据源是一个对象数组，主要由标题和图片构成，如下所示。

```
const List<ItemViewModel> list = [
  ItemViewModel(
    title: '美食',
    icon: "assets/mt/mt1.png",
  ),
];
```

运行上面的代码，运行效果如图 6-9 所示。

图 6-9　GridView 综合应用示例

需要说明的是，GridView 默认子元素的显示空间都是相等的，如果遇到需要将子元素设置成大小不等（如瀑布流布局）的情况，那么可以使用第三方插件，如 flutter_staggered_grid_view。

6.4　滑动切换组件

PageView 是一个滑动视图列表组件，它继承自 CustomScrollView，作用类似于 Android 的 ViewPager，可以用它实现视图的左右滑动切换功能。PageView 默认的构造函数如下所示。

```
class PageView extends StatefulWidget {
  PageView({
    Key key,
    this.scrollDirection = Axis.horizontal,
    this.reverse = false,
    PageController controller,
    this.physics,
    this.pageSnapping = true,
    this.onPageChanged,
    List<Widget> children = const <Widget>[],
    this.dragStartBehavior = DragStartBehavior.down,
  }) :
    … //省略其他代码
}
```

可以发现，可滚动组件都有一些通用属性，除此之外，PageView 特有的属性如下。

- onPageChanged：页面滑动切换时调用。
- children：PageView 的列表项。
- semanticChildCount：列表项的数量。
- dragStartBehavior：处理拖曳开始行为的方式，默认为检测到拖曳手势时开始执行滚动拖曳行为。

除了默认构造函数外，PageView 一共有 3 个构造函数，分别是 PageView()、PageView.builder()和 PageView.custom()，如下所示。

- PageView()：创建一个可滚动列表，适合子组件比较少的场景。
- PageView.builder()：创建一个滚动列表，适合子组件比较多的场景，需要指定子组件的数量。
- PageView.custom()：创建一个可滚动的列表，需要自定义子项。

下面是使用 PageView.builder()完成视图左右切换效果的示例。

```
import 'package:flutter/material.dart';

void main() => runApp(GridViewWidget());

const List<String> items = [
  "assets/banner/banner1.jpg",
  "assets/banner/banner2.jpg",
  "assets/banner/banner3.jpg"
];

class GridViewWidget extends StatelessWidget {
  @override
  Widget build(BuildContext context) {
    return new MaterialApp(
        title: '列表组件',
        home: new Scaffold(
          appBar: new AppBar(title: new Text('PageView')),
          body: PageView.builder(
            onPageChanged: (index) {
              print('current page $index ');
            },
            itemCount: items.length,
            itemBuilder: (context, index) {
              return Image.asset(items[index], width: 750, height: 200);
            },
          ),
        ));
  }
}
```

运行上面的代码，效果如图 6-10 所示。

图 6-10　PageView 应用示例

需要说明的是，PageView 是没有指示器功能的，如果需要给滚动视图添加指示器，那么需要通过自定义指示器组件，并将它和 PageView 进行绑定。

6.5　自定义组件

在 Flutter 开发中，经常会遇到一些复杂的开发需求，并且直接使用 Flutter 提供的基本组件是无法满足开发需求的。此时，行之有效的手段就是自定义组件。Flutter 的自定义组件实现方式与其他平台的自定义组件实现方式一样，分为组合和自绘。

6.5.1　组合组件

使用组合方式自定义组件比较常见，此种方式通过拼装其他低级别的组件，组合成一个高级别的组件。

在 Flutter 框架中，组合的思想始终贯穿在框架设计之中，也是 Flutter 能够提供如此丰富的组件库的原因之一。使用组合方式自定义组件，对外暴露的接口比较少，减少了上层的使用成本和维护成本，增强了组件的复用性。

组合方式是比较简单的自定义组件的实现方式，只需要按照布局效果排列低级别的组件即可。例如，在移动应用设计中，经常会看到图 6-11 所示的"设置"界面，该界面通常由标题、选项卡片和退出按钮组成，而我们需要自定义的就是设置选项卡片。

图 6-11　组合组件效果

通过分析可以发现，要完成自定义的选项卡片组件，只需要将标题和箭头按照水平方式排列即可，并且标题是可变的，因此需要作为构造参数从外部传入，代码如下所示。

```
Row(
  children: <Widget>[
    Expanded(
      child: Text(text ?? "",style: TextStyle(
        fontSize: 16
      ), ),
    ),
    IconButton(
      icon: Icon(
      Icons.navigate_next,
      color: Colors.grey[400],
      )
    ),
  ],
),
```

同时，为了让自定义的组件能够响应用户的操作，还需要为组件绑定单击事件。因此，自定义的选项卡片组件需要接收两个参数，一个是文本，另一个是单击的回调函数，如下所示。

```
class ItemCellView extends StatefulWidget {

  final GestureTapCallback tapCallback;        //单击回调函数
  final String text;                           //显示文本

  ItemCellView({this.tapCallback, this.text});

  @override
  State createState() {
    return _ItemCellViewState(this.tapCallback, this.text);
  }
}
    ...        //省略视图代码
```

如果要使用这个组件，只需要传入 text 和 tapCallback 两个参数即可，如下所示。

```
ItemCellView(
    text: "意见反馈",
    tapCallback: () {
      print('意见反馈...');
  });
```

运行上面的代码，运行效果如图 6-12 所示。

可以发现，组合组件还是比较容易实现的，开发者只需要按照从上到下、从左到右的方式去拆解布局结构即可。

图 6-12　组合组件应用示例

6.5.2　自绘组件

Flutter 提供了非常丰富的组件和布局方式，可以方便开发者通过组合的方式去构建不同的视图。但对于一些复杂且不规则的视图，用 Flutter 提供的现有组件组合可能无法实现，如饼图、K线图等，此时只能使用 Flutter 提供的自绘组件方案。

在原生 iOS 和 Android 开发中，我们可以通过继承 UIView 或者 View，然后在 drawRect()和 onDraw()中执行绘制操作来创建组件。与之类似，Flutter 也提供了类似的自绘组件方案。在 Flutter 中创建自绘组件需要用到 CustomPaint 和 CustomPainter 两个类，它们的作用和含义如下。

- CustomPaint：在绘制阶段提供一个 Canvas，即画布。
- CustomPainter：在绘制阶段提供画笔，可配置画笔的颜色、样式和粗细等属性。

CustomPaint 只是用于承接自绘组件的容器，并不负责绘制工作。和其他平台自绘组件实现的原理一样，在 Flutter 中创建自绘组件需要同时用到画布与画笔。

其中，画布使用的是 Canvas 类，画笔使用的是 Paint 类，绘制逻辑则通过 CustomPainter 控制。完成绘制逻辑之后，再将 CustomPainter 设置给容器 CustomPaint 的 painter 属性即可，以上就是一个完整的 Flutter 自绘控件的完整流程。并且，在实际使用过程中，我们可以给画笔 Paint 配置各种属性，比如颜色、样式和粗细等，如下所示。

```
var paint = Paint()                  //初始化画笔
  ..isAntiAlias = true               //是否抗锯齿
```

```
  ..style = PaintingStyle.fill          //画笔样式
  ..color=Color(0x77cdb175);            //画笔颜色
```

同时，画布 Canvas 还提供了各种常见的绘制方法，比如画线函数 drawLine()、画矩形函数
drawRect()和画点函数 DrawPoint()等。除此之外，为了控制绘制区域的大小，CustomPaint 提供
了一个 Size 属性，Flutter 在执行绘制操作时，Size 属性会传到 CustomPainter 的 paint()中，而自
绘组件的所有绘制工作就是在 paint()中完成的，如下所示。

```
void paint(Canvas canvas, Size size);
```

下面是使用 CustomPaint 和 CustomPainter 自定义饼图的示例。

```
class PiePage extends StatelessWidget {

  @override
  Widget build(BuildContext context) {
    return Scaffold(
      appBar: AppBar(
        title: Text('自绘组件'),
      ),
      body: Center(
        child: CustomPaint(
          size: Size(300, 300),
          painter: PiePainter (),
        ),
      ),
    );
  }
}


class PiePainter extends CustomPainter {

  Paint getPaint(Color color) {
    Paint paint = Paint();
    paint.color = color;
    return paint;
  }

  @override
  void paint(Canvas canvas, Size size) {
    double wheelSize = min(size.width,size.height)/2;
    double nbElem = 6;
    double radius = (2 * pi) / nbElem;
    Rect boundingRect = Rect.fromCircle(center: Offset(wheelSize, wheelSize),
radius: wheelSize);
    canvas.drawArc(boundingRect, 0, radius, true, getPaint(Colors.red));
    canvas.drawArc(boundingRect, radius, radius, true, getPaint(Colors.
black38));
    canvas.drawArc(boundingRect, radius * 2, radius, true, getPaint(Colors.
green));
    canvas.drawArc(boundingRect, radius * 3, radius, true, getPaint(Colors.
amber));
    canvas.drawArc(boundingRect, radius * 4, radius, true, getPaint(Colors.
blue));
```

```
        canvas.drawArc(boundingRect, radius * 5, radius, true, getPaint(Colors.
purple));
    }

    @override
    bool shouldRepaint(CustomPainter oldDelegate) {
      //是否需要执行重绘
      return true;
    }
}
```

在上面的示例中，创建了一个继承自 CustomPainter 的 PiePainter 类，然后在 paint()中通过 Canvas 的 drawArc() 绘制 6 种不同颜色的扇形圆弧，最终形成一张饼图。同时，PiePainter 还提供了 shouldRepaint()，用于控制是否需要重绘，通常 UI 树在执行 build()时，组件在绘制前都会先调用 shouldRepaint()确认是否需要执行重绘。运行上面的代码，最终效果如图 6-13 所示。

需要说明的是，无论是系统组件还是自定义组件，绘制操作都是比较昂贵的，所以在实现自绘组件时应尽可能多地考虑性能开销。下面创建 Flutter 自绘组件时，两条关于性能优化的建议。

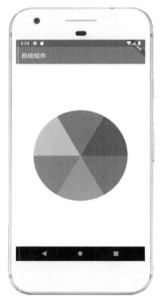

图 6-13   自绘组件应用示例

其一，尽可能利用好 shouldRepaint()的返回值。如果绘制的内容不需要依赖外部状态，那么返回 false 即可，因为外部状态改变并不会影响自定义的组件；如果绘制过程需要依赖外部状态，那么可以在 shouldRepaint()中判断依赖的状态是否改变。如果已改变，则返回 true 并执行重绘操作，反之则返回 false 不执行重绘。

其二，绘制应尽可能多地进行分层，因为复杂的自绘组件都是由很多功能构成的，如果都写在一个方法中，除了不利于阅读，全部重绘带来的性能开销也是很大的。而分层渲染可以降低视图渲染带来的性能开销。

可以发现，在 Flutter 中开发自绘组件并不算复杂，只需要弄清自绘组件的原理和流程，然后按照步骤编写对应的功能代码即可。同时，无论是创建组合组件还是创建自绘组件，首先需要考虑的是如何将复杂的布局简化，把大问题拆分成若干个小问题，此时实现方案也逐渐清晰，落地方案自然浮出水面。

第 7 章
事件处理

移动应用开发中，一个必不可少的环节就是处理与用户的交互行为，为了响应用户的事件行为，原生 iOS 和 Android 都提供了相应的手势操作 API。Flutter 的手势操作分为两类，一类是原始指针事件，另一类是手势识别。

7.1 原始指针事件

7.1.1 基本概念

在移动开发中，各个终端平台的原始指针事件基本都是一致的，一个完整的原始指针事件主要由手指按下、手指移动、手指抬起，以及触摸取消构成，更高级别的手势都基于这些原始事件。

在 Flutter 的原始指针事件模型中，在手指接触屏幕发起触摸事件时，Flutter 会首先确定手指与屏幕发生接触的位置上究竟有哪些组件，然后通过命中测试（Hit Test）交给最内层的组件去响应。与浏览器中的事件冒泡类似，指针事件会从最内层的组件开始，然后沿着组件树向根节点向上冒泡分发。但是 Flutter 无法像浏览器冒泡那样取消或者停止事件的进一步分发，只能通过执行命中测试去调整组件的事件触发时机。

PointerDownEvent、PointerMoveEvent 和 PointerUpEvent 是 Flutter 的原始指针事件的基本组成部分，分别对应手指按下、移动和抬起事件，并且它们都是 PointerEvent 的子类。在 Flutter 的事件模型中 PointerEvent 是 Flutter 原始指针事件的基础类，可以用它获取当前指针的一些信息。

- position：全局坐标的偏移量。
- delta：两次指针移动事件的距离。
- pressure：按压力度，如果手机屏幕支持压力传感器，此属性会返回压力值，如果手机不支持则始终返回 1。
- orientation：指针移动方向，是一个角度值。

对于组件层面的原始指针事件的监听，Flutter 提供了一个 Listener，可以用它监听包裹的子组件的原始指针事件，Listener 组件的使用方法如下所示。

```
Listener(
  onPointerDown: (dowPointEvent){},          //按下回调
```

```
onPointerMove: (movePointEvent){},          //移动回调
onPointerUp: (upPointEvent){},              //抬起回调
child: Container(
    child: Text('Listener 事件监听')
)
);
```

例如，有一个长、宽值均为 300 的红色正方形，我们可以利用 Listener 提供的监听函数监听其按下、移动和抬起等原始指针事件，代码如下所示。

```
Listener(
  child: Container(
    color: Colors.red,
    width: 300,
    height: 300,
  ),
  onPointerDown: (event) => print("down $event"),    //手势按下处理
  onPointerMove:  (event) => print("move $event"),   //手势移动处理
  onPointerUp:  (event) => print("up $event"),       //手势抬起处理
);
```

运行上面的代码，会在屏幕上呈现一个红色正方形。在红色正方形内进行按下、移动、抬起操作，可以看到 Listener 监听到了一系列原始指针事件，并输出原始指针事件的位置信息，如下所示。

```
I/flutter ( 6084): down PointerDownEvent#1b224(position: Offset(70.5, 107.0)
I/flutter ( 6084): move PointerMoveEvent#1b69c(position: Offset(72.0, 107.0)
I/flutter ( 6084): move PointerMoveEvent#bf5df(position: Offset(79.6, 114.3)
I/flutter ( 6084): move PointerMoveEvent#f5860(position: Offset(79.6, 115.8)
I/flutter ( 6084): up PointerUpEvent#23b17(position: Offset(85.7, 121.9)
```

除了一些常用的属性外，原始指针事件还提供了 behavior 属性，它决定子组件如何响应命中测试，它的值类型为 HitTestBehavior，是一个枚举类型，有 3 个枚举值，分别是 deferToChild、opaque 和 translucent。

- deferToChild：子组件一个接一个地进行命中测试，如果子组件中有通过命中测试的，则当前组件会收到指针事件，并且其父组件会收到指针事件。
- opaque：在进行命中测试时，当前组件会被当成不透明进行处理，单击的响应区域即为单击区域。
- translucent：设置此属性后，组件自身和底部可视区域都能够响应命中测试，这意味着点击顶部组件时，顶部组件和底部组件都可以接收到指针事件。

下面是使用 behavior 属性进行命中测试的示例。

```
Stack(
  children: <Widget>[
    Listener(
      child: ConstrainedBox(
        constraints: BoxConstraints.tight(Size(300.0, 200.0)),
          child: DecoratedBox(
            decoration: BoxDecoration(color: Colors.lightBlue)),
            ),
          onPointerDown: (event) => print("down0..."),
          ),
    Listener(
```

```
      child: ConstrainedBox(
        child: DecoratedBox(
          decoration: BoxDecoration(color: Colors.red),
            child: Center(child: Text("非文本区域点击")),
              ),
          constraints: BoxConstraints.tight(Size(200.0, 100.0)),
              ),
          onPointerDown: (event) => print("down1..."),
            behavior: HitTestBehavior.translucent,      //命中穿透
            )
        ],
    )
```

运行上面的代码，效果如图 7-1 所示。

在上面的示例中，如果单击左上角的【非文本区域点击】，顶部的红色区块和底部的蓝色区块都会接收到指针事件，此时会输出如下日志。

```
I/flutter ( 3039): down1
I/flutter ( 3039): down0
```

如果注释掉最后一行代码，再次点击左上角的"非文本区域点击"时，控制台只会输出"down0"。

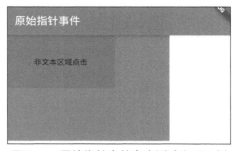

图 7-1　原始指针事件命中测试应用示例

7.1.2　忽略事件

如果不想让某个子组件响应原始指针事件，那么可以使用 AbsorbPointer 或者 IgnorePointer 组件包裹子组件来阻止子组件接收指针事件。

不过，需要说明的是，虽然这两个组件都能阻止子组件接收指针事件，但是它们在阻止子组件接收指针事件的方式上却有所不同，AbsorbPointer 组件会参与命中测试，而 IgnorePointer 组件不会参与。这意味着，AbsorbPointer 组件本身是可以接收指针事件的，但其包裹的子组件则不行，而 IgnorePointer 组件则完全不能接收指针事件，如下所示。

```
Listener(
  child: AbsorbPointer(
    child: Listener(
      child: Container(
        color: Colors.red,
        width: 200.0,
        height: 200.0,
      ),
      onPointerDown: (event)=>print("point in"),
    ),
  ),
  onPointerDown: (event)=>print("point up"),
)
```

单击示例中的红色方块时，由于方块是 AbsorbPointer 组件的子组件，因此它不会响应原始指针事件，所以只会输出"point up"。如果将 AbsorbPointer 组件换成 IgnorePointer 组件，那么两个都不会输出。运行上面的代码，效果如图 7-2 所示。

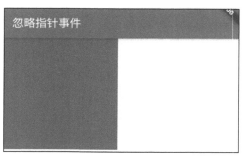

图 7-2　原始指针忽略事件应用示例

7.2　手势识别组件

7.2.1　基本用法

在 Flutter 应用开发中，可以使用 Listener 组件包裹子组件来监听指针事件。不过使用 Listener 组件获取的指针事件毕竟太原始，如果想要获取更多的触摸事件细节，就比较困难，如判断用户是否正在拖曳组件，直接使用指针事件会非常复杂。

通常，如果需要响应用户交互事件，最直接的方式就是使用封装了手势语义操作的手势响应 API，如 onTap、onDoubleTap、onLongPress、onPanUpdate 和 onScaleUpdate 等。另外，Flutter 的手势响应 API 还支持同时响应多个手势交互行为，即使用 Gesture 同时监听多个手势事件。

在 Flutter 开发中，Gesture API 代表手势语义的抽象，如果想要从组件层面监听手势则可以使用 GestureDetector 等手势响应组件。GestureDetector 组件是一个处理各种高级用户触摸行为的组件，使用时只需要将它作为父组件包裹在其他子组件外面即可，如下所示。

```
GestureDetector(
  child: Container(
    alignment: Alignment.center,
    color: Colors.blue,
    width: 150.0,
    height: 80.0,
    child: Text('onTap',
    style: TextStyle(color: Colors.white, fontSize: 24),
    ),
  ),
  onTap: () {
    print('onTap...');
  },
),
```

如果使用的是 Material 组件，那么大多数组件已经对 tap 手势做了封装，例如 IconButton、FlatButton 和 ListView 等组件。如果想要在点击时出现水波纹效果，可以使用 InkWell 组件。

7.2.2　常用事件

GestureDetector 是一个用于手势识别的功能组件，实现了指针事件的语义化封装，可以使用它来识别各种手势。除了常见的点击、双击、长按、拖曳和移动事件外，GestureDetector 支持的常见手势事件如表 7-1 所示。

表 7-1　GestureDetector 常用事件

事件名	描述
onTapDown	接触屏幕时触发
onTapUp	离开屏幕时触发
onTap	点击屏幕时触发
onTapCancel	触发 onTapDown 事件但不会触发 onTap 事件
onDoubleTap	用户连续两次在同一位置快速轻敲屏幕
onLongPress	在相同位置与屏幕保持长时间接触
onVerticalDragStart	与屏幕接触并可能开始垂直移动
onVerticalDragUpdate	与屏幕接触并沿垂直方向移动
onVerticalDragEnd	之前与屏幕接触并垂直移动的指针不再与屏幕接触
onHorizontalDragStart	与屏幕接触并可能开始水平移动
onHorizontalDragUpdate	与屏幕接触并已沿水平方向移动
onHorizontalDragEnd	之前与屏幕接触并水平移动的指针不再与屏幕接触

GestureDetector 是一个处理触摸行为的高级组件，与 Listener 一样，可以用它监听各种触摸行为。需要说明的是，如果需要同时监听 onTap 和 onDoubleTap 事件时，onTap 事件后会有 200 毫秒左右的延时，这是因为用户触发点击事件之后可能还会再次触发点击以触发双击事件。如果只需要监听 onTap 事件而不需要监听 onDoubleTap 事件，则不会出现延时。

下面是一个使用 GestureDetector 组件监听点击、双击和长按事件的例子。

```
class GestureDetectorPage extends StatefulWidget {

  @override
  State<StatefulWidget> createState() {
    return GestureDetectorPageState();;
  }
}

class GestureDetectorPageState extends State<GestureDetectorPage> {

  String operation = "No Gesture";
```

```
  @override
  Widget build(BuildContext context) {
    return Row(
      mainAxisAlignment: MainAxisAlignment.center,
      children: [
        GestureDetector(
          child: Container(
            margin: EdgeInsets.only(top: 20),
            alignment: Alignment.center,
            color: Colors.blue,
            width: 150,
            height: 80,
            child: Text(operation,
              style: TextStyle(color: Colors.white,fontSize: 24),
            ),
          ),
          onTap: () => updateGesture("Tap"),              //点击事件
          onDoubleTap: () => updateGesture("DoubleTap"),  //双击事件
          onLongPress: () => updateGesture("LongPress"),  //长按事件
        )
      ],
    );
  }

  void updateGesture(String text) {
    setState(() {
      operation = text;
    });
  }
}
```

在上面的代码中，我们创建了一个使用 GestureDetector 组件包裹的容器视图，当使用不同的手势事件触摸容器时会触发不同的手势事件，同时文字内容也会发生改变。运行上面的代码，效果如图 7-3 所示。

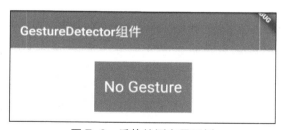

图 7-3　手势检测应用示例

7.2.3　拖曳与缩放

手势响应过程指的是从户手指按下到抬起的整个过程，在这个过程中可能还会有移动、拖曳和缩放等操作。在 Flutter 中，除了监听单击、双击和长按事件外，GestureDetector 组件还可以用来处理移动、拖曳和缩放操作。对于拖动和滑动事件，它们本质上是没有区别的。在处理拖曳

事件时，GestureDetector 会将需要监听组件的原点作为本次手势的起点，当用户在监听组件上按下手指时手势识别就开始运行。

下面是通过手势改变控件位置实现组件拖曳功能的应用示例。

```
class DragPage extends StatefulWidget {
  @override
  State<StatefulWidget> createState() {
    return DragState();
  }
}

class DragState extends State<DragPage> {

  double _top = 0.0;
  double _left = 0.0;

  @override
  Widget build(BuildContext context) {
    return Stack(
      children: <Widget>[
        Positioned(
          top: _top,
          left: _left,
          child: GestureDetector(
            child: CircleAvatar(
                radius: 30,
                backgroundColor: Colors.blue,
                child: Text(
                  'Drag',
                  style: TextStyle(color: Colors.white),
                )),
            onPanDown: (DragDownDetails e) {
              print("onPanDown: ${e.globalPosition}");
            },
            onPanUpdate: (DragUpdateDetails e) {
              setState(() {
                _left += e.delta.dx;
                _top += e.delta.dy;
              });
            },
            onPanEnd: (DragEndDetails e) {
              print('onPanEnd:'+e.velocity.toString());
            },
          ),
        ),
      ],
    );
  }
}
```

在上面的示例中，通过执行 GestureDetector 组件的 onPanUpdate 回调来获取当前触摸的屏幕位置，并通过调用 setState()动态更改组件的坐标来实现组件的拖曳效果。运行上面的代码，效果如图 7-4 所示。

图 7-4　手势拖曳事件应用示例

如果只需要沿一个方向进行拖动，那么可以将 onPanUpdate 属性的 DragDownDetails 修改为 onVerticalDragUpdate 或者 onHorizontalDragUpdate。除了拖曳操作外，还可以使用 GestureDetector 组件的 onScaleUpdate 属性实现缩放效果，如下所示。

```
class ScaleState extends State<ScalePage> {

  double width = 300.0;

  @override
  Widget build(BuildContext context) {
    return Center(
      child: GestureDetector(
        child: Image.asset("./assets/flutter.png", width: width),
        onScaleUpdate: (ScaleUpdateDetails details) {
          setState(() {
            width=200*details.scale.clamp(0.8, 10.0); //缩放系数为 0.8～10
          });
        },
      ),
    );
  }
}
```

运行上面的代码，在图片上双指张开、收缩即可实现图片的缩放效果。不过，由于模拟器无法模拟缩放操作，所以需要在真机上运行才能看到效果。

7.2.4　手势识别器

GestureDetector 之所以能够识别各种手势，是因为其内部使用了一个或多个 GestureRecognizer 手势识别器，GestureRecognizer 封装了 Listener 的原始指针事件，可以很容易地对各种手势进行识别。GestureRecognizer 是一个抽象类，有多个实现子类，通常一种手势识别器即对应一个 GestureRecognizer 的实现类。

Flutter 提供了丰富的手势识别器，开发时可以直接使用。下面是动态改变富文本文字大小的示例。

```
class GestureRecognizerPage extends StatefulWidget {
  @override
  State<StatefulWidget> createState() {
    return GestureRecognizerState();
  }
```

```
    }

class GestureRecognizerState extends State<GestureRecognizerPage> {
  TapGestureRecognizer recognizer = TapGestureRecognizer();
  bool toggle = false;

  @override
  void dispose() {
    recognizer.dispose();
    super.dispose();
  }

  @override
  Widget build(BuildContext context) {
    return Center(
      child: Column(
        mainAxisAlignment: MainAxisAlignment.center,
        children: [
          Text('点击文字放大'),
          Text.rich(
            TextSpan(
              text: '你好，Flutter',
              style: TextStyle(fontSize:  toggle ? 16 :40),
              recognizer: recognizer..onTap = () {
                setState(() {
                  toggle = !toggle;
                });
              },
            ),
          )
        ],
      ),
    );
  }
}
```

　　由于 Text 组件并没有提供手势识别器，所以上面的示例使用 TextSpan 来实现，由于 TextSpan 并不是一个组件，所以不能用 GestureDetector 组件包裹，但 TextSpan 有一个 recognizer 属性，可以接收一个手势识别器。运行上面的代码，单击文字即可动态改变文字的大小，效果如图 7-5 所示。

　　需要说明的是，使用手势识别器后一定要调用其 dispose() 来释放资源，因为手势识别器内部使用了计时器，不释放的话会造成大量的资源消耗。

点击文字放大

你好，Flutter

图 7-5　手势识别器应用示例

7.2.5　手势竞争与冲突

在进行手势识别时，一个组件可以同时监听多个手势事件，但最终只会有一个手势能够得到本次事件的处理权。对于需要处理多个手势识别的场景，Flutter 引入了手势竞技场的概念，用来识别究竟哪个手势最终响应用户事件。手势竞技场通过综合对比用户触摸屏幕的时长、位移以及拖曳方向来确定最终手势。

在某些场景下，需要同时给某个组件添加监听水平和垂直方向的拖曳事件，那么移动的方向取决于位移的分量。具体来说，如果用户在水平方向上移动距离超过一定数量的逻辑像素，则手势将被解释为水平拖曳；如果用户在垂直方向上的移动距离超过一定数量的逻辑像素，则手势将被解释为垂直拖曳。

```
class GestureCompetePage extends StatefulWidget {
  @override
  State<StatefulWidget> createState() {
    return GestureCompetePageState();
  }
}

class GestureCompetePageState extends State<GestureCompetePage> {

  double _top = 0.0;
  double _left = 0.0;

  @override
  Widget build(BuildContext context) {
    return Stack(
      children: <Widget>[
        Positioned(
          top: _top,
          left: _left,
          child: GestureDetector(
            child: CircleAvatar(
              minRadius: 40,
              child: Text("手势竞争",style: TextStyle(fontSize: 16))),
            onVerticalDragUpdate: (DragUpdateDetails details) {
              setState(() {
                _top += details.delta.dy;
              });
            },
            onHorizontalDragUpdate: (DragUpdateDetails details) {
              setState(() {
                _left += details.delta.dx;
              });
            },
          ),
        )
      ],
    );
```

```
    }
  }
```

运行示例代码时，每次拖动小球时，小球只会沿一个方向移动，因为当我们拖曳小球时会触发手势在水平和垂直方向上的竞争，由于手势竞争最终只有一个胜出者，所以小球最终只会沿手势竞争胜出者的方向移动。

由于手势竞争最终只有一个胜出者，所以当有多个手势同时作用于一个视图时，就有可能会触发手势冲突。下面的示例演示了小球在手指按下、抬起以及滑动时触发的事件。

```
class GestureConflictPage extends StatefulWidget {
  @override
  State<StatefulWidget> createState() {
    return GestureConflictPageState();
  }
}

class GestureConflictPageState extends State<GestureConflictPage> {

  double _left = 0.0;

  @override
  Widget build(BuildContext context) {
    return Stack(
      children: <Widget>[
        Positioned(
          left: _left,
          child: GestureDetector(
            child: CircleAvatar(
                backgroundColor: Colors.blue,
                minRadius: 30.0,
                child: Text("Conflict", style: TextStyle(fontSize: 20)),
            onHorizontalDragUpdate: (DragUpdateDetails details) {
              setState(() {
                _left += details.delta.dx;
              });
            },
            onHorizontalDragEnd: (DragEndDetails details) {
              print("onHorizontalDragEnd");
            },
            onTapDown: (TapDownDetails details) {
              print("onTapDown");
            },
            onTapUp: (TapUpDetails details) {
              print("onTapUp");
            },
          ),
        )
      ],
    );
  }
}
```

运行上面的代码，当我们按住小球在水平上拖动，然后抬起手指时，控制台输出的日志如下。

```
I/flutter ( 4416): onTapDown
I/flutter ( 4416): onHorizontalDragEnd
```

可以发现，日志信息并没有打印 onTapUp 字样。因为在拖动开始时，手指按下并没有触发
移动操作，此时 TapDown 手势胜出；小球拖动时拖动手势胜出，而手指抬起会同时触发
onHorizontalDragEnd 和 onTapUp 两个手势，因此触发了手势识别冲突，但此时还处于拖动过程
中，onHorizontalDragEnd 胜出，因此不会打印 onTapUp 日志。

7.3　事件总线

在移动应用开发中，经常会遇到跨页面事件通知的需求，对于此类问题，最有效便捷的解决
方式是使用广播通知，它可以实现不同的组件之间彼此通信而又不需要相互依赖。

事件总线是广播机制的一种实现方式，它使用订阅者模式将发布者和订阅者关联起来，有效
地解决了全局广播带来的开销。订阅者模式包含发布者和订阅者两种角色，在 Flutter 中，发布者
负责在状态改变时通知所有订阅者，观察者则负责订阅事件并对接收到的事件进行处理。

使用订阅者模式进行应用开发，为了便于管理事件，需要定义一个全局事件总线，并且使用
单例模式实现。同时，为了保证使用的是同一个全局事件总线，还需要将它导出作为一个全局变
量，如下所示。

```
typedef void EventCallback(arg);                      //订阅者回调签名

class EventBus {
  EventBus._internal();                               //私有构造函数
  static EventBus _singleton = EventBus._internal();
  factory EventBus() => _singleton;                   //工厂构造函数
  var _emap = Map<Object, List<EventCallback>>();      //保存事件订阅者队列

  void on(eventName, EventCallback f) {               //添加订阅者
    if (eventName == null || f == null) return;
    _emap[eventName] ??= List<EventCallback>();
    _emap[eventName].add(f);
  }

  void off(eventName, [EventCallback f]) {            //移除订阅者
    var list = _emap[eventName];
    if (eventName == null || list == null) return;
    if (f == null) {
      _emap[eventName] = null;
    } else {
      list.remove(f);
    }
  }

  void emit(eventName, [arg]) {                       //触发事件
    var list = _emap[eventName];
    if (list == null) return;
    int len = list.length - 1;
    for (var i = len; i > -1; --i) {
```

```
      list[i](arg);
      }
    }
  }
}

var eventBus = EventBus();
```

在上面的代码中，EventBus 类提供了 on()、off()和 emit() 3 个函数。其中，on()用于订阅者订阅事件通知并进行事件响应，而 emit()则用于发布者发布事件。

下面通过一个登录功能来说明事件总线的使用。首先，新建一个页面 A 用于模拟登录页面，触发登录事件，代码如下。

```
class APage extends StatefulWidget {
  @override
  State<StatefulWidget> createState() {
    return APageState();
  }
}

class APageState extends State<APage> {

  @override
  Widget build(BuildContext context) {
    bus.emit("login", 'login');   //触发登录事件
    return Container();
  }

}
```

然后，新建一个页面 B 用于监听用户登录或者注销监听的事件，代码如下。

```
class BPage extends StatefulWidget {
  @override
  State<StatefulWidget> createState() {
    return BPageState();
  }
}

class BPageState extends State<BPage> {

  @override
  Widget build(BuildContext context) {
    return Container();
  }

  @override
  void initState() {
    super.initState();
    bus.on("login", (arg) {
      //执行事件响应
    });
  }

  @override
  void dispose() {
```

```
    super.dispose();
    bus.off('login');
  }
}
```

通常，对于一些比较简单的场景，使用事件总线即可实现组件之间状态共享，但对于复杂场景来说，就不是很方便管理，此时最好使用专门的状态管理框架，如 redux、ScopeModel 以及 Provider。

7.4   事件通知

7.4.1   基本用法

在 Flutter 应用开发中，经常会遇到数据传递的问题，由于 Flutter 采用节点树的方式组织页面，当一个页面比较复杂时，它的节点层级就会很深。如果使用层层传递的方式向父节点传递信息就比较麻烦，此时需要一种在子节点跨层级传递消息的机制，即事件通知（Notification）。

通知是 Flutter 框架中一个重要的机制，在 Flutter 的组件树中，每一个节点都可以分发通知，通知会沿着当前节点向上传递，父节点则使用 NotificationListener 监听子节点传递的通知，Flutter 将这种由子节点向父节点的传递通知的机制被称为通知冒泡。通知冒泡和用户触摸事件冒泡是相似的，但有一点不同，通知冒泡可以中止，但用户触摸事件冒泡则不能中止。

事实上，Flutter 的很多地方都可以看到事件通知的影子，如可滚动组件滚动时就会分发滚动通知，Scrollbar 组件正是通过监听 ScrollNotification 来确定滚动条位置的。下面是一个监听列表滚动通知的例子。

```
class NotificationListenerPage extends StatelessWidget {

  @override
  Widget build(BuildContext context) {
    return NotificationListener(
      // ignore: missing_return
      onNotification: (notification){
        switch (notification.runtimeType){
          case ScrollStartNotification:
            print('ScrollStart');
            break;
          case ScrollUpdateNotification:
            print('ScrollUpdate');
            break;
          case ScrollEndNotification:
            print('ScrollEnd');
            break;
          case OverscrollNotification:
            print('Overscroll');
            break;
        }
```

```
        },
        child: ListView.builder(
            itemCount: 100,
            itemBuilder: (context, index) {
              return ListTile(title: Text("$index"),);
            }
        ),
    );
  }
}
```

同时，ScrollStartNotification、ScrollUpdateNotification 和 ScrollEndNotification 都是 ScrollNotification 的子类，不同的动作会触发不同类型的事件通知，并且不同类型的事件通知会返回不同的信息。

在上面的示例中，我们通过在 ListView 组件的外面使用 NotificationListener 组件包裹来监听滚动通知。NotificationListener 组件的定义如下。

```
class NotificationListener<T extends Notification> extends StatelessWidget {
  const NotificationListener({
    Key key,
    @required this.child,
    this.onNotification,
  }) : super(key: key);
  ... //省略其他代码
}
```

可以发现，NotificationListener 组件继承自 StatelessWidget 无状态根组件，因此它可以直接嵌套到其他的组件树中。同时，NotificationListener 组件还提供了一个模板参数，该模板参数是 Notification 的子类，如下所示。

```
NotificationListener<ScrollEndNotification>(
  onNotification: (notification){
    //只会在滚动结束时触发
    print(notification);
  },
  … //省略其他代码
);
```

7.4.2 自定义通知

除了使用 Flutter 内置的事件通知外，Flutter 还允许开发者自定义事件通知。首先，定义一个继承 Notification 的通知类，代码如下所示。

```
class MyNotification extends Notification {
  MyNotification(this.msg);
  final String msg;
}
```

同时，Notification 类有一个 dispatch()，可以用它来分发事件通知。由于 dispatch() 的 context 参数实际上是操作组件元素的一个接口，它与组件树上的节点是对应的，当收到事件通知时会从 context 对应的元素节点向上冒泡。下面是使用 Notification 类完成自定义通知的示例。

```
class MyNotificationPage extends StatefulWidget {
  @override
  State<StatefulWidget> createState() {
```

```
      return NotificationPageState();
   }
}

class NotificationPageState extends State<NotificationPage> {

  String _msg = "";

  @override
  Widget build(BuildContext context) {
    return NotificationListener<MyNotification>(
      onNotification: (notification) {
        setState(() {
          _msg += notification.msg + "  ";
        });
        return true;
      },
      child: Center(
        child: Column(
          mainAxisSize: MainAxisSize.min,
          children: <Widget>[
            Builder(
              builder: (context) {
                return RaisedButton(
                    onPressed: () => MyNotification("Hi").dispatch(context),
                    child: Text("发送通知", style: TextStyle(fontSize: 20))
                  );
              },
            ),
            Text('收到通知: ' + _msg,style: TextStyle(fontSize: 16))
          ],
        ),
      ),
    );
  }
}
//自定义通知
class MyNotification extends Notification {
  MyNotification(this.msg);
  final String msg;
}
```

运行上面的示例代码，当我们每点一次按钮就会触发一个 MyNotification 类型的通知，在组件监听到事件通知后就将收到的事件通知显示在 Text 组件上，运行效果如图 7-6 所示。

收到通知: Hi Hi Hi

图 7-6　自定义通知应用示例

7.4.3 通知冒泡原理

作为 Flutter 中一个比较重要的机制，我们在很多地方都可以看到事件通知的影子。在了解 Flutter 通知冒泡的基本概念和使用方法之后，接下来有必要了解一下 Flutter 通知冒泡的细节和实现原理。由于通知是通过 Notification 的 dispatch() 触发的，所以先来看看 dispatch() 的源码，如下所示。

```
void dispatch(BuildContext target) {
  target?.visitAncestorElements(visitAncestor);
}
```

可以发现，dispatch() 最终调用了 visitAncestorElements() 方法，该方法的作用是从当前元素开始向上遍历父元素。同时，visitAncestorElements() 提供了一个遍历回调参数，在遍历过程中会对遍历到的父元素执行该回调，当遍历到根元素或者某个遍历回调返回 false 时遍历过程终止。visitAncestorElements() 的遍历回调为 visitAncestor()，visitAncestor() 的实现如下所示。

```
bool visitAncestor(Element element) {
  if (element is StatelessElement) {
    final StatelessWidget widget = element.widget;
    if (widget is NotificationListener<Notification>) {
      if (widget._dispatch(this, element))
        return false;
    }
  }
  return true;
}
```

如上所示，visitAncestor() 会判断每一个遍历到的父级组件是否是 StatelessElement 元素，然后再判断是不是 NotificationListener，如果不是则返回 true 并继续向上遍历，如果是则调用 NotificationListener 的 _dispatch()，如下所示。

```
bool _dispatch(Notification notification, Element element) {
  if (onNotification != null && notification is T) {
    final bool result = onNotification(notification);
    return result == true;
  }
  return false;
}
```

通过分析 Flutter 通知冒泡的原理可以发现，Flutter 通知冒泡其实是一套自底向上的消息传递机制，这和 Web 开发中浏览器的事件冒泡原理是类似的。

第 8 章
动画

8.1 动画基础

不管是在 Android 平台还是 iOS 平台,我们在使用其他应用时都能看到一些炫酷的动画效果。作为移动应用的重要组成部分,动画是提高用户体验和留存率的重要手段,合理地使用动画,可以有效缓解用户因为等待而引起的情绪问题。

事实上,不管是什么视图框架,动画的实现原理都是相同的,即在一段有限的时间内,多次、快速地改变视图外观来实现连续播放的效果。视图的一次改变即称为一个动画帧,对应一次屏幕刷新,而决定动画流畅度的一个重要指标就是帧率(Frame Per Second,常被称为 FPS),即每秒的动画帧数。很明显,帧率越高则动画越流畅。

目前,大多数设备的屏幕刷新频率都可以达到 60Hz。对于人眼,动画帧率超过 16FPS 就认为是流畅的,超过 32FPS 基本就感受不到任何卡顿,所以为了保证良好的视觉体验需要帧率尽可能地达到 60FPS。由于动画的每一帧都需要改变视图的输出,因此在一个时间段内连续改变视图输出是比较耗费资源的,对设备的软、硬件系统要求也比较高。作为衡量一个视图框架优劣的重要标准,Flutter 框架是可以实现 60FPS 的,这和原生应用的帧率标准是基本持平的。

同时,为了方便开发者创建并使用动画,不同的视图框架对动画都进行了高度的抽象和封装,比如在 Android 开发中,可以使用 XML 来描述一个动画,再设置给一个视图对象。同样,Flutter 也对动画进行了高度的抽象,并且提供了 Animation、Tween、AnimationController、Curve 4 个动画对象。

其中,Animation 是 Flutter 动画的核心抽象类,包含了动画的当前值和状态两个属性。AnimationController 则是 Animation 的控制器,动画的开始、结束、停止、反向均由它控制,并且可以通过 Listener 组件和 StatusListener 组件来管理动画状态。Tween 是一个动画插值器,可以用它配置动画从开始到结束的变化规律。Curve 则是一个动画曲线,用来控制动画随时间的变化,默认为匀速的线性动画。

8.1.1 Animation

Animation 是一个 Flutter 动画中的核心抽象类,主要用于保存动画的插值和状态,它本身与视图渲染没有任何关系。Animation 对象则是一个可以在一段时间内依次生成一个区间值的类，其输出值可以是线性的、非线性的，也可以是一个步进函数或者任何其他曲线函数等，这由 Curve 来决定。

根据 Animation 对象的控制方式，动画支持以正向、反向以及中间切换等多种方式运行。在动画的每一帧中，我们都可以通过 Animation 对象的 value 属性来获取动画的当前状态值。Animation 对象的状态值有 4 种，分别是 dismissed、forward、reverse 和 completed，含义如下。

- dismissed：动画处于开始状态。
- forward：动画正在正向执行。
- reverse：动画正在反向执行。
- completed：动画处于结束状态。

Animation 对象拥有 Listeners 和 StatusListeners 两个监听器，可以用来监听动画的变化。如果需要监听动画每一帧以及执行状态的变化，则可以使用 Animation 对象提供的 addListener() 和 addStatusListener()，含义如下。

- addListener()：用于给 Animation 对象添加帧监听器，每一帧都会被调用，当帧监听器监听到状态发生改变后就会调用 setState() 来触发视图的重建。
- addStatusListener()：用于给 Animation 对象添加动画状态改变监听器，动画开始、结束、正向或反向时就会调用状态改变的监听器。

8.1.2　AnimationController

AnimationController 表示动画控制器，是一个特殊的 Animation 对象，主要用于控制动画的开始、结束、正向、反向等操作。AnimationController 会在动画的每一帧都生成一个新的值，默认情况下，AnimationController 会在给定的时间段内以线性的方式生成 0.0～1.0 的数字。由于 AnimationController 是一个特殊的 Animation 对象，我们可以使用 AnimationController 来创建一个 Animation 对象，代码如下所示。

```
AnimationController controller = AnimationController(duration: Duration(mi
lliseconds: 2000), vsync: this);
```

同时，AnimationController 生成的数字区间可以通过 lowerBound 和 upperBound 两个参数来进行指定，如下所示。

```
AnimationController controller = AnimationController(
  duration: const Duration(milliseconds: 2000),
  lowerBound: 10.0,
  upperBound: 20.0,
  vsync: this
);
```

使用 AnimationController 创建的 Animation 动画对象，默认情况下是不会启动的，如果要让动画运行起来，则需要调用 AnimationController 的 forward()。动画开始执行后便会生成动画帧，屏幕每刷新一次就会产生一个动画帧，动画的每一帧都会生成一个动画值。然后，根据当前的动画值即可构建视图。当所有动画帧依次被触发时，所构建的视图也会依次变化，最终形成一个连续的动画。

另外，动画每执行一次刷新，Animation 对象就会调用其帧监听器 Listener 进行回调，并且当动画状态发生改变时还会调用状态监听器 StatusListener 进行回调，如下所示。

```
Animation<Color> doubleAnim;
AnimationController controller;
controller = AnimationController(vsync: this, duration: const Duration(sec
onds: 1))..forward();
    doubleAnim = ColorTween(begin: Colors.red, end: Colors.white)
        .animate(controller)
    ..addListener(() {                      //帧监听器
        print("status: ${controller.value}");
        setState(() {});
    })
    ..addStatusListener((status) {          //状态监听器
        print("status: $status");
        if (status == AnimationStatus.completed) {
            controller.reverse();           //动画结束
        } else if (status == AnimationStatus.dismissed) {
            controller.forward();           //动画开始
        }
    });
```

运行上面的代码，会看到控制台输出的动画帧的值如图 8-1 所示。

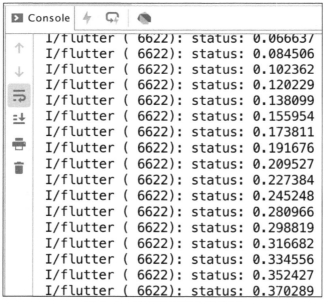

图 8-1　动画控制器应用示例

当动画状态发生改变时，还可以使用 addStatusListener() 来监听动画的状态，如果监听到动画的状态是停止的，那就需要调用动画控制器的 completed() 来停止动画状态的监听。为了方便控制 Animation 动画，AnimationController 提供了一些常见的函数，如下所示。

- forward()：开始播放动画。

- stop()：停止动画播放。
- reset()：重制动画为初始化状态。
- reverse()：反向播放动画，必须正向动画播放完成之后才有效。
- repeat()：循环播放动画。
- dispose()：销毁动画，释放动画占用资源。

同时，在创建 AnimationController 对象时需要传递一个 vsync 参数，它接收一个 TickerProvider 类型的对象，目的是防止屏幕在锁屏后继续执行动画造成不必要的资源浪费。TickerProvider 是一个抽象类，它的定义如下所示。

```
abstract class TickerProvider {
  Ticker createTicker(TickerCallback onTick);    //创建 Ticker 对象
}
```

Flutter 应用在启动时会绑定一个 SchedulerBinding，通过 SchedulerBinding 可以给每一次屏幕刷新添加回调，而 Ticker 对象就是通过 SchedulerBinding 来实现屏幕刷新回调的，因此每次屏幕刷新都会调用 TickerCallback。

在 Flutter 动画中，使用 Ticker 而不是 Timer 来驱动动画，可以有效防止屏幕外动画（如锁屏）带来的不必要资源消耗。之所以这么说，是因为 Flutter 在屏幕刷新时会通知绑定的 SchedulerBinding，而 Ticker 是受 SchedulerBinding 驱动的，所以锁屏后屏幕会停止刷新，而 Ticker 也就不会再被触发。

实际开发过程中，我们会将 SingleTickerProviderStateMixin 添加到类的状态定义中，然后将状态对象作为 vsync 的值传入，如下所示。

```
class AnimPageState extends State<AnimPage> with SingleTickerProviderState
Mixin {

  AnimationController controller;

  @override
  void initState() {
    super.initState();
    controller = AnimationController(vsync: this,
            duration: const Duration(seconds: 100));
      …  //省略其他代码
    controller.forward();
  }
}
```

8.1.3　Curve

Curve 主要用来控制动画随时间的变化率，默认为均匀的线性变化。我们把匀速动画称为线性动画，把非匀速动画称为非线性动画。除了匀速的线性动画外，Curve 还支持匀加速动画或者先加速后减速动画以及先减速后加速动画。

在 Flutter 应用开发中，可以通过 CurvedAnimation 来指定动画的曲线，如下所示。

```
CurvedAnimation curve = CurvedAnimation(parent: controller, curve: Curves.
easeIn);
```

在上面的代码中，动画的曲线为 Curves.easeIn，表示一种先加速后减速的动画。Curves 类是一个预置的枚举类，定义了许多常用的动画曲线，如表 8-1 所示。

表 8-1 Curves 类定义的动画曲线

动画曲线	说明
linear	匀速动画
decelerate	匀减速动画
ease	先加速后减速动画
easeIn	先快后慢动画
easeOut	先慢后快动画
easeInOut	先慢，然后加速，最后减速动画

Curve 的作用就是控制动画随时间的变化率，使用前需要先创建 Animation 动画对象，实际使用时我们可以使用 AnimationController 来创建，如下所示。

```
class CurvePage extends StatefulWidget {
  @override
  CurveState createState() => CurveState();
}

class CurveState extends State<CurvePage> with SingleTickerProviderStat
eMixin {

  CurvedAnimation curve;
  AnimationController controller;

  @override
  initState() {
    super.initState();
    controller = AnimationController(
        duration: const Duration(milliseconds: 5000), vsync: this);
    curve = CurvedAnimation(parent: controller, curve: Curves.easeIn)
      ..addListener(() {
        setState(() {});
      });
    controller.forward();
  }

  @override
  Widget build(BuildContext context) {
    return Center(
      child: Container(
        margin: EdgeInsets.symmetric(vertical: 10),
        height: 300 * curve.value,
        width: 300 * curve.value,
        child: FlutterLogo(),
      ),
```

```
    );
  }

  @override
  void dispose() {
    controller.dispose();
    super.dispose();
  }
}
```

运行上面的代码，动画会在 5 秒内执行先慢后快的非线性动画，同时图标也会慢慢变大。除了使用 Curve 内置的动画常量外，Flutter 还允许开发者创建自己的动画曲线。下面是一个自定义正弦曲线的例子。

```
class ShakeCurve extends Curve {
  @override
  double transform(double t) {
    return math.sin(t * math.PI * 2);
  }
}
```

8.1.4　Tween

默认情况下，AnimationController 创建的动画对象的取值范围是[0.0,1.0]。如果需要给动画设置不同的范围或者不同类型的值时，可以使用 Tween 来进行定义并生成。下面是使用 Tween 生成[0.0,100.0]区间数字的示例。

```
Tween doubleTween =Tween<double>(begin: 0.0, end: 100.0);
```

在 Flutter 动画中，Tween 的唯一职责就是定义从输入范围到输出范围的映射，因此 Tween 对象的构造函数需要传递 begin 和 end 两个参数。默认情况下，Tween 对象输入范围的区间为 [0.0,1.0]，但这不是绝对的，开发者可以根据实际情况自定义取值的范围。

Tween 是一个无状态对象，它继承自 Animatable<T>而不是 Animation<T>。Animatable 是一个控制动画类型的类，定义了动画值的映射规则，因此它需要传入 begin 和 end 两个参数。

和 Animation 对象一样，Animatable 也支持很多取值类型，如数字、颜色等。下面是使用 ColorTween 实现颜色渐变过渡动画的例子。

```
Tween colorTween =ColorTween(begin: Colors.withe, end: Colors.black);
```

虽然 Tween 创建的对象不存储任何状态数据，但是它提供的 evaluate()却可以用来获取动画的当前映射值，Animation 对象的当前值则可以通过 value()取到。

除此之外，evaluate()还可以用来执行其他处理。例如，确保在动画值为 0.0 和 1.0 时返回开始和结束状态数据。如果需要使用 Tween 对象，可以调用其 animate()，然后传入一个控制器对象。下面的代码会在 500 毫秒内生成从 0 到 255 的整数值。

```
AnimationController controller = AnimationController(duration: const Durat
ion(milliseconds: 500), vsync: this);
Animation<int> alpha = IntTween(begin: 0, end: 255).animate(controller);
```

需要说明的是，animate()返回的是一个 Animation 对象，而不是一个 Animatable 对象。下面的示例用于同时构建一个控制器、一条曲线和一个 Tween。

```
final AnimationController controller = AnimationController(
    duration: const Duration(milliseconds: 500), vsync: this);
Animation curve = CurvedAnimation(parent: controller, curve: Curves.eas
eOut);
Animation<int> alpha = IntTween(begin: 0, end: 255).animate(curve);
```

8.2 动画组件

8.2.1 基本用法

在原生 Android 和 iOS 动画开发中，对于同一个动画效果，可以使用不同的的方式来实现，对于 Flutter 动画来说，亦是如此。下面是使用 Animation 和 AnimationController 实现的心跳动画示例。

```
class HeartAnimPage extends StatefulWidget {

  HeartAnimPage({Key key}): super(key: key);
  @override
  _HeartAnimState createState() => _HeartAnimState();

}

class _HeartAnimState extends State<HeartAnimPage> with SingleTickerProvid
erStateMixin {

  AnimationController controller;
  Animation<double> animation;

  @override
  void initState() {
    super.initState();
    controller = AnimationController(duration: Duration(seconds: 1), vsync:
 this);
    animation = CurvedAnimation(parent: controller, curve: Curves.elasticI
nOut, reverseCurve: Curves.easeOut);
    animation.addStatusListener((status) {
      if (status == AnimationStatus.completed) {
        controller.reverse();
      } else if (status == AnimationStatus.dismissed) {
        controller.forward();
      }
    });
    animation = Tween(begin: 50.0, end: 120.0).animate(controller);
  }

  @override
```

```
    Widget build(BuildContext context) {
      return Center(
        child: AnimatedBuilder(
          animation: animation,
          builder: (ctx, child) {
            return Icon(Icons.favorite, color: Colors.red, size: animation.
value,);
          },
        )
      );
    }

    @override
    void dispose() {
      controller.dispose();
      super.dispose();
    }
  }
```

使用 Animation 和 AnimationController 方式来创建动画是一种比较常见的场景，并且是有规律可循的。首先，创建一个 Animation 对象和一个 AnimationController 动画控制器对象，然后给 Animation 对象绑定 addListener()，并通过不断调用 setState() 来改变动画对象的属性值，从而间接实现动画效果。当动画执行结束之后，还需要调用 AnimationController 的 dispose() 来释放动画控制器，防止页面销毁造成的动画内存泄漏。

同时，为了方便开发者主动控制动画的执行过程，AnimationController 还提供了 forward() 和 stop() 来控制动画的开始和结束，如下所示。

```
class MyAnimPage extends StatelessWidget {

  @override
  Widget build(BuildContext context) {
    return Scaffold(
      appBar: AppBar(title: Text('Flutter 动画')),
      body: HeartAnimPage(key: animKey),
      floatingActionButton: FloatingActionButton(
        child: Icon(Icons.add),
        onPressed: () {
          if (!animKey.currentState.controller.isAnimating) {
            animKey.currentState.controller.forward();
          } else {
            animKey.currentState.controller.stop();
          }
        },
      ),
    );
  }
}
```

运行上面的代码，就会看到一个反复放大缩小的心跳动画效果，如图 8-2 所示。

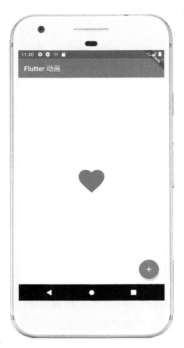

图 8-2　心跳动画应用示例

8.2.2　AnimatedWidget

通过调用 Animation 对象的 addListener()来监听动画的状态，然后再调用 setState()更新动画的状态值，是实现 Flutter 动画的通用做法。不过，这种方式的缺点是需要对每个动画对象添加监听函数，代码冗余且实现比较烦琐，而调用 setState()也会导致整个状态树被重新构建，带来一定的性能损耗。

为了解决使用 Animation 和 AnimationController 动画带来的一系列问题，Flutter 官方提供了 AnimatedWidget 组件，用于简化动画开发中 addListener()和 setState()的调用流程。并且 AnimatedWidget 组件允许开发者将业务代码和功能组件分离，更好地实现代码复用。下面是使用 AnimatedWidget 组件重构心跳动画的代码。

```
class HeartAnimPage extends StatefulWidget {

  HeartAnimPage({Key key}): super(key: key);
  @override
  HeartAnimState createState() => HeartAnimState();

}

  class HeartAnimState extends State<HeartAnimPage> with SingleTickerProvide
rStateMixin {

    AnimationController controller;
    Animation<double> animation;
```

```
@override
void initState() {
  super.initState();
  …//省略其他代码
}

@override
Widget build(BuildContext context) {
  return Center(
    child: HeatAnimatedWidget(animation)
  );
}

@override
void dispose() {
  controller.dispose();
  super.dispose();
}
}

class HeatAnimatedWidget extends AnimatedWidget {

  HeatAnimatedWidget(Animation animation): super(listenable: animation);

  @override
  Widget build(BuildContext context) {
    Animation animation = listenable;
    return Icon(Icons.favorite, color: Colors.red, size: animation.value,);
  }
}
```

可以发现，AnimatedWidget 组件有效地将业务逻辑和功能组件分离，简化了动画操作的逻辑。并且开发者不需要再维护动画对象的状态数据，有效提升了动画的性能。

8.2.3 AnimatedBuilder

通过 Flutter 提供的 AnimatedWidget 组件，开发者可以从动画中分离出组件，从而将动画逻辑和动画对象分离。不过，动画的渲染过程仍然在 AnimatedWidget 组件中执行，如果遇到动画有子组件的场景，当动画运行时子组件也会被频繁构建，进而带来额外的性能开销。

如果想要将动画的渲染过程也分离出来，那么可以使用 Flutter 提供的另外一个组件，即 AnimatedBuilder。AnimatedBuilder 组件通常用在需要添加一个或多个 AnimatedWidget 组件的场景，此时最高效的方式是使用 AnimatedBuilder 组件将动画的渲染过程分离出来。

与 AnimatedWidget 组件一样，AnimatedBuilder 组件也可以监听 Animation 对象状态的变化，进而根据状态数据变化执行视图更新。如果不使用 AnimatedBuilder 组件，而是通过调用 addListener() 和 setState() 来实现动画，势必会导致父组件的重新构建。而如果使用 AnimatedBuilder 组件，系统只会重新构建动画组件自身，对父子组件则不做任何处理，从而避免不必要的性能开销。除此之外，相比使用 addListener() 和 setState()，使用 AnimatedBuilder 组件还有以下优点。

- 不需要显式添加帧监听器，以及调用 setState()。
- 缩小动画构建的范围，避免不必要的视图构建，从而提高视图渲染性能。
- 使用 AnimatedBuilder 还可以封装一些常见的动画效果，从而提高代码的复用性。

因此，对于上面的代码，只需要将 build()中使用 AnimatedWidget 组件的代码替换成 AnimatedBuilder 组件即可，优化后的代码如下所示。

```
class HeartAnimPage extends StatefulWidget {

  HeartAnimPage({Key key}): super(key: key);
  @override
  _HeartAnimState createState() => _HeartAnimState();

}

class _HeartAnimState extends State<HeartAnimPage> with SingleTickerProviderStateMixin {

  AnimationController controller;
  Animation<double> animation;

  @override
  void initState() {
    super.initState();
    //省略部分相同代码
  }

  @override
  Widget build(BuildContext context) {
    return Center(
      child: AnimatedBuilder(
        animation: animation,
        builder: (ctx, child) {
          return Icon(Icons.favorite, color: Colors.red, size: animation.value,);
        },
      )
    );
  }
}
```

同时，为了方便代码的复用，还可以将 build()中的视图构建代码抽离出来，形成单独的组件。事实上，AnimatedBuilder 组件在 Flutter 动画开发中具有举足轻重的作用，很多复杂的过渡动画就是使用 AnimatedBuilder 封装的，如 FadeTransition、ScaleTransition、SizeTransition 等。

8.3 转场动画

在原生 Android 开发中，开发者可以使用共享元素动画（Shared Element Transition，又称为 Hero Transition）来实现多个页面的切换动画。

Hero 指的是可以在路由（即 Flutter 页面）之间飞行的组件。由于共享的组件在新旧路由页面上的位置、外观可能有所差异，所以在路由切换时会产生从旧路由到新路由的过渡动画，这个过渡动画即为 Hero 动画。

在 Flutter 中，实现 Hero 动画效果至少需要两个路由，即源路由和目标路由，然后使用 Hero 组件包裹在需要动画控制的组件外面，同时为它们设置相同的 tag 属性。Hero 动画组件的构造函数如下所示。

```
const Hero({
    Key key,
    @required this.tag,
    this.createRectTween,
    this.flightShuttleBuilder,
    this.placeholderBuilder,
    this.transitionOnUserGestures = false,
    @required this.child,
})
```

其中，tag 和 child 是必传参数，tag 是 Hero 组件的标识，两个 Hero 组件就是通过 tag 标识关联在一起的。

要实现 Hero 动画，需要新建两个路由页面，分别用于代表源组件和目标组件。首先，新建一个源路由页面，代码如下。

```
class HeroAPage extends StatelessWidget {

  @override
  Widget build(BuildContext context) {
    return Scaffold(
        appBar: AppBar(
          title: Text("第一个界面"),
        ),
        body: Container(
          child: Center(
            child: GestureDetector(
              child: Hero(
                tag: "avatar",              //唯一标记，前后两个路由 tag 必须相同
                child: Image.asset(
                  "images/flutter_icon.png",
                  width: 100,
                  height: 100,
                  fit: BoxFit.fill,
                ),
              ),
              onTap: () {
                Navigator.push(context, MaterialPageRoute(builder: (BuildContext context)=>HeroBPage()));
              },
            )
          )
        ));
      }
  }
```

要触发 Hero 动画，Hero 组件必须是路由动画的第一帧，并且一个路由页面里面只能存在一

个 Hero 组件的 tag 标识。然后，新建一个目标路由页面承接路由的跳转，代码如下。

```
class HeroBPage extends StatelessWidget {
  @override
  Widget build(BuildContext context) {
    return Scaffold(
      appBar: AppBar(
        title: Text("第二个页面"),
      ),
      body: Center(
        child: GestureDetector(
          child: Hero(
            tag: "avatar",        //唯一标记，前后两个路由的 tag 必须相同
            child: Image.asset(
              "images/flutter_icon.png",
              width: 300,
              height: 300,
              fit: BoxFit.fill,
            ),
          ),
          onTap: (){
            Navigator.pop(context);
          },
        ),
      ));
  }
}
```

运行上面的代码，当单击源组件页面的图片后就会跳转到目标组件页面，并且路由跳转时会有图片放大的动画，最终效果如图 8-3 所示。

图 8-3　Hero 转场动画应用示例

可以发现，在 Flutter 中实现 Hero 动画只需要使用 Hero 组件将需要共享的组件包裹起来，然后提供一个相同的 tag 标识即可，中间的过渡帧都是由 Flutter Framework 自动完成的。所以，使用 Hero 动画时务必遵循两点：源组件和目标组件必须使用 Hero 组件包裹；Hero 组件的 tag 必须是相同的。

8.4 交错动画

在 Flutter 中，渐变、平移、缩放和旋转动画都属于基础动画，如果要实现一些复杂的动画效果，则可以把这些基础动画组合起来形成一个动画序列或者重叠动画，Flutter 将这些动画序列或者重叠动画称之为交错动画。在 Flutter 开发中，使用交错动画需要满足以下几点。

- 创建交错动画时需要创建多个动画对象。
- 一个 AnimationController 动画控制器控制所有的动画对象。
- 给每一个动画对象指定时间间隔，并且动画的时间间隔为[0.0,1.0]。

可以发现，Flutter 的交错动画实际上就是由 AnimationController 控制器把多个动画组合在一起形成的连续动画。

事实上，交错动画的所有动画对象都由同一个 AnimationController 控制器控制，并且无论交错动画持续多长时间，控制器的值都在[0.0,1.0]范围内，而每个动画的时间间隔也都在[0.0,1.0]范围内。

如果要在时间间隔内给每个动画设置属性值，需要分别为每个动画创建一个 Tween 对象来设置动画属性值。当动画执行后，控制每个动画的值发生改变时就会触发 UI 的更新。下面是为动画对象创建颜色渐变的示例。

```
Animation<Color> color = ColorTween(
    begin:Colors.green ,
    end:Colors.red,
  ).animate(
  CurvedAnimation(
    parent: controller,
    curve: Interval(0.0, 0.6, curve: Curves.ease),
  ),
);
```

下面是使用交错动画实现 Flutter 图标缩放和渐变的动画示例。当 Flutter 图标执行缩放动画的同时，它的颜色也会发生改变。为了方便对动画组件进行控制，需要先把动画组件和动画控制逻辑抽离出来。

```
class ParallelAnimatedWidget extends AnimatedWidget {

  final _opacityTween = Tween<double>(begin: 0.1, end: 1.0);
  final _sizeTween = Tween<double>(begin: 0.0, end: 300.0);

  ParallelAnimatedWidget({Key key, Animation<double> animation})
      : super(key: key, listenable: animation);

  @override
  Widget build(BuildContext context) {
```

```
      Animation<double> animation = listenable;
      return Center(
        child: Opacity(
          opacity: _opacityTween.evaluate(animation),
          child: Container(
            margin: EdgeInsets.symmetric(vertical: 10.0),
            height: _sizeTween.evaluate(animation),
            width: _sizeTween.evaluate(animation),
            child: FlutterLogo(),
          ),
        ),
      );
    }
}
```

在上面的代码中，ParallelAnimatedWidget 组件定义了两个动画对象，分别用于改变 Flutter 图标大小和透明度。接下来，创建一个 AnimationController 对象来管理所有动画的执行过程。

```
class ParallelPage extends StatefulWidget {
  @override
  State<StatefulWidget> createState() {
    return ParallelState();
  }
}

class ParallelState extends State<ParallelPage> with TickerProviderStateMixin {

  AnimationController controller;
  Animation<double> animation;

  @override
  void initState() {
    super.initState();
    controller = AnimationController(
        vsync: this, duration: const Duration(milliseconds: 3000));
    animation = CurvedAnimation(parent: controller, curve: Curves.bounceIn);
    animation.addStatusListener((state) {
      if (state == AnimationStatus.completed) {
        controller.reverse();
      } else if (state == AnimationStatus.dismissed) {
        controller.forward();
      }
    });
    controller.forward();
  }

  @override
  Widget build(BuildContext context) {
    return ParallelAnimatedWidget(
      animation: animation,
    );
  }

  @override
```

```
    void dispose() {
      super.dispose();
      controller.dispose();
    }
  }
```

运行上面的代码，当 Flutter 图标渐渐放大时，透明度也会增大，当图标渐渐缩小时，透明度也会降低，如图 8-4 所示。

图 8-4　Flutter 交错动画应用示例

8.5　Flare 动画

在 Flare 动画出现之前，Flare 动画大体可以分为使用 AnimationController 和 Animation 控制的基础动画、使用 Hero 的转场动画和自定义动画。现在，Flutter 还支持 Flare 矢量动画，一种类似 Android Lottie 的动画开发方案。

Flutter 不但集成了 Flare 动画，还提供了专门的 Flutter 组件来加载从 Rive 网站导出的 Flare 动画文件。使用 Flare 动画不仅可以有效减少安装包的体积，还能实现传统动画方案无法实现的动画效果。

作为一个专业制作 Flare 矢量动画的网站，Rive 提供了很多免费 Flare 动画供开发者下载使用，并且还提供了 API 和 Flare 动画的制作教程。由于 Rive 并没有提供桌面版的 Flare 动画制作工具，所以需要在 Rive 网站中创建 Flare 动画。创建 Flare 动画之前需要登录 Rive 官网，如果还没有 Rive 官方账号可以先注册一个，如图 8-5 所示。

Rive 以工程形式来创建和管理 Flare 动画项目，目前支持创建的 Flare 动画项目有两类，分别是 Flare 和 Nima，它们的区别如下。

- Flare：为移动 App 和 Web 构建实时、快速的矢量动画，同时支持构建游戏应用动画。

- Nima：为游戏引擎和应用构建 2D 动画。

图 8-5　注册 Rive 官方账号

由于 Nima 主要用于构建 2D 游戏动画，所以对于普通的 Flutter 应用开发来说，只需要新建一个 Flare 类型的项目即可。打开 Rive 官网，单击【Your Files】菜单即可新建一个 Flare 项目，如图 8-6 所示。

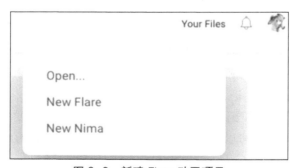

图 8-6　新建 Flare 动画项目

然后，Rive 会初始化一个空白的工作区，开发者可以根据实际需要制作 Flare 动画文件，如图 8-7 所示。

在 Flare 项目工作区的左上角，会看到【SETUP】和【ANIMATE】两个按钮，分别表示两种不同的工作模式。其中，SETUP 模式用于导入和绘制矢量元素，而 ANIMATE 模式则用于处理矢量元素的动画交互，动画交互过程中需要用到的动画节点名称就位于工作区的左下角，如图 8-8 所示。

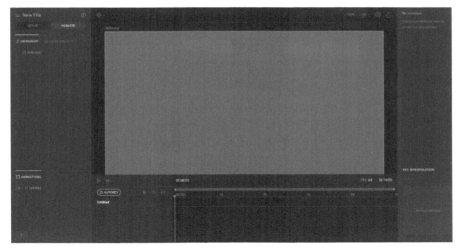

图 8-7　Flare 动画项目工作区

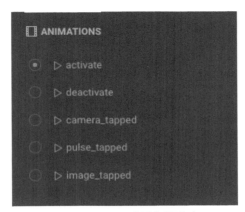

图 8-8　Flare 动画交互节点

　　制作 Flare 动画是一项专业且复杂的工作，为了更好地制作 Flare 动画，官方也提供了免费的
Flare 动画视频教程。如果只是为了体验 Flare 动画的魅力，那么可以使用其他开发者分享的免费
Flare 动画，如图 8-9 所示。

图 8-9　Rive 提供的免费 Flare 动画

　　打开一个免费 Flare 动画项目，单击面板中【 OPEN IN RIVE 】按钮打开 Flare 动画文件，然后再单击【 FORK 】按钮把项目作为本地项目，如图 8-10 所示。

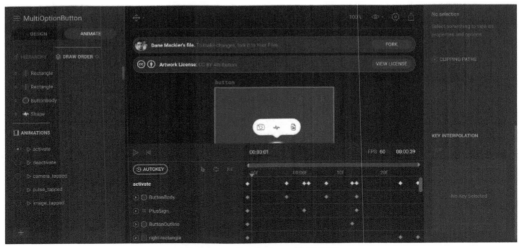

图 8-10　打开 Flare 动画项目

　　然后，单击工作区右上角的导出图标即可导出 Flare 动画文件，该文件是 flr 格式，也是开发 Flare 动画需要加载的文件。

　　在 Flutter 中，开发 Flare 动画需要使用 flare_flutter 或者 smart_flare 插件库。其中，smart_flare 库是对 flare_flutter 库的高度封装，开发者只需要使用少量代码即可完成与 Flare 动画的交互。打开 Flutter 工程，并在 pubspec.yaml 文件中添加如下依赖配置。

```
dependencies:
  flare_flutter: ^2.0.5
  smart_flare: ^0.2.9+1
```

　　使用 flutter packages get 命令将插件包拉取到本地，然后将之前导出的 flr 动画文件复制到 assets 资源目录下，并在 pubspec.yaml 配置文件中注册该动画文件，如下所示。

```
assets:
  - assets/ Login.flr
```

　　如果只是单纯地加载动画文件，而不需要处理与动画交互，那么可以使用 flare_flutter 库提供的 FlareActor 组件来加载动画文件，如下所示。

```
FlareActor(
    "assets/Login.flr",
    animation: "idle",
    alignment: Alignment.center,
    fit: BoxFit.contain
)
```

　　其中，Login.flr 表示需要加载的 Flare 动画文件名称，animation 表示动画的初始节点，它们都是必传参数。通常，一个 Flare 文件会有多个动画节点，如果要获取 Flare 动画文件的节点，可以通过 artboard.getNode()获取，获取节点后就可以对动画进行精确的控制。

　　使用 flare_flutter 插件库处理动画交互操作时，需要创建一个继承自 FlareControls 的类，用于对 Flare 动画节点进行处理，该类需要重写 initialize()、advance()和 setViewTransform()，如下所示。

```
FlareController flareController= FlareController();

FlareActor(
    "assets/Login.flr",
    animation: "idle",
    alignment: Alignment.center,
fit: BoxFit.contain,
controller: flareController
)

class FlareController extends FlareControls{

  Mat2D _global = Mat2D();

  @override
  void initialize(FlutterActorArtboard artboard) {
    super.initialize(artboard);
  }

  @override
  bool advance(FlutterActorArtboard artboard, double elapsed) {
    super.advance(artboard, elapsed);
  }

  @override
  void setViewTransform(Mat2D viewTransform) {
    Mat2D.invert(_global, viewTransform);
  }
}
```

不过，由于 flare_flutter 插件库在处理 Flare 动画交互时比较复杂，所以项目开发中更推荐使用 smart_flare 插件库。相比 flare_flutter 插件库，smart_flare 插件库只需要调用对应的交互组件，然后传入对应的参数即可完成动画交互逻辑的处理，如下所示。

```
ActiveArea(
    debugArea: true,
    area: Rect.fromLTWH(0, 0, 0, 0),
    animationName: 'image_tapped',
    onAreaTapped: () {
      print('image_tapped…');
    }
),
```

其中，area 表示需要显示的元素在屏幕的位置，animationName 表示执行动画交互时动画节点的名称，onAreaTapped 用于响应用户的操作，debugArea 表示是否开启调试模式，如果开启，会看到该元素区域有一个阴影效果，如图 8-11 所示。

ActiveArea 是一个动画交互组件，如果要加载 Flare 动画文件，还需要用到 smart_flare 插件库提供的 SmartFlareActor、PanFlareActor 和 CycleFlareActor 组件，如下所示。

```
SmartFlareActor(
    filename: 'assets/button-animation.flr',
    startingAnimation: 'deactivate',
    activeAreas: activeAreas,
)
```

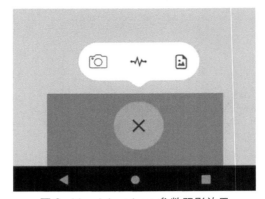

图 8-11　debugArea 参数阴影效果

其中，filename 表示需要操作的 Flare 动画文件，startingAnimation 表示 Flare 动画的初始节点，activeAreas 表示操作的区域。ActiveArea 组件正是通过元素在屏幕的位置来触发单击交互的。下面是使用 SmartFlareActor 和 ActiveArea 组件实现 Flare 菜单动画的例子。

```
class FlareAnimPage extends StatefulWidget {

  @override
  FlareAnimPageState createState() => FlareAnimPageState();
}

class FlareAnimPageState extends State<FlareAnimPage> {

  @override
  Widget build(BuildContext context) {

    var animationWidth = 295.0;
    var animationHeight = 251.0;
    var animationWidthThirds = animationWidth / 3;
    var halfAnimationHeight = animationHeight / 2;

    var activeAreas = [
      ActiveArea(
        area: Rect.fromLTWH(0, 0, animationWidthThirds, halfAnimationHeight),
        debugArea: false,
        guardComingFrom: ['deactivate'],
        animationName: 'camera_tapped',
        onAreaTapped: (){
          print('Camera tapped');
        }
      ),
    …. //省略其他交互代码
    ];

    return Container(
      color: Colors.grey,
      child: Align(
        alignment: Alignment.bottomCenter,
        child: SmartFlareActor(
```

```
        width: animationWidth,
        height: animationHeight,
        filename: 'assets/button-animation.flr',
        startingAnimation: 'deactivate',
        activeAreas: activeAreas,
      ),
    ),
  );
  }
}
```

运行上面的代码，单击屏幕下方的按钮时就会弹出一个动画菜单，效果如图 8-12 所示。

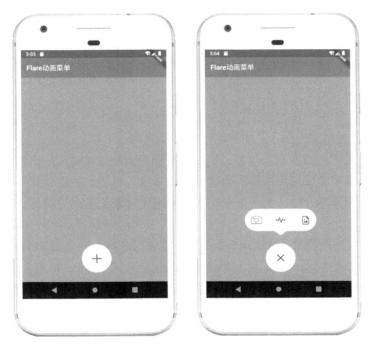

图 8-12　Flare 菜单动画效果图

第 9 章
路由与导航

9.1 路由基础

9.1.1 基本概念

如果说组件是基本的视觉元素单位，那么构成应用的基本单位就是页面。在前端应用中，页面又称为路由，是屏幕或应用程序页面的抽象。通常，单页面的应用是不存在的，那么对于拥有多个页面的应用程序来说，如何从一个页面平滑地过渡到另一个页面，是路由框架需要考虑的问题。

不管是移动开发还是前端开发，对于拥有多个页面的应用来说，都可以使用路由框架来对页面进行统一管理。在原生 Android 中一个路由指的是一个 Activity，在原生 iOS 中指的是一个 ViewController，如果要打开一个新的路由，我们可以调用 startActivity()或者 pushViewController()。

Flutter 的路由管理和导航借鉴了前端和客户端中的设计思路，并提供了 Route 和 Navigator 来对路由进行统一的管理。在 Flutter 中，Route 是页面的一个抽象概念，可以用它创建界面、接收参数以及响应 Navigator 的打开与关闭。而 Navigator 则用于管理和维护路由栈，打开路由页面即执行入栈操作，关闭路由页面即执行出栈操作。

作为官方提供的路由管理组件，Navigator 组件提供了一系列操作方法，其中最常用的两个函数是 push()和 pop()，它们的含义如下。

- push()：将给定的路由页面放到路由栈里面，返回值是一个 Future 对象，用于接收路由出栈时的返回数据。
- pop()：将位于栈顶的路由从路由栈移除，返回结果为路由关闭时上一个页面所需的数据。

除了 push()和 pop()外，Navigator 组件还提供了其他很多有用的方法，如 replace()、removeRoute()和 popUntil()，应用开发时可以根据使用场景合理选择。

在 Flutter 开发中，根据是否需要提前注册路由标识符，路由管理可以分为基本路由和命名路由两种。

- 基本路由：无需提前注册，在页面切换时需要手动构造页面的实例。
- 命名路由：需要提前注册路由页面标识符，在页面切换时通过路由标识符打开一个新的路由页面。

9.1.2 基本路由

在 Flutter 中，基本路由的使用方式和原生 Android、iOS 打开新页面的方式非常类似。如果要打开一个新的页面，只需要创建一个 MaterialPageRoute 对象实例，然后调用 Navigator.push()即可，Navigator 会将路由放到路由栈的顶部。如果要返回上一个页面，只需要调用 Navigator.pop()即可。

MaterialPageRoute 是 Flutter 提供的路由模板，定义了路由创建和路由切换过渡动画的相关配置，该配置可以根据不同的平台实现与平台页面切换动画风格一致的路由切换动画。下面是使用 Navigator 实现两个页面跳转的示例。

```
class FirstPage extends StatelessWidget {
  @override
  Widget build(BuildContext context) {
    return Scaffold(
      appBar: AppBar(
        title: Text('第一个页面'),
      ),
      body: Center(
        child: RaisedButton(
            child: Text('跳转到第二个页面'),
            onPressed: () => Navigator.push(context,
                MaterialPageRoute(builder: (context) => SecondPage()))),
      ),
    );
  }
}

class SecondPage extends StatelessWidget {
  @override
  Widget build(BuildContext context) {
    return Scaffold(
      appBar: AppBar(
        title: Text('第二个页面'),
      ),
      body: Center(
        child: RaisedButton(
            child: Text('返回上一个页面'),
            onPressed: () => Navigator.pop(context)),
      ),
    );
  }
}
```

在上面的示例中，创建了两个页面，每个页面都包含一个按钮。当单击第一个页面上的按钮时跳转到第二个页面，单击第二个页面上的按钮将返回第一个页面。运行上面的代码，效果如图 9-1 所示。

可以发现，跳转一个新页面使用的是 Navigator.push()，该方法可以将一个新打开的路由页面添加到由 Navigator 管理的路由栈的栈顶。而创建新的路由对象使用的是 MaterialPageRoute

类，MaterialPageRoute 是 PageRoute 的子类，定义了路由创建及切换时过渡动画的相关接口和属性，并且自带页面切换动画。具体来说，就是 Android 平台的页面进入动画是向上滑动并淡出，退出则与进入动画相反；iOS 平台的页面进入动画是从右侧滑入，退出则相反。

图 9-1   Flutter 基本路由应用示例

9.1.3   命名路由

基本路由使用起来相对简单灵活，适用于应用中页面不多的场景。而对于应用中页面比较多的情况，如果再使用基本路由，那么每次跳转一个新的页面都需要手动创建一个 MaterialPageRoute 实例，再调用 push()打开一个新的页面，此时页面的管理和跳转就会比较混乱。

为了避免频繁创建 MaterialPageRoute 实例，Flutter 提供了命名路由简化路由的管理。所谓命名路由，就是给页面取一个别名，然后使用页面的别名来打开它。使用此种方式来管理路由，使得路由的管理清晰直观，因此特别适合多页面的场景。

要想通过别名来实现页面切换，就必须先给应用建立一个页面名称映射规则，即路由表。在 Flutter 中，路由表是一个 Map<String,WidgetBuilder>的结构，其中第一个参数对应页面的名字，第二个参数则是对应的页面，如下所示。

```
MaterialApp(
    routes:{                                //注册路由
      'first':(context)=>FirstPage(),
      'second':(context)=>SecondPage(),
    },
    initialRoute: 'first',                  //初始路由页面
);
```

在路由表中注册好页面后，在其他页面中就可以通过 Navigator.pushNamed()来打开注册的页面，如下所示。

```
Navigator.pushNamed(context,"second ");       // second 表示页面别名
```

不过，由于路由的注册和跳转都采用字符串来标识，这会带来一个问题，即如果打开一个不存在的路由页面，会出现页面空白的情况。对于这个问题，移动应用有一个通用的解决方案，即跳转到一个统一的错误页面。Flutter 提供了一个 onUnknownRoute 属性，用来在注册路由表时对未知的路由标识符进行统一的页面跳转处理，如下所示。

```
MaterialApp(
  … //省略其他代码
  routes:{},
  onUnknownRoute: (RouteSettings setting) => MaterialPageRoute(builder:
(context) => UnknownPage()),          //错误路由处理，跳转到 UnknownPage 页面
);

class UnknownPage extends StatelessWidget {
  @override
  Widget build(BuildContext context) {
    return Scaffold(
      appBar: AppBar(
        title: Text('错误路由'),
      ),
    );
  }
}
```

当遇到无法识别的路由标识符时，路由会自动跳转到 UnknownPage 页面，从而避免出现页面空白的情况，提升应用的用户体验。

9.1.4 路由嵌套

有时候，一个应用可能有多个导航器，将一个导航器嵌套在另一个导航器的行为称为路由嵌套。路由嵌套在移动开发中是很常见的场景，例如，应用主页有底部导航栏，每个底部导航栏又嵌套其他页面，如图 9-2 所示。

图 9-2　Flutter 嵌套路由应用示例

要实现上面的路由嵌套效果，需要先新建一个底部导航栏，然后用底部导航栏的 Tab 页面去嵌套其他路由。

9.1.5　路由传参

不管是在前端开发中还是在移动应用开发中，页面传参都是一个比较常见的需求。为了满足不同场景下页面跳转过程中参数传递的需求，Flutter 提供了路由参数机制，可以在打开路由时传递参数，然后在目标页面通过 ModalRoute 的 RouteSettings 获取页面传递的参数，如下所示。

```
RaisedButton(
    child: Text('跳转'),
    onPressed: () {
        Navigator.of(context).pushNamed('second', arguments: 'from first page');
    }
 )

class SecondPage extends StatelessWidget {
  @override
  Widget build(BuildContext context) {
    //获取其他页面传递的参数
    String msg = ModalRoute.of(context).settings.arguments as String;
    … //省略其他代码
  }
}
```

除此之外，在某些特定的场景中，还需要在返回上一个页面时回传数据。在原生 Android 中，可以使用 startActivityForResult 来实现页面数据的回传。对于 Flutter 来说，可以在使用 push()打开目标页面时使用 then()监听目标页面的返回值，而目标页面只需要在页面关闭时使用 pop()回传参数即可。

下面是两个页面进行参数传递和参数回传的示例。

```
class FirstPage extends StatefulWidget {
  @override
  State<StatefulWidget> createState() {
    return FirstPageState();
  }
}

class FirstPageState extends State<FirstPage> {

  String result = '';

  @override
  Widget build(BuildContext context) {
    return Scaffold(
      appBar: AppBar(
        title: Text('第一个页面'),
        centerTitle: true,
      ),
      body: Center(
```

```
            child: Column(
              children: <Widget>[
                Text('from second page: ' + result,
                    style: TextStyle(fontSize: 20)),
                RaisedButton(
                    child: Text('跳转'),
                    onPressed: () {
                        //使 then()获取目标页面返回参数
                        Navigator.of(context)
                            .pushNamed('second', arguments: 'from first page')
                            .then((msg) {
                          setState(() {
                            result = msg;
                          });
                        });
                    }
                )
              ],
          )),
      );
  }
}

class SecondPage extends StatelessWidget {

  @override
  Widget build(BuildContext context) {
    String msg = ModalRoute.of(context).settings.arguments as String;
    return Scaffold(
        body: Center(
          child: Column(children: [
            Text('from first screen: ' + msg, style: TextStyle(fontSize: 20)),
            RaisedButton(
                child: Text('返回'),
                onPressed: () => Navigator.pop(context, 'from second page'))
          ]),
        ));
  }
}
```

运行上面的代码,单击 FirstPage 页面的按钮打开 SecondPage 页面,然后单击 SecondPage 页面的关闭按钮重新回到 FirstPage 页面时,FirstPage 页面就会使用 then()监听 SecondPage 页面的返回值,并把获取的值展示出来,最终效果如图 9-3 所示。

图 9-3　Flutter 路由传参应用示例

需要说明的是,如果参数传递过程中涉及中文字符串,还需要转码处理。

9.2　路由栈

9.2.1　路由栈简介

Flutter 之所以能够很好地管理路由页面及其跳转，是因为提供了 Navigator 导航器组件。Flutter 将路由分为基本路由和命名路由两种。基本路由需要手动创建路由页面实例，然后使用 Navigator.push() 打开一个新的页面；命名路由则需要提前注册页面标识符，然后通过 Navigator.pushNamed() 传入标识符来实现页面跳转，而退出路由栈只需要调用 Navigator.pop() 即可。不过，不管是路由入栈还是出栈，push() 和 pop() 只适合一些简单的场景，对于一些复杂的场景，则需要使用其他的方法。

在原生 Android 开发中，Activity 提供了 standard、singleTop、singleTask 和 singleInstance 4 种启动模式来处理不同的栈管理开发需求。当使用 Intent 执行页面跳转后，使用不同的启动模式打开路由，路由栈的结构也是不一样的。Flutter 借鉴了这一思路，提供了不同的路由打开方法来满足不同的业务需求。

假如现在有一个路由栈，里面存在两个页面 Page A 和 Page B，如果在 Page B 页面中使用 push() 或者 pushNamed() 打开一个新的页面 Page C，路由栈入栈如图 9-4 所示。

图 9-4　路由栈入栈

如果此时在 Page C 页面中调用 pop() 执行出栈操作，路由栈会把最上面的页面移除掉，路由栈出栈如图 9-5 所示。

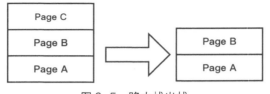

图 9-5　路由栈出栈

可以发现，Flutter 路由栈其实就是一个后进先出的线性表，而路由栈管理本质上就是一个入栈和出栈的过程，入栈就是将页面放到路由栈的顶部，出栈则是从路由的顶部移除页面。

9.2.2　pushReplacementNamed

默认情况下，路由入栈就会创建一个新的页面，并将页面放到路由栈的顶部，而执行返回时则返回路由栈顶部的上一个页面。但是，在某些场景下，我们并不希望返回路由栈的上一个页面，而是返回路由栈的其他指定页面。对于这类需求，我们可以在打开新页面时使用 pushReplacement 或 pushReplacementNamed 来实现。

pushReplacement 和 pushReplacementNamed 通常用在路由栈顶页面替换的场景，使用 pushReplacement 或 pushReplacementNamed 打开一个新页面时，路由栈顶部的页面会被当前页面所替换。

例如，某个路由栈中存在 Page A 和 Page B 两个页面，在 Page B 中使用 pushReplacementNamed 打开一个新的页面 Page C，如下所示。

```
Navigator. pushReplacementNamed(context, '/page_c');
```

经过 pushReplacementNamed 打开一个新页面后，路由栈顶的 Page B 页面被 Page C 替换掉，路由栈的页面替换示意图如图 9-6 所示。

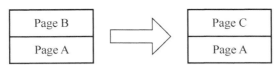

图 9-6　路由栈页面替换示意

如果此时单击导航栏的【返回】按钮，路由会直接返回到上一个页面，即 Page A。如果此时再执行 pop 操作，那么路由栈将只剩下 Page A。

9.2.3　popAndPushNamed

popAndPushNamed 的作用与 pushReplacementNamed 的作用类似，使用 popAndPushNamed 打开一个新页面时，页面栈的栈顶页面会被当前页面替换，如下所示。

```
Navigator.popAndPushNamed(context,'page_c');
```

不过，两者的不同之处在于，使用 popAndPushNamed 打开 Page C 时，会同时执行 Page B 的出栈动画和 Page C 的入栈动画，而使用 pushReplacementNamed 打开 Page C 时只会执行 Page C 的入栈动画。因此它们的差别主要表现在交互体验上，popAndPushNamed 带有 pop 出栈动画，而 pushReplacementNamed 没有 pop 出栈动画，开发时可以根据场景合理选择。

9.2.4　pushNamedAndRemoveUntil

pushNamedAndRemoveUntil 和 pushAndRemoveUntil 的作用类似，主要用于向路由栈中添加一个新页面，并删除路由栈中所有之前的页面。也就是说，使用 pushNamedAndRemoveUntil 或 pushAndRemoveUntil 打开一个新的页面后，路由栈只有当前一个页面。

使用 pushNamedAndRemoveUntil 和 pushAndRemoveUntil 打开一个新页面时，其中，表达式(Route router) => false 用于删除路由栈中所有之前的页面，直到路由栈中只有指定的路由为止，如果不需要清空之前的页面，可以将表达式设置为 true。例如，某个路由栈中存在 Page A 和 Page B 两个页面，现在使用 pushNamedAndRemoveUntil 打开一个新的页面 Page C，如下所示。

```
Navigator.pushNamedAndRemoveUntil(context,'page_c',(Route router) => false);
```

使用 pushNamedAndRemoveUntil 打开一个新的页面 Page C 后，路由栈中只会存在
Page C。路由栈清空操作如图 9-7 所示。

图 9-7　路由栈清空

此时，单击导航栏的【返回】按钮，由于路由栈中只存在一个页面，所以执行返回操作时应
用会直接退出。在实际开发中，pushNamedAndRemoveUntil 是非常有用的。例如，我们首次打
开一个应用时，应用会打开一个启动页，然后再打开引导页，最后再进入应用的主页面，此时用
户单击【返回】按钮时应该执行的是应用的退出，而不是返回之前的页面。再如，我们首次登录
应用时，通常会先执行登录操作，然后才能进入应用的主页面，但是单击【返回】按钮时仍然需
要执行应用的退出，而不是返回之前的页面。

除了用于删除路由栈中所有之前的页面外，pushNamedAndRemoveUntil 还可以用来删除指
定个数的页面。假如某个路由栈中存在 Page A、Page B 和 Page C 3 个页面，现在在页面 Page C
中使用 pushNamedAndRemoveUntil 打开一个新的页面 Page D，如下所示。

```
Navigator.pushNamedAndRemoveUntil(context, 'page_d', ModalRoute.withName (
'page_b'));
```

执行上面的代码时，会打开一个新的页面 Page D，同时删除 Page B 页面之上的所有页面。
如果此时单击导航栏的【返回】按钮，那么路由栈只会存在 Page A 和 Page B 两个页面，路由栈
的变化如图 9-8 所示。

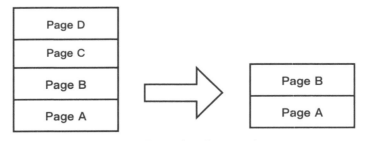

图 9-8　清除指定个数页面示意图

除此之外，Flutter 还支持移除某个指定的页面，如果要要移除路由栈中某个指定的页面，可以
使用 Navigator.removeRoute()或者 Navigator.removeRouteBelow()，如下所示。

```
Navigator.removeRoute(context, MaterialPageRoute(builder: (context) => Pag
eC()));
//或者
Navigator.removeRouteBelow(context, MaterialPageRoute(builder: (context) =
> PageC()));
```

上面的代码表示从路由栈中移除 Page C 页面，移除指定页面的路由栈如图 9-9 所示。

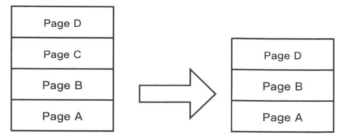

图 9-9　移除指定页面示意图

9.2.5　popUntil

popUntil 的作用与 pushNamedAndRemoveUntil 类似，主要用于清除指定页面中的所有页面，只不过 popUntil 没有执行 push 操作，而是直接执行 pop 操作，直到返回到指定的页面。

假如某个路由栈中存在 Page A、Page B 和 Page C，现在在 Page C 页面中调用 popUntil 执行页面清除操作，如下所示。

```
Navigator.popUntil(context, ModalRoute.withName('page_a'));
```

上面的代码会清除路由栈中 Page A 页面中的所有页面，此时路由栈中只存在 PageA 页面，如图 9-10 所示。

图 9-10　清除指定页面之上页面示意图

9.3　自定义路由

9.3.1　自定义路由简介

默认情况下，我们创建路由时，用到的所有路由组件都会涉及 MaterialPageRoute 类及其子类，MaterialPageRoute 是 PageRoute 的子类，是 Material 组件库提供的路由模板，它可以针对不同平台实现不同的路由切换动画效果。

如果要修改默认的路由转场动画，就需要做一些自定义开发。在 Flutter 中，自定义路由需要用到 PageRouteBuilder 类，PageRouteBuilder 是所有自定义路由的基类，它的构造函数如下所示。

```
PageRouteBuilder({
    RouteSettings settings,
    @required this.pageBuilder,
```

```
     this.transitionsBuilder = _defaultTransitionsBuilder,
     this.transitionDuration = const Duration(milliseconds: 300),
     this.opaque = true,
     this.barrierDismissible = false,
     this.barrierColor,
     this.barrierLabel,
     this.maintainState = true,
     bool fullscreenDialog = false,
   })
```

PageRouteBuilder 构造函数有几个重要的属性，它们的含义如下。

- pageBuilder：用来创建所需要跳转的路由页面。
- opaque：是否需要遮挡整个页面。
- transitionsBuilder：用自定义转场动画。
- transitionDuration：自定义转场动画的执行时间。

在 Flutter 中，自定义路由首先需要继承 PageRouteBuilder 类，然后重写构造方法和父类的几个属性。下面是使用 SlideTransition 组件实现左右滑动路由动画的示例。

```
class CustomRoute extends PageRouteBuilder{

  final Widget widget;

  CustomRoute(this.widget)
      :super(
      transitionDuration:Duration(seconds: 1),
      pageBuilder:(
          BuildContext context,
          Animation<double> animation1,
          Animation<double> animation2,
          ){
        return widget;
      },
      transitionsBuilder:(
          BuildContext context,
          Animation<double> animation1,
          Animation<double> animation2,
          Widget child
          ){
        return SlideTransition(
          position: Tween<Offset>(
              begin: Offset(1.0, 0.0),
              end: Offset(0.0, 0.0)
          ).animate(CurvedAnimation(
              parent: animation1,
              curve:Curves.fastOutSlowIn
          )),
          child: child,
        );
      }
  );
}
```

可以发现，自定义路由动画用到的最重要的两个属性就是 pageBuilder 和 transitionsBuilder。然后，在需要进行路由跳转的地方将 MaterialPageRoute 换成自定义的路由即可，如下所示。

```
Navigator.of(context).push(CustomRoute(PageB()));
```

除了示例中的左滑路由动画外，Flutter 还支持各种复杂的路由切换效果，只需要在自定义路由时修改 transitionsBuilder 的属性即可。

9.3.2　Fluro

除了使用 Flutter 提供的路由方案外，还可以使用第三方路由框架来实现页面的管理和跳转。

Fluro 是一款优秀的 Flutter 企业级路由框架，非常适合中大型项目，它具有层次分明、条理化、方便扩展和便于整体管理路由等优点。

使用 Fluro 之前，需要先在 pubspec.yaml 文件中添加 Fluro 依赖，如下所示。

```
dependencies:
 fluro: ^1.5.1
```

如果无法使用 yam1 方式添加 Fluro 依赖，还可以使用 git 添加 Fluro 依赖，如下所示。

```
dependencies:
 fluro:
   git: git://github.com/theyakka/fluro.git
```

为了方便对路由进行统一管理，首先需要新建一个路由映射文件，用来对每个路由进行管理。路由配置文件 route_handles.dart 的示例代码如下所示。

```
import 'package:fluro/fluro.dart';
import 'package:flutter/material.dart';
import 'package:flutter_demo/page_a.dart';
import 'package:flutter_demo/page_b.dart';
import 'package:flutter_demo/page_empty.dart';

//空页面
var emptyHandler = new Handler(
    handlerFunc: (BuildContext context, Map<String, List<String>> params) {
      return PageEmpty();
    });

//A页面
var aHandler = new Handler(
    handlerFunc: (BuildContext context, Map<String, List<Object>> params) {
      return PageA();
    });

//B页面
var bHandler = new Handler(
    handlerFunc: (BuildContext context, Map<String, List<Object>> params) {
      return PageB();
    });
```

完成基本的路由页面注册之后，还需要新建一个静态的路由总配置文件表，方便我们操作路由。下面是路由总配置文件 routes.dart 的示例代码。

```
import 'package:fluro/fluro.dart';
import 'package:flutter_demo/route_handles.dart';
```

```
class Routes {
  static String page_a = "/";
  static String page_b = "/b";

  static void configureRoutes(Router router) {
    router.define(page_a, handler: aHandler);
    router.define(page_b, handler: bHandler);
    router.notFoundHandler =emptyHandler;        //空页面
  }
}
```

需要说明的是，在路由的总配置文件中，需要对跳转后不存在的路由页面进行兼容处理，即使用空页面或者默认页面代替不存在的路由页面。同时，默认情况下 configureRoutes 配置中的第一个节点就是应用启动后看到的第一个页面。

为了方便使用，还需要把 Router 配置隔离出来，这样在任何一个页面都可以直接调用它。下面是 application.dart 文件的示例代码。

```
import 'package:fluro/fluro.dart';

class Application{
  static Router router;
}
```

完成上述操作后，就可以在 main.dart 文件初始化路由并进行相关配置了，如下所示。

```
import 'package:flutter/material.dart';
import 'package:fluro/fluro.dart';
import 'package:flutter_demo/routes.dart';

import 'application.dart';

void main() {
  Router router = Router();
  Routes.configureRoutes(router);
  Application.router = router;

  runApp(MyApp());
}

class MyApp extends StatelessWidget {
  @override
  Widget build(BuildContext context) {
    return MaterialApp(
      title: 'Demo App',
      onGenerateRoute: Application.router.generator,
    );
  }
}
```

如果需要跳转某个页面，可使用 Application.router.navigateTo()，如下所示。

```
Application.router.navigateTo(context,"/b");      //b 为配置路由
```

运行上面的示例代码，效果如图 9-11 所示。

图 9-11　Fluro 路由框架应用示例

　　如果页面跳转过程中需要传递参数，那么还需要对路由参数进行额外处理。同时，为了让页面跳转统一，可以新建一个 app_route.dart 文件用来管理页面的跳转，如下所示。

```
class AppRoute {

  static _navigateTo(BuildContext context, String path,
      {bool replace = false,
        bool clearStack = false,
        TransitionType transitionType = TransitionType.material
      }) {
    Application.router.navigateTo(context, path,
        replace: replace,
        clearStack: clearStack,
        transition: transitionType);
  }

  static push(BuildContext context, String path,{Map<String, dynamic> params}) {
    String query =  "";
    if (params != null) {
      int index = 0;
      for (var key in params.keys) {
        var value = Uri.encodeComponent(params[key]);
        if (index == 0) {
          query = "?";
        } else {
          query = query + "\&";
        }
        query += "$key=$value";
        index++;
      }
    }
    path = path + query;
```

```
    _navigateTo(context, path,replace: false);
  }

  … //省略其他跳转方法
}
```

使用 Fluro 框架进行参数传递时，参数的格式为 map 键值对。同时，为了防止参数传递过程中出现乱码，还需要对参数进行编码处理。在 AppRoute 类中，我们对路由页面的跳转进行统一的封装，之后使用 AppRoute.push()即可实现参数传递，如下所示。

```
AppRoute.push(context, '/b',params: {
    'url':data.url,
    'title':data.title,
  });
```

在 router_handler.dart 文件中解析路由参数的值，并把解析得到的值使用构造函数方式传递给参数，目标页面即可，如下所示。

```
var bHandler = Handler(
    handlerFunc: (BuildContext context, Map<String, List<String>> params) {
  String url = params['url'][0];
  String title = params['title'][0];
  print('webViewHandler url: '+url+',title: '+title);
  return WebViewPage(
    url: url,
    title: title,
  );
});
```

可以发现，Fluro 虽然使用上比较烦琐，但是却非常适用于中大型项目，它的分层框架也非常方便项目后期的升级和维护，使用时可以根据实际情况合理选择。

第 10 章
网络与通信

一直以来，网络与通信都是软件开发中不可缺少的组成部分，是计算机网络进行数据交换的重要手段，被用在互联网的各个领域，包括前端、移动端和后端开发。一名优秀的软件工程师，除了需要具备良好的业务水平之外，还需要对常用的专业知识有较深入的了解，这其中就包括网络和通信。

10.1　网络协议

总体来说，网络协议就是为计算机网络中进行数据交换而建立的规则、标准或约定的集合。网络协议也有很多种，常用的网络协议有 HTTP、TCP/IP、UDP、FTP 和 SMTP 等，具体选择哪一种协议则要视情况而定。

10.1.1　HTTP

超文本传输协议（HyperText Transfer Protocol，HTTP）是一种用于分布式、协作式和超媒体信息系统的应用层协议。HTTP 协议是万维网数据通信的基础，最初设计用来提供一种发布和接收 HTML 页面的方法。

HTTP 主要由请求和响应两部分构成，是一个标准的客户端/服务端模型（C/S）。并且，HTTP 永远都是客户端发起请求，服务端回送响应，工作原理如图 10-1 所示。

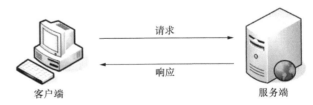

图 10-1　HTTP 工作原理

同时，HTTP 还是一个无状态的协议。所谓无状态，是指客户端和服务端之间不需要建立持久的连接，当客户端向服务端发出请求时，服务端返回响应后连接就被关闭了。HTTP 遵循请求、应答模型，即客户端向服务端发送请求，服务端处理请求并返回结果。

一次 HTTP 操作称为一个事务，整个工作过程涉及解析地址、封装 HTTP 请求数据包、封装 TCP 包、发送请求命令、服务端响应请求和关闭 TCP 连接等。

在 HTTP 的工作流程中，最核心的就是"三次握手"与"四次挥手"。首先由客户端发送一个建立连接的请求，此时客户端发送一个 SYN 包，等待服务端的响应；服务端收到 SYN 包后返回给客户端一个表示确认的 SYN 包和 ACK 包，客户端收到返回之后向服务端发送 ACK 包，发送完之后客户端与服务器建立连接，如图 10-2 所示。

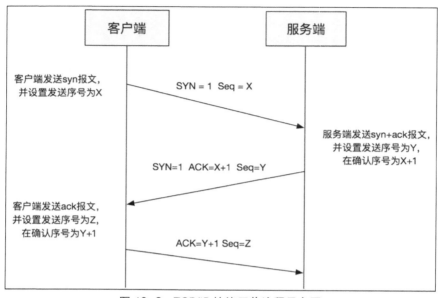

图 10-2 TCP/IP 协议工作流程示意图

当客户端与服务器建立连接之后，就开始数据传输，当数据传输完成之后，接下来就是断开与服务端的连结，即"四次挥手"。首先，由客户端发送一个关闭请求 FIN，服务器收到 FIN，发回一个 ACK 确认收到请求，然后服务器关闭与客户端的连接，并发送一个 FIN 给客户端，客户端收到返回的 FIN 后主动关闭与服务端的连接。

使用 HTTP 执行数据交换时，为了方便对返回结果进行处理，HTTP 提供了一些常见的状态码，如表 10-1 所示。

表 10-1 HTTP 的状态码

状态码	类型	说明
1xx	信息状态码	请求正在被处理
2xx	成功状态码	请求处理成功
3xx	重定向状态码	需要重定向处理
4xx	客户端状态码	服务器无法处理请求
5xx	服务端状态码	服务器处理请求出错

10.1.2 HTTP 2.0

相比早期的版本，HTTP 2.0 大幅度提高了 Web 性能，在与 HTTP 1.1 完全语意兼容的基础上，进一步减少了网络的延迟。

HTTP 2.0 最显著的改善就是实现了 HTTP 的多路复用。HTTP 1.1 中新增的

Connection:Keep-Alive 特性可以保持 HTTP 连接不断开,从而提高网络的利用率。但是,HTTP 1.1 在同一时间内针对同一域名下的请求有一定的数量限制,超过限制数目的请求会被阻塞,而 HTTP 2.0 提供的多路复用对这一问题进行了修复。

之所以能够实现 HTTP 的多路复用,是因为 HTTP 2.0 提供了数据帧和数据流特性。帧代表着最小的数据单位,每个帧会标识出该帧属于哪个流,流也就是多个帧组成的数据流。多路复用,就是在一个 TCP 连接中可以存在多条流。换句话说,也就是可以发送多个请求,对端可以通过帧中的标识知道属于哪个请求。通过多路复用,可以避免 HTTP 旧版本中的队头阻塞问题,极大地提高传输性能。

10.1.3　HTTPS

HTTPS 使用 HTTP 进行通信,但传输的数据会使用 SSL/TLS 进行加密,从而保证数据传输过程中的安全。HTTPS 主要是提供对网站服务器的身份认证,保护交换数据的隐私与完整性。

众所周知,HTTP 使用明文进行数据传输,存在信息窃听、信息篡改和信息劫持的风险,而使用 TLS/SSL 加密数据的 HTTPS 具有身份验证、信息加密和完整性校验过程,可以有效避免此类问题的发生。事实上,HTTPS 连接已被大量用于在互联网上的交易支付和企业信息系统敏感数据的传输领域。

HTTPS 是由 HTTP 加上 TLS/SSL 构建的可进行加密传输、身份认证的安全网络传输协议,可以认为是 HTTP 的安全版本,工作流程大体如图 10-3 所示。

可以发现,相比 HTTP 的三次握手,HTTPS 新增了很多加密和校验规则,但总体流程没有太大的变化。

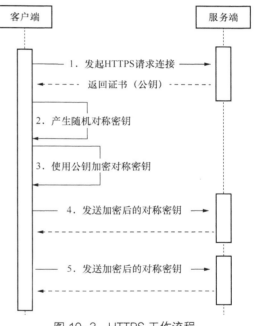

图 10-3　HTTPS 工作流程

HTTPS 最主要的功能都依赖于 TLS/SSL,TLS/SSL 的实现主要依赖数字证书、加密算法、对称加密和非对称密钥等技术。其中,非对称加密算法用于身份认证和密钥协商,对称加密算法则用来使协商的密钥对数据进行加密,散列函数则用来验证信息的完整性。

10.2　网络请求

10.2.1　HttpClient

HttpClient 是 Dart IO 库提供的网络请求模块,可以使用它进行一些基本的网络请求操作,如

GET、POST 和 DELETE 请求。不过，对于一些复杂的网络请求，HttpClient 无法胜任，如修改 POST 请求中 body 请求体传输类型文件的上传/下载等。

使用 HttpClient 进行网络请求不需要在 pubspec.yaml 文件中添加依赖，使用时引入 Dart IO 库即可，如下所示。

```
import 'dart:convert';
import 'dart:io';
```

使用 HttpClient 进行网络请求之前，需要先创建一个 HttpClient 对象，然后打开 HTTP 连接，设置请求头或请求参数等，如下所示。

```
var url = "xxx";
HttpClient httpClient = HttpClient();
HttpClientRequest request = await httpClient.getUrl(Uri.parse(url));
```

使用 HttpClient 进行网络请求时，如果是 POST 请求，可以使用下面的方式添加请求参数。

```
Uri uri=Uri(scheme: "https", host: "flutterchina.club", queryParameters: {
    "param1":"xx",
    "param2":"yy"
  });
```

如果需要设置请求 Header 信息，可以通过 HttpClientRequest 来设置，如下所示。

```
request.headers.add("user-agent", "xx");
request.headers.add("Authorization", "xx");
```

等待请求发送成功之后，就可以等待服务端的响应，服务端返回的是一个 HttpClientResponse 对象，它包含响应头和响应流，通过读取响应流可以获取服务端响应内容，如下所示。

```
HttpClientResponse response = await request.close();
var result = await response.transform(utf8.decoder).join();
httpClient.close();
```

以上就是使用 Dart IO 库提供的 HttpClient 完成一个基本的网络交互的示例。可以看到，使用 HttpClient 进行网络请求还是比较麻烦的，很多细节都需要开发者自行处理。

10.2.2　http

http 是 Flutter 团队官方推荐的网络一个请求库，相比 HttpClient，http 的易用性提升了不少。并且，http 还提供了一些高级函数，可以方便开发者快速地进行网络请求。

使用 http 库执行网络请求之前，需要在 pubspec.yaml 文件的 dependencies 节点添加依赖，如下所示。

```
dependencies:
  http: ^0.12.0+2
```

使用 flutter packages get 命令将 http 库拉取到本地，然后就可以使用 http 执行网络请求。网络请求是一个异步的过程，为了不对页面渲染造成阻塞，推荐使用 async/await 方式来调用网络请求方法。下面是使用 http 执行 GET 请求的示例，如下所示。

```
void getRequest() async {
    var client = http.Client();
    http.Response response = await client.get(url);
    var content = response.body;
    … //省略其他代码
    client.close();
  }
```

除了 GET 请求外，POST 请求也是使用频率比较高的请求方式。http 的 POST 请求和 HttpClient 的 POST 请求方式类似，如下所示。

```
void postRequest() async {
    var params = Map<String, String>();
    params["name"] = "zhangsan";
    params["password"] = "123456";

    var client = http.Client();
    var response = await client.post(url, body: params);
    var content = response.body;
    … //省略其他代码
    client.close();
}
```

可以发现，相比 HttpClient，http 支持的请求方式更多且更友好，仅需一次异步调用即可实现基本的数据交换。

10.2.3 dio

HttpClient 和 http 使用方式虽然简单，但适用场景却很少，定制化能力和可扩展能力也相对较弱，如不支持取消请求、定制拦截器、Cookie 管理等。因此，对于复杂的网络请求场景，推荐使用 Dart 社区开源的 dio 库。

dio 是 Flutter 中文网开源的一款支持 http 请求的网络库，除了支持常见的网络请求方式外，还支持 Restful API、FormData、拦截器、请求取消、Cookie 管理、文件上传下载、超时处理等操作。

使用 dio 执行网络请求之前，需要先在 pubspec.yaml 文件的 dependencies 节点添加依赖，如下所示。

```
dependencies:
  dio: ^3.0.7
```

使用 dio 进行网络请求的步骤和使用 HttpClient、http 进行网络请求的步骤类似，也需要先创建 dio 网络请求实例、设置请求 URI、设置 Header、发出请求、等待请求结果、在请求结束后关闭请求，如下所示。

```
void getRequest() async {
  Dio dio = new Dio();
  var url='https://flutter.dev';
  var options=Options(headers: {"user-agent" : "Custom-UA"});
var param={"id": 12, "name": "wendu"};
  var response = await dio.get(url, options:options,queryParameters: param);
  print(response.toString());
  dio.close();
}
```

需要说明的是，设置请求 URI、Header 及发出请求，都是通过 dio.get()来实现的。dio.get()的 options 参数提供了精细化控制网络请求的能力，可以使用它来设置 Header、超时时间、Cookie、请求方式等。

POST 请求和 GET 请求类似，如果涉及请求参数，可以使用 dio.get()提供的 data 参数，如下所示。

```
void postRequest() async {
    Dio dio = new Dio();
    var url="xxx";
    var data={"id": 12, "name": "wendu"};
    var response = await dio.post(url, data: data);
}
```

有时候，某个请求需要依赖其他请求的响应结果，对于此种场景，可以使用 dio 提供的并发请求来实现，如下所示。

```
response = await Future.wait([dio.post("/info"), dio.get("/token")]);
```

除了 GET、POST 请求外，http 还支持使用表单进行请求，如果请求的参数类型是 FormData 类型，dio 会主动将请求头的 contentType 设为 multipart/form-data，如下所示。

```
FormData formData = new FormData. fromMap ({
    "name": "zhangsan",
    "age": 25,
});
response = await dio.post("/info", data: formData);
```

使用 FormData 可以执行多个文件的上传操作，如下所示。

```
FormData formData = new FormData.from({
    "file1": new UploadFileInfo(new File("./upload.txt"), "upload1.txt")
    "file2": new UploadFileInfo(new File("./upload.txt"), "upload2.txt")
});
response = await dio.post("/info", data: formData)
```

如果要监听文件的上传进度，可以使用 onSendProgress()，如下所示。

```
response = await dio.post(
  onSendProgress: (int sent, int total) {
    print("$sent  $total");
  },
);
```

文件上传使用 FormData 表单实现，而文件下载只需要调用 dio 提供的 download()即可，如下所示。

```
response=await dio.download("https://www.baidu.com/","./test.html");
//带有下载进度的回调函数
dio.download("https://xxx.com/file1", "xx2.zip", onReceiveProgress: (count,
total) {
    print("$sent  $total");
});
```

需要注意的是，由于网络通信期间有可能会出现异常，如域名解析出错和请求超时等，因此网络请求时需要使用 try-catch 来捕获未知错误，防止程序出现异常。使用 dio 进行网络交互时，为了便于管理所有的网络请求并进行统一的配置，建议在项目中使用 dio，如下所示。

```
Dio dio = Dio();
//配置 dio 实例
dio.options.baseUrl = "https://www.xx.com/api";
dio.options.connectTimeout = 5000;
dio.options.receiveTimeout = 3000;
//通过传递一个 options 来创建 dio 实例
Options options = BaseOptions(
    baseUrl: "https://www.xx.com/api",
    connectTimeout: 5000,
```

```
    receiveTimeout: 3000,
);
Dio dio = Dio(options);
```

此外，与 Android 的网络请求库 okHttp 一样，dio 还支持请求拦截器。通过拦截器，开发者可以在请求前或服务端响应后拦截数据，并对数据进行特殊的处理，如为请求 option 统一增加一个头信息，或是进行本地校验处理。dio 的每个实例都支持添加任意多个拦截器，它们可以组成一个队列，执行时按顺序执行，如下所示。

```
dio.interceptors.add(InterceptorsWrapper(
    onRequest: (RequestOptions options){
      options.headers["user-agent"] = "Custom-UA";
      if(options.headers['token'] == null) {
        return dio.reject("Error:请先登录");
      }
      if(options.uri == Uri.parse('http://xxx.com/file1')) {
        return dio.resolve("返回缓存数据");
      }
      return options;
    }
));

try {
  var response = await dio.get("https://xxx.com/xxx.zip");
  print(response.data.toString());
}catch(e) {
  print(e);
}
```

dio 的拦截器不仅支持同步任务，而且支持异步任务。下面是在请求拦截器中发起异步任务的示例。

```
dio.interceptors.add(InterceptorsWrapper(
    onRequest:(Options options) async{
        Response response = await dio.get("/token");
        options.headers["token"] = response.data["data"]["token"];
        return options;
    }
));
```

除此之外，还可以调用拦截器的 lock()或 unlock()来锁定和解锁拦截器。一旦请求、响应拦截器被锁定，接下来的请求、响应将会在进入请求、响应拦截器之前排队等待，直到解锁后，其他入队的请求才会被继续执行，如下所示。

```
tokenDio = Dio();
tokenDio.options = dio.options;
dio.interceptors.add(InterceptorsWrapper(
    onRequest:(Options options) async {
        dio.interceptors.requestLock.lock();        //锁定拦截器
        Response response = await tokenDio.get("/token");
        options.headers["token"] = response.data["data"]["token"];
        dio.interceptors.requestLock.unlock();       //解锁拦截器
        return options;
    }
));
```

　　如果要清空拦截器的等待队列，可以调用拦截器的 clear()。除了上面的基本方法外，dio 还支持设置代理、校验证书和取消请求等功能，可以依据需求进行合理的设置。

　　需要说明的是，不管是 HttpClient、http 还是 dio 库，它们都只能在纯 Flutter 应用开发中，如果是与原生混合的项目，通常的做法是由原生代码封装网络请求方法，然后提供给 Flutter 使用。

10.3　JSON 解析

　　JavaScript 对象简谱（JavaScript Object Notation，JSON）是一种轻量级的数据交换格式。因为易于阅读和编写，同时也易于机器解析和生成，还能有效地提升网络传输效率，通常被用在客户端与服务端的数据交互中。

10.3.1　手动解析

　　不管是前端开发还是客户端开发，获取数据后，都需要将其还原成一个对象。在 Flutter 中，我们可以手动或者使用工具，将获取的 JSON 数据转化为 Dart 实体对象。

　　对于一些比较简单的场合，使用手动解析的方式即可解析 JSON 数据，手动解析 JSON 数据需要使用 Flutter 提供的 dart:convert 库内置的 JSON 解码器。dart:convert 里面有一个 JSON 常量，用来处理服务端返回的 JSON 数据。例如，接口 https://jsonplaceholder.typicode.com/ posts/1 返回的数据格式如下所示。

```
{
  "userId": 1,
  "id": 1,
  "title": "sunt aut facere repellat provident occaecati excepturi optio
reprehenderit",
  "body": "quia et suscipit\nsuscipit recusandae consequuntur expedita et cum "
}
```

　　由于返回的数据比较简单，因此可以使用手动解析的方式来解析它。当数据返回之后，直接调用 json.decode() 把 JSON 数据转化为 Map 类型或者 List 类型。具体来说，如果返回的数据是 JSON 对象，就使用 Map 类型；如果返回的数据是 JSON 数组，就使用 List 类型；如果不知道返回的 JSON 数据是什么类型，那么就使用 Dynamic 类型，如下所示。

```
var url = "xxx";
Response response = await Dio().get(url);
final responseJson = json.decode(response. toString());
Map<String, dynamic> newTitle = responseJson ;
print(newTitle['title']);     //输出 title 字段的值
```

　　除此之外，更通用的方式是新建一个实体类，然后将 JSON 数据解析到实体对象中，如下所示。

```
class PostBean {
  num userId;
  num id;
  String title;
  String body;
```

```
    PostBean({this.userId, this.id, this.title, this.body});

    factory PostBean.fromJson(Map parsedJson) {
      return PostBean(
          userId: parsedJson['userId'],
          id: parsedJson['id'],
          title: parsedJson['title'],
          body: parsedJson['body']);
    }
}
```

将 JSON 数据解析到实体类对应的字段即可，如下所示。

```
var url = "xxx";
Response response = await Dio().get(url);
final responseJson = json.decode(response.toString());
PostBean bean = PostBean.fromJson(responseJson);
print(bean.title);
```

可以发现，PostBean 实体类的成员变量都是一些基本的数据类型，没有涉及复杂的数据结构，如对象、列表和数组。对于数据结构不是很复杂的场景，可以使用 fromJson 方式来解析 JSON 数据；但是如果数据结构比较复杂，使用 fromJson、toJson 来手动解析 JSON 数据就比较麻烦，并且解析过程容易出错。

10.3.2 插件解析

对于数据结构复杂的场景，手动解析 JSON 数据就会变得异常麻烦，并且容易出错。例如，有如下一段 JSON 数据，如果使用手动解析的方式来解析它，可能会比较麻烦。

```
{
  "name": "BeJson",
  "url": "xxx",
  "page": 88,
  "isNonProfit": true,
  "address": {
    "street": "街道.",
    "city": "江苏城市",
    "country": "国家"
  },
  "links": [
    {
      "name": "ptpress",
      "url": "http://www.ptpress.com.cn"
    },
  ]
}
```

对于这种数据结构比较复杂的场景，可以使用 json_serializable 等插件来辅助 JSON 数据的解析。json_serializable 插件是一个自动化的源代码生成器，可以用它来生成 JSON 实体类。使用 json_serializable 插件之前，需要先在 pubspec.yaml 文件加入依赖，如下所示。

```
dependencies:
  json_annotation: ^2.0.0
```

```
dev_dependencies:
  build_runner: ^1.0.0
  json_serializable: ^2.0.0
```

然后，在根目录中执行 flutter packages get 命令拉取解析 JSON 数据所需的依赖包。接下来，就可以使用 json_serializable 插件创建实体类，如下所示。

```
import 'package:json_annotation/json_annotation.dart';

part 'simple.g.dart';

@JsonSerializable()
class Simple {
    Simple();

    String name;
    String url;
    num page;
    bool isNonProfit;
    Map<String,dynamic> address;
    List links;

    factory Simple.fromJson(Map<String,dynamic> json) => _$SimpleFromJson (json);
    Map<String, dynamic> toJson() => _$SimpleToJson(this);
}
```

其中，@JsonSerializable()注解用于告诉生成器，Simple 类是需要生成的实体类。为了便于记忆，可以将上面创建的类称为模板。然后，在根目录中运行如下命令即可生成对应的序列化文件。

```
flutter packages pub run build_runner build
```

执行上面的命令，如果没有任何报错，会生成一个名为 Simple.g.dart 的 JSON 序列化文件，如下所示。

```
part of 'simple.dart';

// **************************************************************************
// JsonSerializableGenerator
// **************************************************************************

Simple _$SimpleFromJson(Map<String, dynamic> json) {
  return Simple()
    ..name = json['name'] as String
    ..url = json['url'] as String
    ..page = json['page'] as num
    ..isNonProfit = json['isNonProfit'] as bool
    ..address = json['address'] as Map<String, dynamic>
    ..links = json['links'] as List;
}

Map<String, dynamic> _$SimpleToJson(Simple instance) => <String, dynamic>{
      'name': instance.name,
      'url': instance.url,
      'page': instance.page,
      'isNonProfit': instance.isNonProfit,
      'address': instance.address,
```

```
        'links': instance.links
    };
```

事实上，Flutter 应用开发的接口返回的数据大多数情况下是比较复杂的。使用上述方式解析数据可以有效避免手动解析带来的错误，提高开发效率。

不过，上述方式需要依赖手动创建实体类模板，手动创建实体类模板也是一件比较烦琐的事情。基于此，Flutter 提供了 JSON to Dart 网站来帮助我们在线生成 Dart 实体类，如图 10-4 所示。

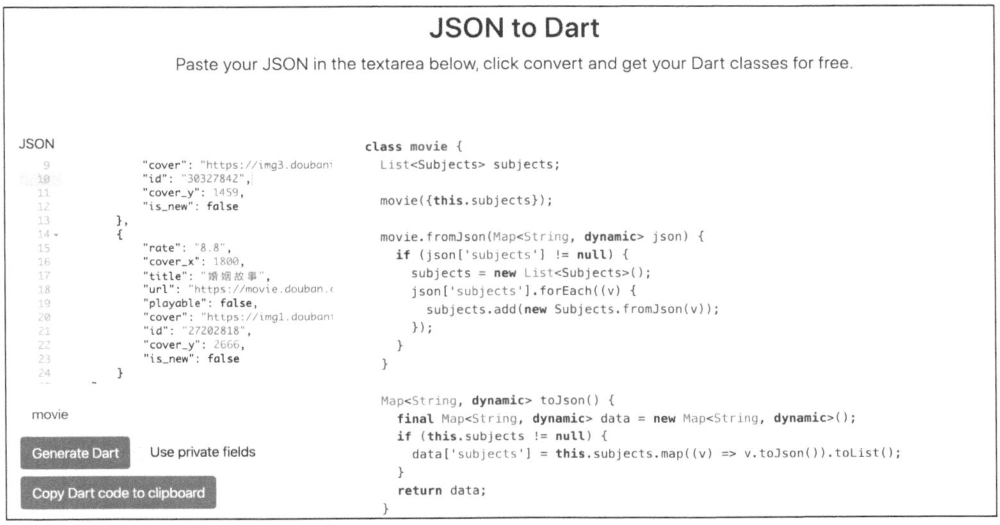

图 10-4　JSON to Dart 网站在线生成实体类

创建一个 Dart 实体类文件，将生成的实体类代码复制过去即可。除此之外，还可以使用 json_model 插件辅助生成实体类模板。使用 json_model 插件来自动化生成实体类模板，需要先在 pubspec.yaml 文件加入依赖，如下所示。

```
dev_dependencies:
  json_model: ^0.0.2
```

接下来，在项目根目录下创建一个名为 jsons 的文件目录，并将需要解析的 JSON 数据复制到 jsons 目录中，运行 flutter packages pub run json_model 命令即可在项目的 lib/models 目录下生成实体类和序列化文件。最后，使用手动解析的方式将 JSON 数据解析到实体类中即可，如下所示。

```
var url = 'https://ptpress.com.cn/j/search_subjects?xxx 热门';
Response response = await Dio().get(url);
final responseJson = json.decode(response.toString());
Movies movies = Movies.fromJson(responseJson);
print(movies.toJson().toString());
```

10.3.3　工具解析

在原生 Android 开发中，可以使用 GsonFormat 插件来将 JSON 数据转化成实体类，从而简化烦琐的 JSON 数据解析。同样，在 Flutter 开发中，也可以使用 IDE 插件或工具来辅助生成实体类，如 FlutterJsonBeanFactory、FlutterJsonHelper 等。

FlutterJsonBeanFactory 是一款用来将 JSON 数据转化成 Dart 实体类的 IDE 插件，使用前需要先在 Android Studio 中安装它。安装 FlutterJsonBeanFactory 插件的步骤很简单，打开 Android

Studio，然后依次选择【Android Studio】→【Preferences...】→【Plugins】打开插件的安装页面，搜索并安装"FlutterJsonBeanFactory"即可，如图 10-5 所示。

图 10-5　Android Studio 安装 FlutterJsonBeanFactory 插件

安装完成之后重新启动 Android Studio，单击打开 Android Studio 的【Tools】，如果发现多了一个 FlutterJsonBeanFactory 则说明安装成功，如图 10-6 所示。

图 10-6　查看 FlutterJsonBeanFactory 插件

如果要使用 FlutterJsonBeanFactory 插件来创建 JSON 实体类，只需要在项目的 lib 目录上，

单击鼠标右键，选择【New】→【JsonToDartBeanAction】打开 JSON 数据转换页面，如图 10-7
所示。

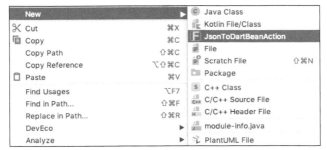

图 10-7　选择 JsonToDartBeanAction

　　然后，将需要转换的 JSON 数据填入输入框中，单击【Make】按钮即可完成 JSON 实体类
的创建，如图 10-8 所示。

图 10-8　创建 JSON 实体类

10.4　异步编程

　　说到网络与通信，就不得不提到异步编程。所谓异步编程，就是一种非阻塞、事件驱动的编
程机制，它可以充分利用系统资源来并行执行多个任务，因此提高了系统的运行效率。在 Flutter
中，异步编程需要使用 Future 关键字进行修饰，并且它运行在 Dart 的事件循环机制中。

10.4.1　事件循环机制

　　事件循环是 Dart 中处理事件的一种机制，与 Android 中的 Handler 消息传递机制和前端的

eventloop 事件循环机制是一样的。在 Flutter 开发中，Flutter 就是通过事件循环来驱动程序运行的。

众所周知，Dart 是一种单线程模型运行语言，这意味着 Dart 在同一时刻只能执行一个操作，其他操作需要在该操作执行完成之后才能执行，而多个操作的执行需要通过 Dart 的事件驱动模型，其工作流程如图 10-9 所示。

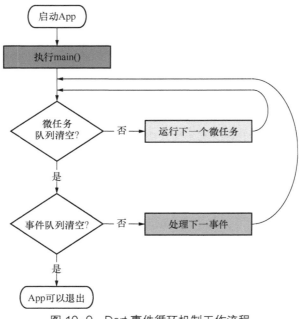

图 10-9　Dart 事件循环机制工作流程

当入口 main() 执行完成之后，消息循环机制便启动了。Dart 应用在启动时会创建两个队列，一个是微任务队列，另一个是事件队列，并且微任务队列的执行优先级高于事件队列。

首先，事件循环模型会按照先进先出的顺序逐个执行微任务队列中的任务（简称微任务），当所有微任务执行完后便开始执行事件队列中的任务（简称事件任务），所有事件任务执行完毕后再去执行微任务，如此循环，直到应用退出。

在 Dart 中，所有的外部事件任务都需要在事件队列中执行，如 IO、计时器、单击，以及绘制事件等，而微任务则通常来源于 Dart 内部，并且微任务非常少。之所以如此，是因为微任务队列优先级高，如果微任务太多，那么执行时间总和就会很长，事件任务的延迟也就会很长。而对于 GUI 应用，最直观的表现就是比较卡，所以 Dart 的事件循环模型必须保证微任务队列不能太耗时。

因为 Dart 是一种单线程模型语言，所以当某个任务发生异常且没有被捕获时，程序并不会退出，而是直接阻塞当前任务后续代码的执行，但是并不会阻塞其他任务的执行，也就是说一个任务的异常不会影响其他任务的执行。

可以看出，将任务加入微任务中可以被尽快执行，但也需要注意，当事件循环机制在处理微任务队列时，事件队列会被卡住，此时应用无法处理鼠标单击、I/O 消息等事件。同时，当事件循环出现异常时，也可以使用 Dart 提供的 try-catch-finally 来捕获异常，并跳过异常执行其他事件。

10.4.2　Isolate

在 Flutter 开发中，经常会遇到耗时操作的场景，由于 Dart 是基于单线程模型的语言，因此耗时操作任务往往会堵塞其他代码的执行。为了解决这一问题，Dart 提供了并发机制，即 Isolate。

所谓 Isolate，其实是 Dart 中的一个线程，不过与 Java 中的线程实现方式有所不同，Isolate 是通过 Flutter 的 Engine 层创建出来的，Dart 代码默认就运行在主 Isolate 上。通常，当 Dart 代码处于运行状态时，同一个 Isolate 中的其他代码是无法运行的。Flutter 可以拥有多个 Isolate，但多个 Isolate 之间不能共享内存，不同 Isolate 之间可以通过消息传递机制来通信。

同时，每个 Isolate 都拥有属于自己的事件循环及消息队列，这意味着在一个 Isolate 中运行的代码与另外一个 Isolate 中运行的代码不存在任何关联。也正是因为这一特性，让 Dart 具有了并行处理的能力。

默认情况下，Isolate 是通过 Flutter 的 Engine 层创建出来的，Dart 代码默认运行在主 Isolate 上，必要时还可以使用系统提供的 API 来创建新的 Isolate，以便更好地利用系统资源，如主线程过载时。

在 Dart 中，创建 Isolate 主要有 spawnUri 和 spawn 两种方式。与 Isolate 相关的代码都位于 isolate.dart 文件中，spawnUri 的构造函数如下所示。

```
external static Future<Isolate> spawnUri(
    Uri uri,
    List<String> args,
    var message,
    {bool paused: false,
    SendPort onExit,
    SendPort onError,
    bool errorsAreFatal,
    bool checked,
    Map<String, String> environment,
    @Deprecated('The packages/ dir is not supported in Dart 2')
        Uri packageRoot,
    Uri packageConfig,
    bool automaticPackageResolution: false,
    @Since("2.3")
        String debugName});
```

使用 spawnUri 创建 Isolate 时有 3 个必传参数，分别是 Uri、args 和 message。其中，Uri 用于指定一个新 Isolate 代码文件的路径，args 用于表示参数列表，message 用于表示需要发送的动态消息。

需要注意的是，运行新 Isolate 的代码文件必须包含一个 main()，它是新创建的 Isolate 的入口方法，并且 main()中的 args 参数需要与 spawnUri 中的 args 参数对应。如果不需要向 Isolate 中传递参数，可以向该参数传递一个空列表。首先，使用 IntelliJ IDEA 新建一个 Dart 工程，然后在主 Isolate 中添加如下代码。

```
import 'dart:isolate';

void main(List<String> arguments) {
```

```
    print("main isolate start");
    createIsolate();
    print("main isolate stop");
}

createIsolate() async{
    ReceivePort rp = new ReceivePort();
    SendPort port = rp.sendPort;
    Isolate newIsolate = await Isolate.spawnUri(new Uri(path: "./other_isolate.
dart"), ["hello Isolate", "this is args"], port);
    SendPort sendPort;
    rp.listen((message){
        print("main isolate message: $message");
        if (message[0] == 0){
            sendPort = message[1];
        }else{
            sendPort?.send([1,"这条信息是 main Isolate 发送的"]);
        }
    });
}
```

在主 Isolate 文件的同级目录下新建一个 other_isolate.dart 文件，代码如下所示。

```
import 'dart:isolate';
import 'dart:io';

void main(args, SendPort sendPort) {
    print("child isolate start");
    print("child isolate args: $args");
    ReceivePort receivePort = new ReceivePort();
    SendPort port = receivePort.sendPort;
    receivePort.listen((message){
        print("child_isolate message: $message");
    });

    sendPort.send([0, port]);
    sleep(Duration(seconds:5));
    sendPort.send([1, "child isolate 任务完成"]);
    print("child isolate stop");
}
```

运行主 Isolate 文件代码，最终的输出结果如下所示。

```
main isolate start
main isolate stop
child isolate start
child isolate args: [hello Isolate, this is args]
main isolate message: [0, SendPort]
child isolate stop
main isolate message: [1, child isolate 任务完成]
child_isolate message: [1, 这条信息是 main Isolate 发送的]
```

在 Dart 中，多个 Isolate 之间的通信是通过 ReceivePort 实现的。而 ReceivePort 可以被视为消息管道，当消息的传递方向固定时，通过这个管道就能把消息发送给接收端。

除了使用 spawnUri，更常用的方式是使用 spawn 来创建 Isolate，spawn 的构造函数如下所示。

```
external static Future<Isolate> spawn<T>(
    void entryPoint(T message), T message,
    {bool paused: false,
    bool errorsAreFatal,
    SendPort onExit,
    SendPort onError});
```

使用 spawn 创建 Isolate 时需要传递两个参数，即函数 entryPoint()和参数 message。EntryPoint()表示新创建的 Isolate 的耗时函数；message 表示动态消息，该参数通常用于传送主 Isolate 的 SendPort 对象。

通常，使用 spawn 方式创建 Isolate 时，我们希望将新创建的 Isolate 代码和主 Isolate 代码写在同一个文件中，且不希望出现两个 main 函数，并且将耗时函数运行在新的 Isolate，这样利于代码的组织与复用。下面是计算斐波那契数列之和的示例。

```
import 'dart:isolate';

Future<void> main(List<String> arguments) async {
  print(await asyncFibonacci(20));
}

Future<dynamic> asyncFibonacci(int n) async{
  final response = new ReceivePort();
  await Isolate.spawn(isolate,response.sendPort);
  final sendPort = await response.first as SendPort;
  final answer = new ReceivePort();
  sendPort.send([n,answer.sendPort]);
  return answer.first;
}

void isolate(SendPort initialReplyTo){
  final port = new ReceivePort();
  initialReplyTo.send(port.sendPort);
  port.listen((message){
    final data = message[0] as int;
    final send = message[1] as SendPort;
    send.send(syncFibonacci(data));
  });
}

int syncFibonacci(int n){
  return n < 2 ? n : syncFibonacci(n-2) + syncFibonacci(n-1);
}
```

在上面的代码中，耗时的操作放在使用 spawn 方法创建的 Isolate 中。运行上面的程序，最终的输出结果为 6765，即斐波那契数列前 20 个数之和。

10.4.3 线程管理与 Isolate

默认情况下,Flutter Engine 层会创建一个 Isolate,并且 Dart 代码默认就运行在这个主 Isolate

上。必要时可以使用 spawnUri 和 spawn 两种方式来创建新的 Isolate，在 Flutter 中，新创建的 Isolate 由 Flutter 进行统一的管理。

事实上，Flutter Engine 自己不创建和管理线程，Flutter Engine 线程的创建和管理是 Embeder 负责的，Embeder 指的是将引擎移植到平台的中间层代码，Flutter Engine 层的架构示意图如图 10-10 所示。

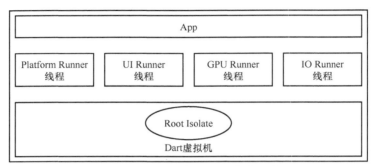

图 10-10　Flutter Engine 层架构示意图

Platform Runner 是 Flutter Engine 的主 Task Runner，类似于 Android 或者 iOS 的 Main Thread。不过它们之间还是有区别的。一般来说，一个 Flutter 应用启动的时候会创建一个 Engine 实例，Engine 创建的时候会创建一个线程供 Platform Runner 使用。

同时，跟 Flutter Engine 的所有交互都必须在 Platform Thread 中进行，如果试图在其他线程中调用 Flutter Engine 可能会出现无法预期的异常，这跟 iOS 和 Android 中对于 UI 的操作都必须发生在主线程的道理类似。需要注意的是，Flutter Engine 中有很多模块都是非线程安全的，因此对于 Flutter Engine 的接口调用都需保证在 Platform Runner 进行。

虽然阻塞 Platform Thread 不会直接导致 Flutter 应用的卡顿，但是也不建议在这个主 Runner 执行繁重的操作，因为 Platform Thread 长时间卡住有可能会被系统的 Watchdog 程序强杀。

UI Task Runner 用于执行 Root Isolate 代码，它运行在线程对应平台的线程上，属于子线程。同时，Root Isolate 在引擎启动时会绑定不少 Flutter 需要的函数，这些绑定的函数可以提交渲染帧给 Engine 层执行渲染操作。

对于每一帧，引擎通过 Root Isolate 通知 Flutter Engine 有帧需要渲染，平台收到 Flutter Engine 通知后会创建对象和组件并生成一个 Layer Tree，然后将生成的 Layer Tree 提交给 Flutter Engine。此时，只生成了需要绘制的内容，并没有执行屏幕渲染，而 Root Isolate 就是负责将创建的 Layer Tree 绘制到屏幕上，因此如果线程过载会导致卡顿。

除了用于处理渲染之外，Root Isolate 还需要处理来自 Native Plugins 的消息响应、Timers、MicroTasks 和异步 I/O。如果确实有无法避免的繁重计算，建议将这些耗时的操作放到独立的 Isolate 去执行，从而避免应用 UI 卡顿问题。

GPU Runner 用于执行设备 GPU 指令，UI Runner 创建的 Layer Tree 是跨平台的。也就是说，Layer Tree 提供了绘制所需要的信息，但是由谁来完成绘制它是不关心的。

GPU Runner 的主要责任就是将 Layer Tree 提供的信息转化为平台可执行的 GPU 指令，同时它也负责管理每一帧绘制所需要的 GPU 资源，包括平台 Framebuffer 的创建，Surface 生命周期管理，以及 Texture 和 Buffers 的绘制时机等。

一般来说，UI Runner 和 GPU Runner 运行在不同的线程。GPU Runner 会根据目前帧执行的进度去向 UI Runner 请求下一帧的数据，在任务繁重的时候还可能会出现 UI Runner 的延迟任务。不过这种调度机制可以确保 GPU Runner 不至于过载，同时也避免了 UI Runner 不必要的资源消耗。

GPU Runner 可以导致 UI Runner 的帧调度的延迟，GPU Runner 的过载会导致 Flutter 应用的卡顿，因此在实际使用过程中，建议为每一个 Engine 实例都创建一个专用的 GPU Runner 线程。

IO Task Runner 也运行在平台对应的子线程中，主要是做一些预先处理的读取操作，为 GPU Runner 的渲染操作做准备。我们可以认为 IO Task Runner 是 GPU Task Runner 的助手，它可以减少 GPU Task Runner 的额外工作。例如，在 Texture 的准备过程中，IO Runner 首先会读取压缩的图片二进制数据，并将其解压转换成 GPU 能够处理的格式，然后将数据传递给 GPU 进行渲染。

虽然 IO Task Runner 并不会直接导致 Flutter 应用的卡顿，但是可能会导致图片和其他一些资源加载的延迟，并间接影响应用性能，所以建议将 IO Runner 放到一个专用的线程中。

Dart 的 Isolate 是由 Dart 虚拟机创建和管理的，Flutter Engine 无法直接访问。Root Isolate 通过 Dart 的 C++调用能力把 UI 渲染相关的任务提交到 UI Runner 执行，这样就可以跟 Flutter Engine 模块进行交互，Flutter UI 的任务也被提交到 UI Runner，并可以给 Isolate 发送一些事件通知，UI Runner 同时也可以处理来自应用的 Native Plugin 任务。

总体来说，Dart Isolate 跟 Flutter Runner 是相互独立的，它们通过任务调度机制相互协作。

10.4.4　Stream

在 Dart 中，Stream 和 Future 是异步编程的两个核心 API，主要用于处理异步任务或者延迟任务，返回值都是 Future 对象。不同之处在于，Future 用于表示一次异步获得的数据，而 Stream 则可以通过多次触发成功或失败事件来获取数据或错误异常。

Stream 常用在需要多次读取数据的异步任务场景，如网络内容下载、文件读写等。Flutter 提供了一个 StreamBuilder 组件来辅助 Stream 数据流操作，StreamBuilder 的默认构造函数如下所示。

```
StreamBuilder({
  Key key,
  this.initialData,
  Stream<T> stream,
  @required this.builder,
})
```

事实上，StreamBuilder 是一个可以监控 Stream 数据流变化并展示数据变化的视图组件，它会一直记录数据流中最新的数据，当数据流发生变化时会自动调用 builder()进行视图的重建。

下面是使用 StreamController 结合 StreamBuilder 对官方的计数器应用进行改进，取代使用 setState()来刷新页面的例子。

```
class CountPage extends StatefulWidget {
  @override
  State<StatefulWidget> createState() {
```

```
      return CountPageState();
    }
}

class CountPageState extends State<CountPage> {
  int count = 0;
  final StreamController<int> controller = StreamController();

  @override
  Widget build(BuildContext context) {
    return Scaffold(
      body: Container(
        child: Center(
          child: StreamBuilder<int>(
              stream: controller.stream,
              builder: (BuildContext context, AsyncSnapshot snapshot) {
                return snapshot.data == null
                    ? Text("0")
                    : Text("${snapshot.data}");
              }),
        ),
      ),
      floatingActionButton: FloatingActionButton(
          child: const Icon(Icons.add),
          onPressed: () {
            controller.sink.add(++count);
          }),
    );
  }

  @override
  void dispose() {
    controller.close();
    super.dispose();
  }
}
```

10.5　BloC

BloC 是 Business Logic Component 的英文缩写，中文译为业务逻辑组件，是一种使用响应式编程来构建前端应用的开发模式。BloC 的设计初衷是让页面视图与业务逻辑实现分离，以便更好地实现应用的工程化。

在 Flutter 中，使用 BLoC 模式进行状态管理时，应用里的所有组件被视为一个事件流，一部分组件订阅事件，另一部分组件则消费事件。

组件通过 Sink 向 BloC 发送事件，BLoC 接收到事件后执行内部逻辑处理，并把处理结果通过 Stream 的方式通知给订阅事件流的组件。在 BLoC 的工作流程中，Sink 接收输入，BLoC 则对接收的内容进行处理，最后以流的方式输出。可以发现，BLoC 又是一个典型的观察者模式。理解 BloC 的运作原理，需要重点关注事件、状态、转换和流等几个对象。

- 事件：在 BloC 模式中，事件会通过 Sink 将请求输入 BloC，目的是响应用户交互或者生命周期事件而进行的操作。
- 状态：用于表示 BloC 输出的东西，是应用状态的一部分。它可以通知 UI 组件，并根据当前状态重建其自身的某些部分。
- 转换：从一种状态到另一种状态的变化称为转换，转换通常由当前状态、事件和下一个状态组成。
- 流：表示一系列非同步的数据，BloC 建立在流的基础之上。并且 BloC 需要依赖 RxDart，它封装了 Dart 在流方面的底层细节实现。

10.5.1　BloC Widget

BloC 既是一种应用架构模式，也是一种软件编程思想。在 Flutter 开发中，使用 BloC 模式进行应用开发需要引入 flutter_bloc 插件库，借助 flutter_bloc 插件库提供的基础组件，开发者可以快速高效地实现响应式编程。

1. BlocBuilder

BlocBuilder 是 flutter_bloc 提供的一个基础组件，主要用于构建组件并响应组件状态，使用时需要传入 bloc 和 builder 两个参数。BlocBuilder 组件与 StreamBuilder 组件的作用是一样的，但它简化了 StreamBuilder 组件的内部实现细节，不需要开发者编写 StreamBuilder 组件需要的模版代码。builder()会返回一个组件视图，该方法会被潜在的触发多次以响应组件状态的变化，BlocBuilder 的构造函数如下所示。

```
const BlocBuilder({
    Key key,
    @required this.builder,
    B bloc,
    BlocBuilderCondition<S> condition,
})
```

可以看到，BlocBuilder 的构造函数里面一共有 3 个参数，并且 builder 是一个必传参数。除了 builder 和 bloc 参数外，还有一个 condition 参数，用于向 BlocBuilder 提供筛选后的条件，如下所示。

```
BlocBuilder<BlocA, BlocAState>(
  condition: (previousState, state) {
    //根据返回的状态决定是否重构视图
  },
  builder: (context, state) {
    //根据 BlocA 的状态构建视图
  }
)
```

如上所示，condition 参数会获取先前的 BloC 状态和当前的 BloC 状态并返回一个布尔类型的值，如果返回值为 true，就会调用 state()刷新视图；如果返回值为 false，则不需要重构视图。

2. BlocProvider

BlocProvider 是 flutter_bloc 提供的另外一个组件，可以通过 BlocProvider.of ()来向子组件提

供 BloC 状态数据。实际使用时，它可以作为依赖项注入组件，从而将一个 BloC 实例提供给子组件使用。

默认情况下，可以直接使用 BlocProvider 来创建一个新的 BloC，并将它提供给其他子组件使用，由于 BloC 是 BlocProvider 创建的，因此关闭 BloC 也需要在 BlocProvider 中进行处理。

除此之外，BlocProvider 还可用于向子组件提供已有 BloC 的状态数据，不过由于 BloC 并不是 BlocProvider 创建的，所以不能通过 BlocProvider 来关闭该 BloC，如下所示。

```
BlocProvider.value(
  value: BlocProvider.of<BlocA>(context),
  child: ScreenA(),
);
```

3．MultiBlocProvider

MultiBlocProvider 用于将多个 BlocProvider 合并为一个 BlocProvider，MultiBlocProvider 通常用于替换需要嵌套多个 BlocProvider 的场景。使用 MultiBlocProvider，可以有效降低代码的复杂度、提高代码的可读性和可维护性。例如，下面是一个多 BlocProvider 嵌套的场景。

```
BlocProvider<BlocA>(
  create: (BuildContext context) => BlocA(),
  child: BlocProvider<BlocB>(
    create: (BuildContext context) => BlocB(),
    child: BlocProvider<BlocC>(
      create: (BuildContext context) => BlocC(),
      child: ChildA(),
    )
  )
)
```

在上面的示例代码中，BlocA 嵌套了 BlocB，BlocB 又嵌套了 BlocC，可读性非常差，也不利于维护。此时，如果使用 MultiBlocProvider 组件，就可以避免上面的问题，改造后的代码如下所示。

```
MultiBlocProvider(
  providers: [
    BlocProvider<BlocA>(
      create: (BuildContext context) => BlocA(),
    ),
    BlocProvider<BlocB>(
      create: (BuildContext context) => BlocB(),
    ),
    BlocProvider<BlocC>(
      create: (BuildContext context) => BlocC(),
    ),
  ],
  child: ChildA(),
)
```

4．BlocListener

BlocListener 是一个可以接收 BlocWidgetListener 和可选 Bloc 的组件，适用于每次状态更改都需要触发一次更新的场景。其中，BlocListener 组件的 listener 参数可以响应状态的变化，继而处理 UI 视图更新以其他的一些操作。BlocListener 组件通常用在导航、弹框等需要即时响应状态变化的场景，如下所示。

```
BlocListener<BlocA, BlocAState>(
  bloc: blocA,
  listener: (context, state) {
    //基于 BlocA 的状态执行某些操作
  }
  child: Container(),
)
```

BlocListener 组件的 condition 参数用来控制是否执行 listener 内的代码。如果 condition 参数返回值为 true，那么 listener()将会被调用；如果 condition 参数返回值为 false，那么监听函数将不会被调用，如下所示。

```
BlocListener<BlocA, BlocAState>(
  condition: (previousState, state) {
    //返回 true 或 false 决定是否需要执行 listener 函数
  },
  listener: (context, state) {

  }
  child: Container(),
)
```

如果需要同时监听多个 Bloc 对象的状态，可以使用 MultiBlocListener 组件，如下所示。

```
MultiBlocListener(
  listeners: [
    BlocListener<BlocA, BlocAState>(
      listener: (context, state) {},
    ),
    BlocListener<BlocB, BlocBState>(
      listener: (context, state) {},
    ),
    … //省略其他代码
  ],
  child: ChildA(),
)
```

除了上面的组件外，flutter_bloc 插件库还提供了 BlocConsumer、RepositoryProvider 和 MultiRepositoryProvider 组件，实际开发中可以根据需要合理选择。

10.5.2　BloC 示例应用

在 Flutter 中使用 BloC 模式需要先添加 flutter_bloc 插件依赖，打开工程的 pubspec.yaml 配置文件，然后添加如下依赖脚本。

```
dependencies:
  flutter_bloc: ^6.0.0
```

使用 flutter packages get 命令拉取依赖插件，然后就可以使用 flutter_bloc 插件库进行应用开发了。接下来，我们使用 Flutter 官方的计数器应用程序来说明 BloC 的基本使用过程。示例应用程序由两个按钮和一个显示计数器值的文本构成，两个按钮分别控制计数器值的增加和减少。

按照 BloC 模式的基本使用流程，首先需要新建一个 count_event.dart 文件，用来定义和管理事件对象，如下所示。

```
enum CounterEvent { increment, decrement }
```

然后新建一个 count_bloc.dart 文件，用于对计数器的状态进行管理，如下所示。

```
class CounterBloc extends Bloc<CounterEvent, int> {

  CounterBloc(int initialState) : super(initialState);

  @override
  int get initialState => 0;

  @override
  Stream<int> mapEventToState(CounterEvent event) async* {
    switch (event) {
      case CounterEvent.decrement:
        yield state - 1;
        break;
      case CounterEvent.increment:
        yield state + 1;
        break;
      default:
        throw Exception('oops');
    }
  }
}
```

CounterBloc 类需要提供一个构造函数，用于提供一个默认的初始值，并且还需要重写
mapEventToState()。mapEventToState()返回的是经过处理之后的状态数据，此方法可以拿到事
件类型，然后根据事件类型进行逻辑处理。

接下来，新建一个 count_page.dart 文件，用于展示当前计数器的值，以及执行增加和减少
操作，代码如下。

```
class CounterPage extends StatelessWidget {

  @override
  Widget build(BuildContext context) {
    CounterBloc counterBloc = BlocProvider.of<CounterBloc>(context);
    return Scaffold(
      appBar: AppBar(title: Text('Bloc Counter')),
      body: BlocBuilder<CounterBloc, int>(
        builder: (context, count) {
          return Center(
            child: Text('$count', style: TextStyle(fontSize: 48.0)),
          );
        },
      ),
      floatingActionButton: Column(
        crossAxisAlignment: CrossAxisAlignment.end,
        mainAxisAlignment: MainAxisAlignment.end,
        children: <Widget>[
          Padding(
            padding: EdgeInsets.symmetric(vertical: 5.0),
            child: FloatingActionButton(
```

```
                    child: Icon(Icons.add),
                    onPressed: () {
                      counterBloc.add(CounterEvent.increment);
                    },
                  ),
                ),
                Padding(
                  padding: EdgeInsets.symmetric(vertical: 5.0),
                  child: FloatingActionButton(
                    child: Icon(Icons.remove),
                    onPressed: () {
                      counterBloc.add(CounterEvent.decrement);
                    },
                  ),
                ),
              ],
            ),
          );
        }
      }
```

在上面的代码中，我们首先使用 BlocProvider.of() 获取注册的 BloC 对象，然后通过 BloC 对象的实例来处理对应的业务逻辑。同时，接收和响应状态变化使用的是 BlocBuilder 组件，BlocBuilder 组件的 builder 参数会返回状态数据的值。最后，还需要在应用的最上层 MaterialApp 组件中注册 BloC，如下所示。

```
void main() {
  runApp(MyApp());
}

class MyApp extends StatelessWidget {
  @override
  Widget build(BuildContext context) {
    return MaterialApp(
      home:BlocProvider<CounterBloc>(
        create: (context) => CounterBloc(),
        child: CounterPage(),
      ),
    );
  }
}
```

运行上面的示例代码，当单击计数器的【增加】按钮时就会执行加法操作，而单击【减少】按钮时就会执行减法操作，如图 10-11 所示。

可以发现，相比传统的 setState 方式，BloC 模式对于应用状态的管理真正做到了页面和逻辑的分离，代码的可读性和可维护性得到大大提高，因此 BloC 模式特别适合中大型应用。

图 10-11　BloC 模式应用示例效果图

第 11 章
数据持久化

所谓的数据持久化，就是将内存中的数据模型转换为存储模型，然后保存到存储设备的过程。数据持久化可以避免因关机或设备故障造成的数据丢失，并且可以减少网络请求带来的流量消耗，提升应用的使用体验。在 Flutter 中，数据持久化可以分为 SharedPreferences 存储、Sqlite 数据库存储和文件存储等几种方式。

11.1　SharedPreferences 存储

在原生应用开发中，可以使用 SharedPreferences 或者 NSUserDefaults 来实现轻量级数据的存储。同样，Flutter 也支持轻量级数据存储，在 Flutter 实现轻量级数据存储需要用到 shared_preferences 插件库。

shared_preferences 是 Flutter 社区开发的一款轻量级本地数据存取插件，同时支持 Android 和 iOS 两大平台。使用 shared_preferences 前需要先在 pubspec.yaml 文件引入，如下所示。

```
dependencies:
  shared_preferences: ^0.5.6
```

执行 flutter packages get 命令即可安装 shared_preferences 插件库，使用前需要先在文件头部导入 shared_preferences，如下所示。

```
import 'package:shared_preferences/shared_preferences.dart';
```

和原生 Android 的 SharedPreferences 或原生 iOS 的 NSUserDefaults 一样，shared_preferences 也是以键值对的方式来持久化存储数据的。shared_preferences 支持基本的增删改查功能，使用方式如下。

```
SharedPreferences prefs = await SharedPreferences.getInstance();
prefs.setString(key, value)        //新增
prefs.remove(key);                 //删除
prefs.getString(key);              //查询
```

需要说明的是，由于 shared_preferences 并没有提供直接更新数据的方法，所以如果要对存储的数据进行更新，需要先调用查询方法，然后调用新增方法。下面是使用 shared_preference 插件库执行增删查操作的示例。

```
class SharedPreferencesPage extends StatefulWidget {
  @override
  State<StatefulWidget> createState() {
    return SharedPreferencesPageState();
  }
```

```
  }

class SharedPreferencesPageState extends State<SharedPreferencesPage> {

  String mUserName = "userName";
  String spData='';
  final controller = TextEditingController();

  @override
  Widget build(BuildContext context) {
    save() async {
      SharedPreferences prefs = await SharedPreferences.getInstance();
      prefs.setString(mUserName, controller.value.text.toString());
    }

    Future<String> get() async {
      var userName;
      SharedPreferences prefs = await SharedPreferences.getInstance();
      userName = prefs.getString(mUserName);
      setState(() {
        spData=userName;
      });
      return userName;
    }

    Future<bool> del() async {
      SharedPreferences prefs = await SharedPreferences.getInstance();
      var result = prefs.remove(mUserName);
      return result;
    }

    return Builder(builder: (BuildContext context) {
      return Scaffold(
        appBar: AppBar(
          title: Text("SharedPreferences 存储"),
        ),
        body: Center(
          child: Builder(builder: (BuildContext context) {
            return Column(
              children: <Widget>[
                TextField(
                    controller: controller,
                    decoration: InputDecoration(
                        contentPadding: const EdgeInsets.only(top: 10.0),
                        icon: Icon(Icons.perm_identity),
                        labelText: '请输入用户名',
                        labelStyle: TextStyle(fontSize: 20))),
                Text(spData,style: TextStyle(fontSize: 20)),
                SizedBox(height: 10),
                RaisedButton(
                    child: Text('新增',style: TextStyle(fontSize: 20)),
                    onPressed: () {
                      save();
```

```
                }),
        … //省略其他代码
              ],
            );
          }),
        ),
      );
    });
  }
}
```

在上面的代码中，我们使用 TextField 组件来获取用户的输入信息，当点击新增按钮时就会执行 save()保存数据。由于保存数据用的是键值对的方式，查询和删除保存的数据也需要使用这个键名，所以可以将这个键名定义为全局的常量。运行上面的代码，最终效果如图 11-1 所示。

图 11-1　shared_preferences 数据存储示例

可以发现，使用 SharedPreferences 特别适合一些轻量级的数据进行存储，如账户和密码存储。由于 SharedPreferences 使用键值对方式存储数据，所以它只支持存储一些基本类型的数据，如 Int、Double、Bool 和 String。

11.2　sqlite 数据库存储

使用 SharedPrefernces 方式进行数据存储固然方便，但只适用于存储数据比较简单的场景。如果存储的数据比较复杂，此时需要使用另外一种方式，即 sqlite 数据库存储。sqlite 是一个轻量级的嵌入式数据库，具备关系型数据库的所有特性，常被用在嵌入式设备中。

相比 SharedPreferences 存储方式，sqlite 特别适合需要存储大量数据的场景，并且 sqlite

在数据读写方面也可以提供更快、更灵活的解决方案。如果需要持久化大量的数据，并且数据的读写频率比较高，那么可以使用 sqlite 数据库来应对这样的场景。

默认情况下，Android、iOS 系统已经内置了 sqlite 数据库，但是 Flutter 却并没有提供操作 sqlite 数据库的 API，所以在 Flutter 中操作 sqlite 数据库前需要安装 sqlite 插件，如下所示。

```
dependencies:
  sqflite: ^1.3.0
```

执行 flutter packages get 命令即可将 sqlite 插件下载到本地，并且使用 sqlite 数据库之前需要先导入 sqflite.dart 文件，如下所示。

```
import 'package:sqflite/sqflite.dart';
```

和其他关系型数据库的使用步骤一样，使用 sqlite 数据库存储数据之前需要先创建一个数据库。使用 sqlite 插件创建数据库时需要传入数据库路径和名称两个参数，如下所示。

```
var dbPath = await getDatabasesPath();
String path = join(dbPath, "demo.db");
```

数据库创建成功之后，还需要创建一个数据表。在 Flutter 中，创建数据表使用的是 openDatabase()，创建时可以添加数据表版本号、基本数据库配置等参数，如下所示。

```
Database db = await openDatabase(path, version: 1,
    onCreate: (Database db, int version) async {
      await db.execute('''
        CREATE TABLE BOOK (
          columnId INTEGER PRIMARY KEY,
          columnName TEXT,
          columnAuthor TEXT,
          columnPrice REAL,
          columnPublish TEXT)
        ''');
    });
```

创建数据表时，需要给字段指定存储类型。默认情况下，sqflite 数据库只支持 NULL、INTEGER、REAL、TEXT 和 BLOB 5 种数据存储类型，它们的含义如下。

- NULL：某一列不存储数据的时候，默认值是 NULL。
- INTEGER：对应 Dart 语言中的 Int 类型。
- REAL：对应 Dart 语言中的 Num 类型，包括 Int 和 Double 类型。
- TEXT：对应 Dart 语言中的 String 类型。
- BLOB：对应 Dart 语言中的 Uint8List 类型，可以用它来存储数组和列表数据。

如果存储的数据是其他类型，如 Bool、DateTime，那么需要转换成 sqlite 数据库支持的数据类型后再存储。

创建数据表之后，就可以使用它实现数据的插入、查询、更新和删除操作，如下所示。

```
//插入数据
Future<Book> insertBook(Book book) async {
    if(db==null){
      return null;
    }
    book.id = await db.insert(tableName, book.toMap());
    return book;
}
```

```
//根据 id 查询数据库记录
Future<Book> getBook(int id) async {
    List<Map> maps = await db.query(tableName,
        columns: [
          columnId,
          columnName,
          columnAuthor,
          columnPrice,
          columnPublish
        ],
        where: '$columnId = ?',
        whereArgs: [id]);
    if (maps.length > 0) {
      return Book.fromMap(maps.first);
    }
    return null;
  }

//更新一条记录
Future<int> updateBook(Book book) async {
    return await db.update(tableName, book.toMap(),
        where: '$columnId = ?', whereArgs: [book.id]);
  }

//删除一条记录
Future<int> deleteBook(int id) async {
    return await db.delete(tableName, where: '$columnId = ?', whereArgs:
[id]);
  }
```

数据库使用完之后，还需要关闭数据连接来释放数据库资源，如下所示。

```
close() async {
    await db.close();
  }
```

可以发现，Flutter 中 sqlite 数据库的使用流程和原生 Android、iOS 操作数据库的流程是一样的。

在实际使用过程中，为了方便管理和操作数据库的数据，需要对业务进行拆分。下面通过一个图书管理的示例来说明 sqlite 数据库的使用流程。首先新建一个数据实体类，如下所示。

```
final String columnId = '_id';
final String columnName = 'name';
final String columnAuthor = 'author';
final String columnPrice = 'price';
final String columnPublish = 'publish';

class Book {
  int id;
  String name;
  String author;
  double price;
  String publish;
```

```
  Book(int id, String name, String author, double price, String publish) {
    this.id = id;
    this.name = name;
    this.author = author;
    this.price = price;
    this.publish = publish;
  }

  …//省略 toMap()和 fromMap()
}
```

接下来，新建一个数据库管理类，用来辅助管理数据库的创建、升级，以及对数据进行基本的增删改查操作，如下所示。

```
class SqliteHelper {

  Database db;
  String dbName='demo.db';
  String tableName = 'book';

  initSqlite() async {
    var dbPath = await getDatabasesPath();
    String path = join(dbPath, dbName);
    //根据数据库文件路径和数据库版本号创建数据库表
    db = await openDatabase(path, version: 1,
      onCreate: (Database db, int version) async {
        await db.execute('''
        CREATE TABLE $tableName (
          $columnId INTEGER PRIMARY KEY,
          $columnName TEXT,
          $columnAuthor TEXT,
          $columnPrice REAL,
          $columnPublish TEXT)
        ''');
      });
  }

  … //省略其他代码

  //关闭数据库
  close() async {
    await db.close();
  }
}
```

可以发现，经过封装后所有对数据库的操作都在 SqliteHelper 类中进行，如果需要添加数据库的其他操作，也都可以更新到此文件中。完成上述操作后，新建一个用于测试的页面，如下所示。

```
class SqlitePage extends StatefulWidget {
  @override
  _SqlitePageState createState() => _SqlitePageState();
}
```

```
class _SqlitePageState extends State<SqlitePage> {

  SqliteHelper sHelper = SqliteHelper();
  var bookInfo = '';

  @override
  void initState() {
    super.initState();
    insertData();
  }

  @override
  Widget build(BuildContext context) {
    return Scaffold(
        body: Center(
          child: Column(
            mainAxisAlignment: MainAxisAlignment.center,
            children: <Widget>[
              Text('点击按钮获得id为1的数据:',style: TextStyle (fontSize: 22)),
              Text(bookInfo,style: TextStyle(fontSize: 24))
            ],
          ),
        ),
        floatingActionButton: FloatingActionButton(
          onPressed: getBookInfo,
          child: Icon(Icons.add) )
    );
  }

  insertData() async {
    await sHelper.initSqlite();
    await sHelper.insertBook(Book(0, 'Java 开发大全', 'java', 59, '邮电出版'));
    await sHelper.insertBook(Book(1, 'Android开发大全', 'android', 69, '电子
出版'));
    await sHelper.insertBook(Book(2, 'iOS 开发大全', 'iOS', 79, '机械出版'));
  }

  getBookInfo() async {
    await sHelper.initSqlite();
    Book book = await sHelper.getBook(1);
    await sHelper.close();
    setState(() {
      bookInfo = '书名: '+book.name+'\n 价钱: '+ book.price.toString()+'\n 出
版社: '+book.publish;
    });
  }
}
```

运行上面的代码，应用启动后会调用 insertData()执行数据新增操作，当点击右下角的按钮时会调用 getBookInfo()执行数据查询，并最终将获取的数据更新到界面上，最终效果如图 11-2 所示。

图 11-2　sqlite 数据存储应用示例

11.3　文件存储

所谓文件存储，指的是将数据以文件的形式存储在某种介质上的过程，文件存储需要指定文件路径和文件名。从定义上看，要想以文件的方式实现数据的持久化，需要先提供文件的存放路径。

默认情况下，Flutter 官方提供了 3 种文件存储目录，即临时目录、文档目录和外部目录。临时目录是操作系统可以随时清除的目录，通常用来存放一些不重要的临时缓存数据；文档目录只有在删除应用程序时才会清除目录的数据，通常用来存放一些比较重要的数据文件；外部目录存储的数据不会随应用的删除而被删除，可以用来存储一些安全性不高的数据。

执行文件存储操作之前，需要先获取文件的存储目录及路径。不过 Flutter 虽然提供了操作文件的 API，却没有提供获取手机存储路径的 API。如果要获取手机的存储路径，需要使用 path_provider 插件。该插件提供了获取原生平台临时目录与文档目录的方法，可以快速地获取存储路径等信息。使用 path_provider 插件之前，需要先在 pubspec.yaml 文件引入 path_provider 插件，如下所示。

```
dependencies:
  path_provider: ^1.6.1
```

执行 flutter packages get 命令将插件下载到本地，然后就可以执行文件存储操作了。打开插件的 path_provider.dart 代码可以发现，path_provider 提供了 3 个获取文件目录的方法。

- getTemporaryDirectory()：获取临时目录。
- getApplicationDocumentsDirectory()：获取应用文档目录。
- getExternalStorageDirectory()：获取外部存储目录。

其中，getExternalStorageDirectory()中的代码有平台类型的判断，代码如下。

```
Future<Directory> getExternalStorageDirectory() async {
```

```
if (Platform.isIOS)              //如果是 iOS 平台则抛出不支持的错误
  throw new UnsupportedError("Functionality not available on iOS");
final String path = await _channel.invokeMethod('getStorageDirectory');
if (path == null) {
  return null;
}
return new Directory(path);
}
```

由于 iOS 系统 iOS 不支持外部目录,如果在 iOS 平台下调用该方法会抛出 UnsupportedError 异常,使用时需要注意区分。

和原生平台使用文件方式保存数据的流程一样,使用文件方式保存数据时,需要先创建文件存储的目录,然后才能调用文件的读写方法执行文件保存操作。由于文件读写是非常耗时的,所以需要将读写操作放到异步任务中执行。另外,为了防止文件读取过程中出现异常,还需要使用 try-catch-finally 处理可能出现的异常。

为了便于对文件存储进行统一管理,还需要新建一个文件管理类,提供一些基本的文件读写方法,如下所示。

```
class FileHelper {
  //创建文件目录
  Future<File> get localFile async {
    final directory = await getApplicationDocumentsDirectory();
    final path = directory.path;
    File file = new File('$path/content.txt');
    if (!file.existsSync()) {
      file.createSync();
    }
    return file;
  }

  //将字符串写入文件
  Future<File> writeContent(String content) async {
    final file = await localFile;
    return file.writeAsString(content);
  }

  //从文件读出字符串
  Future<String> readContent() async {
    try {
      final file = await localFile;
      String contents = await file.readAsString();
      return contents;
    } catch (e) {
      return "";
    }
  }
}
```

在上面的代码中,声明了 3 个函数,分别用于创建文件目录、保存文件数据和读取文件数据。如果需要保存数据,只需要调用 writeContent()即可,如下所示。

```
FileHelper fHelper=FileHelper();
fHelper.writeContent("hello world");
```

调用 writeContent()后，Flutter 会将字符串内容存储到对应的文件目录中。如图 11-3 所示，是调用 writeContent()后 Android 模拟器的文件路径。

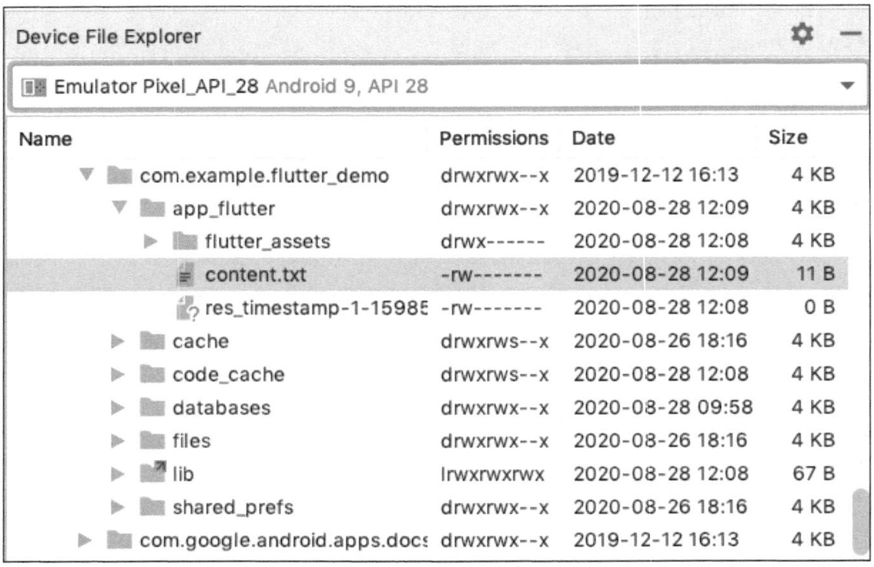

Device File Explorer				⚙ ―
🔳 Emulator Pixel_API_28 Android 9, API 28				▼
Name	Permissions	Date	Size	
▼ 📁 com.example.flutter_demo	drwxrwx--x	2019-12-12 16:13	4 KB	
▼ 📁 app_flutter	drwxrwx--x	2020-08-28 12:09	4 KB	
▶ 📁 flutter_assets	drwx------	2020-08-28 12:08	4 KB	
📄 content.txt	-rw-------	2020-08-28 12:09	11 B	
📄 res_timestamp-1-15985	-rw-------	2020-08-28 12:08	0 B	
▶ 📁 cache	drwxrws--x	2020-08-26 18:16	4 KB	
▶ 📁 code_cache	drwxrws--x	2020-08-28 12:08	4 KB	
▶ 📁 databases	drwxrwx--x	2020-08-28 09:58	4 KB	
▶ 📁 files	drwxrwx--x	2020-08-26 18:16	4 KB	
▶ 📁 lib	lrwxrwxrwx	2020-08-28 12:08	67 B	
▶ 📁 shared_prefs	drwxrwx--x	2020-08-26 18:16	4 KB	
▶ 📁 com.google.android.apps.docs	drwxrwx--x	2019-12-12 16:13	4 KB	

图 11-3 查看 Android 文件存储的路径

如果需要读取存储的数据，只需要调用 readContent()，如下所示。

```
FileHelper fHelper=FileHelper();
fHelper.readContent().then((value)=>print(value));
```

除了字符串等基本类型外，Flutter 的文件存储还支持二进制流，因此可以使用它来存储图片、音视频、压缩包等二进制文件。

第 12 章
混合开发

所谓混合开发，是指应用的整体框架以原生技术栈为基础，将 Flutter 以模块的方式嵌入原生平台，由原生开发者为 Flutter 运行时提供宿主容器以及其他基础支撑，而 Flutter 开发者只需要负责应用层业务开发及 App 内其他页面的渲染工作。

12.1　混合开发简介

使用 Flutter 从零开始开发应用是一件很轻松惬意的事情，但对于一些成熟的产品，完全摒弃原有 App 的"历史沉淀"，全面转向 Flutter 是不现实的。因此使用 Flutter 去统一原生 Android、iOS 应用的技术栈，把它作为已有原生应用的扩展模块，通过有序推进来提升移动应用的开发效率，是目前混合开发的最有效方式。

目前，想要在已有的原生应用中嵌入 Flutter 页面主要有两种方式：一种是将原生工程作为 Flutter 工程的子工程，由 Flutter 进行统一管理，这种模式被称为统一管理模式；另一种是将 Flutter 作为原生工程的子模块，将 Flutter 以模块的方式嵌入原生工程中维持原有的原生工程管理方式不变，这种模式被称为三端分离模式，如图 12-1 所示。

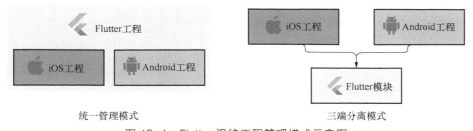

统一管理模式　　　　　　　　　　　　三端分离模式

图 12-1　Flutter 混编工程管理模式示意图

在 Flutter 框架出现早期，由于官方提供的混合开发的资料有限，国内较早使用 Flutter 进行混合开发的团队大多使用的是统一管理模式。随着业务迭代的深入，统一管理模式的弊端也随之显露，不仅三端（Android、iOS 和 Flutter）代码耦合严重，相关工具链耗时也大幅增长，最终导致开发效率相比原生开发反而降低了。所以，后续使用 Flutter 进行混合开发的团队大多使用三端分离模式来进行依赖治理，最终实现 Flutter 模块的轻量级接入。

使用三端分离模式进行 Flutter 混合开发的关键是抽离 Flutter 模块，然后将不同平台的构建产物依照标准组件化的形式进行管理，即 Android 使用 aar、iOS 使用 pod 进行依赖管理。Flutter

混合开发其实就是将 Flutter 模块打包成 aar 或者 pod 库，然后在原生工程中引入 Flutter 模块即可。使用三端分离模式接入 Flutter，可以大大降低原工程接入 Flutter 的成本。

12.2　集成 Flutter

12.2.1　Flutter 模块

默认情况下，新创建的 Flutter 项目会包含 Flutter 模块和原生工程的两个目录。在这种情况下，原生工程会依赖 Flutter 项目的库和资源，并且无法脱离 Flutter 项目独立构建和运行，此时原生工程是 Flutter 项目的一部分。

在混合开发中，原生工程对 Flutter 的依赖主要分为两部分：一个是 Flutter 项目运行所需的库和引擎，主要包含 Flutter 的 Framework 库和引擎库；另一个依赖是 Flutter 模块，即 Flutter 混合开发中的 Flutter 功能模块，主要包括 Flutter 模块 lib 目录下的 Dart 代码实现。

对于原生工程来说，集成 Flutter 只需要在同级目录创建一个 Flutter 模块，然后构建 iOS 和 Android 各自的 Flutter 依赖包即可。接下来，我们只需要在原生工程的同级目录下，执行 Flutter 提供的构建模块命令构建 Flutter 模块即可，如下所示。

```
flutter create -t module flutter_library
```

其中，flutter_library 为 Flutter 模块的名称。执行上面的命令后，会在原生工程的同级目录下生成一个 flutter_library 模块。Flutter 模块也是 Flutter 项目，因此它的文件目录线构和普通的和 Flutter 项目是一样的。使用 Android Studio 打开它，其目录结构如图 12-2 所示。

可以看到，Flutter 模块内嵌了 Android 工程和 iOS 工程，只不过默认情况下，Android 工程和 iOS 工程是隐藏的。因此，对于 Flutter 模块，也可以像普通 Flutter 项目一样使用 Android Studio 进行开发和调试。

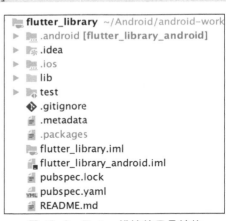

图 12-2　Flutter 模块的目录结构

同时，相比普通的 Flutter 项目，Flutter 模块的 Android 工程目录下多了一个 Flutter 目录，此目录下的 build.gradle 配置就是我们构建 aar 时的打包配置。同样，在 Flutter 模块的 iOS 工程目录下也会找到一个 Flutter 目录，这就是 Flutter 模块既能像 Flutter 项目一样使用 Android Studio 进行开发调试，又能打包构建 aar 或 pod 的原因。

12.2.2　Android 集成 Flutter

在原生 Android 工程中集成 Flutter 模块的过程中，原生 Android 工程对 Flutter 的依赖主要包括两部分，分别是 Flutter 库和引擎，以及 Flutter 模块的构建产物，具体如下。

- Flutter 库和引擎：包含 icudtl.dat、libFlutter.so 以及一些 .class 文件，最终这些文件都会被封装到 Flutter.jar 中。
- Flutter 模块构建产物：包括应用的数据段 isolate_snapshot_data、应用的指令段 isolate_snapshot_instr、虚拟机数据段 vm_snapshot_data、虚拟机指令段 vm_snapshot_instr，以及资源文件 flutter_assets 等。

在原生 Android 工程中引入 Flutter 模块需要先在原生 Android 工程的 settings.gradle 文件中添加如下代码。

```
setBinding(new Binding([gradle: this]))
evaluate(new File(
  settingsDir.parentFile,
  'flutter_library/.android/include_flutter.groovy'))
```

其中，flutter_library 表示先前创建的 Flutter 模块。然后，在原生 Android 工程的 app 目录的 build.gradle 文件中添加如下依赖。

```
android {
    … //省略其他依赖
compileOptions {
        sourceCompatibility JavaVersion.VERSION_1_8
        targetCompatibility JavaVersion.VERSION_1_8
    }
}

dependencies {
    implementation project(":flutter")
}
```

重新编译并运行原生 Android 工程，如果没有任何错误提示则说明成功集成 Flutter 模块。需要说明的是，由于 Flutter 支持的最低版本为 Android 4.1，所以需要将原生 Android 工程的 minSdkVersion 修改为 16。

如果在集成 Flutter 过程中出现类似"程序包 android.support.annotation 不存在"的错误提示，需要使用如下命令来创建 Flutter 模块。

```
flutter create --androidx -t module flutter_library
```

对于原生 Android 工程，如果还没有升级到 Androidx，可以在原生 Android 工程上点击鼠标右键，然后选择【Refactor】→【Migrate to Androidx】，将 Android 工程升级到 Androidx 版本。

在原生 Android 工程中成功添加 Flutter 模块依赖后，打开原生 Android 工程，并在应用的入口 MainActivity 文件中添加如下代码。

```
public class MainActivity extends AppCompatActivity {

    @Override
    protected void onCreate(Bundle savedInstanceState) {
        super.onCreate(savedInstanceState);
        View flutterView = Flutter.createView(this, getLifecycle(), "route1");
        FrameLayout.LayoutParams layoutParams = new FrameLayout.LayoutParams(ViewGroup.LayoutParams.MATCH_PARENT, ViewGroup.LayoutParams.MATCH_PARENT);
        addContentView(flutterView, layoutParams);
    }
}
```

　　通过 Flutter 提供的 createView()，可以将 Flutter 页面构建成 Android 能够识别的视图，然后将这个视图使用 Android 提供的 addContentView()添加到父窗口即可。重新运行原生 Android 工程，效果如图 12-3 所示。

图 12-3　原生 Android 工程集成 Flutter 模块

　　如果原生 Android 工程的 MainActivity 加载的是一个 FrameLayout，那么加载只需要将 Flutter 页面构建成一个 Fragment 即可，如下所示。

```
public class MainActivity extends AppCompatActivity {

    @Override
    protected void onCreate(Bundle savedInstanceState) {
        super.onCreate(savedInstanceState);
        setContentView(R.layout.activity_main);
        FragmentTransaction ft= getSupportFragmentManager().beginTransaction();
        ft.replace(R.id.fragment_container, Flutter.createFragment("Hello Flutter"));
        ft.commit();
    }
}
```

　　需要说明的是，最新版的 Flutter 对原生 Android 工程集成 Flutter 模块做了精简，使用时只需要使 Flutter 的入口文件 MainActivity 继承 FlutterActivity 即可，如下所示。

```
public class MainActivity extends FlutterActivity {

    @Override
    protected void onCreate(Bundle savedInstanceState) {
        super.onCreate(savedInstanceState);
    }
}
```

　　除了使用 Flutter 模块方式集成外，还可以将 Flutter 模块打包成一个 aar 文件，然后使用 aar 的方式集成 Flutter。首先，在 flutter_library 目录下执行 aar 打包构建命令即可抽取 Flutter 依赖，命令如下所示。

```
flutter build apk --debug
```

　　此命令的作用是将 Flutter 库和引擎以及工程产物编译成一个 aar 包，上面命令编译的 aar 包是 Debug 版本，如果需要构建 Release 版本，只需要把命令中的"debug"换成"release"即可。当然，也可以使用 Android Studio 提供的图形化界面来编译，依次选择【Build】→【Flutter】→【Build AAR】即可。

　　打包构建的 flutter-debug.aar 位于.android/Flutter/build/outputs/aar/目录，可以把它复制到原生 Android 工程的 app/libs 目录下，然后在原生 Android 工程的 app 目录的打包配置 build.gradle 中添加对它的依赖，如下所示。

```
dependencies {
    implementation(name: 'flutter-debug', ext: 'aar')
}
```

　　重新编译一下项目，如果没有任何错误提示，则说明 Flutter 模块被成功集成到原生 Android 工程中。

12.2.3　iOS 集成 Flutter

　　原生 iOS 工程对 Flutter 的依赖包含 Flutter 库和引擎，以及 Flutter 模块构建产物。其中，Flutter 库和引擎指的是 Flutter.framework 等，Flutter 模块构建产物指的是 App.framework 等。

　　在原生 iOS 工程中集成 Flutter 模块需要先配置好 CocoaPods。CocoaPods 是 iOS 的类库管理工具，用来管理第三方开源库。在原生 iOS 工程中执行 pod init 命令创建一个 Podfile 文件，然后在 Podfile 文件中添加 Flutter 模块依赖，如下所示。

```
flutter_application_path = '../flutter_ library/
load File.join(flutter_application_path, '.ios', 'Flutter', 'podhelper.rb')

target 'iOSDemo' do
  # Comment the next line if you don't want to use dynamic frameworks
  use_frameworks!
  install_all_flutter_pods(flutter_application_path)

  # Pods for iOSDemo
  … //省略其他脚本
end '
```

　　然后，关闭原生 iOS 工程，并在原生 iOS 工程的根目录执行 pod install 命令安装所需的依赖包。安装完成后，使用 Xcode 打开 iOSDemo.xcworkspace 原生工程。

　　默认情况下，Flutter 模块是不支持 Bitcode 的，Bitcode 是 iOS 编译程序的中间代码，在原生 iOS 工程中集成 Flutter 模块需要禁用 Bitcode。在 Xcode 中依次选择【TAGETS】→【Build Setttings】→【Build Options】→【Enable Bitcode】来禁用 Bitcode，如图 12-4 所示。

图 12-4　在原生 iOS 工程禁用 Bitcode

如果使用的是 Flutter 早期的版本，还需要添加 build phase 来支持 Dart 代码所需的环境。依次选择【TAGGETS】→【Build Settings】→【Enable Phases】，然后单击左上角的加号新建一个 "New Run Script Phase"，添加如下代码。

```
"$FLUTTER_ROOT/packages/flutter_tools/bin/xcode_backend.sh" build
"$FLUTTER_ROOT/packages/flutter_tools/bin/xcode_backend.sh" embed
```

重新运行原生 iOS 工程，如果没有任何错误则说明原生 iOS 工程成功集成 Flutter 模块。

除了使用 Flutter 模块方式外，还可以将 Flutter 模块打包成可以依赖的动态库，然后使用 CocoaPods 方式添加动态库。首先，在 flutter_library 目录下执行打包构建命令生成 framework 动态库，命令如下所示。

```
flutter build ios --debug
```

如果要生成 Release 版本，只需要把命令中的 "debug" 换成 "release"。

然后，在原生 iOS 工程的根目录下创建一个名为 FlutterEngine 的目录，并把生成的两个 .framework 动态库文件放进去。不过，iOS 生成模块编译产物要比 Android 多一个步骤，因为需要把 Flutter 模块编译的库手动封装成一个 pod 库。首先，在 flutter_ library 目录下创建 FlutterEngine.podspec 文件，然后添加如下代码。

```
Pod::Spec.new do |s|
  s.name              = 'FlutterEngine'
  s.version           = '0.1.0'
  s.summary           = 'FlutterEngine'
  s.description       = <<-DESC
TODO: Add long description of the pod here.
                        DESC
  s.homepage          = 'https://github.com/xx/FlutterEngine'
  s.license           = { :type => 'MIT', :file => 'LICENSE' }
  s.author            = { 'xzh' => '1044817967@qq.com' }
  s.source         = { :git => "", :tag => "#{s.version}" }
  s.ios.deployment_target = '9.0'
  s.ios.vendored_frameworks = 'App.framework', 'Flutter.framework'
end
```

执行 pod lib lint 命令即可拉取 Flutter 模块所需的组件。接下来，在原生 iOS 工程的 Podfile 文件添加生成的库即可，如下所示。

```
target 'iOSDemo' do
    pod 'FlutterEngine', :path => './'
end
```

重新执行 pod install 命令安装依赖包，原生 iOS 工程集成 Flutter 模块就完成了。接下来，使用 Xcode 打开 ViewController.m 文件，添加如下代码。

```
#import "ViewController.h"
```

```
#import <Flutter/Flutter.h>
#import <FlutterPluginRegistrant/GeneratedPluginRegistrant.h>

@interface ViewController ()

@end

@implementation ViewController

- (void)viewDidLoad {
    [super viewDidLoad];
    UIButton *button = [[UIButton alloc]init];
    [button setTitle:@"加载 Flutter 模块" forState:UIControlStateNormal];
    button.backgroundColor=[UIColor redColor];
    button.frame = CGRectMake(50, 50, 200, 100);
    [button setTitleColor:[UIColor redColor] forState:UIControlStateHighlighted];
    [button addTarget:self action:@selector(buttonPrint) forControlEvents:
UIControlEventTouchUpInside];
    [self.view addSubview:button];
}

- (void)buttonPrint{
    FlutterViewController * flutterVC = [[FlutterViewController alloc]init];
    [flutterVC setInitialRoute:@"defaultRoute"];
    [self presentViewController:flutterVC animated:true completion:nil];
}

@end
```

在上面的代码中,我们在原生 Android 工程中创建了一个按钮,当单击按钮时就会跳转到 Flutter 页面,运行效果如图 12-5 所示。

默认情况下,调用 Flutter 页面有两种方式,分别是 FlutterViewController 和 FlutterEngine。对于 FlutterViewController,打开 ViewController.m 文件,在里面添加一个加载 Flutter 页面的方法并且添加一个按钮即可。

图 12-5　原生 iOS 工程集成 Flutter 模块

12.2.4　Flutter 模块调试

Flutter 的优势之一就是开发人员可以使用热重载功能来实现快速调试。默认情况下,在原生工程中集成 Flutter 模块后热重载功能是失效的,需要重新运行原生工程才能看到效果。如此一来,Flutter 开发的热重载优势就失去了,并且开发效率也随之降低。

那么,能不能在混合工程中开启 Flutter 的热重载呢? 答案是可以的,只需要经过如下步骤即可。首先,关闭应用的进程,在 Flutter 模块的根目录中输入 flutter attach 命令,再次打开原生应用，就会看到连接成功的提示，如图 12-6 所示。

```
xiangzhihong8:flutter_library xiangzhihong$ flutter attach
Waiting for a connection from Flutter on Android SDK built for x86...
Syncing files to device Android SDK built for x86...
 5,706ms (!)
Flutter is taking longer than expected to report its views. Still trying.
..
```

图 12-6　混合开发开启热重载命令

如果同时连接了多台设备，可以使用 flutter attach −d 命令指定连接的设备，如下所示。

```
flutter attach -d '设备 id'
```

重新启动应用程序，就可以看到连接成功的日志信息。除了−d 命令外，Flutter 还提供了很多其他有用的命令。例如，在命令行中输入 r 键执行热重载，输入 R 键执行热重启，输入 d 键断开连接，输入 q 键退出应用。

在 Flutter 模块中，我们可以直接单击【Debug】按钮来调试代码，但在混合工程中，直接点击【Debug】按钮是不起作用的。此时，可以使用 Android Studio 提供的【Flutter Attach】按钮来建立与 Flutter 模块的连接，然后对 Flutter 模块的代码进行调试，如图 12-7 所示。

图 12-7　混合工程调试 Dart 代码

12.3　Flutter 与原生通信

12.3.1　Flutter 通信机制

在混合工程中，我们把 Flutter 模块作为原生工程的一个组件进行依赖，然后以组件化的方式管理不同平台的 Flutter 模块构建产物，即 Android 使用 aar，iOS 使用 pod 进行依赖管理。同时，在混合工程中原生 Android 工程通过 FlutterView，原生 iOS 工程通过 FlutterViewController 作为 Flutter 搭建应用入口，实现 Flutter 模块与原生工程的混合开发。

Flutter 与原生平台的通信是依靠平台通道 Channel 实现。首先，Flutter 通过平台通道将消息发送到应用所在的宿主环境，宿主环境通过监听平台通道接收消息，然后调用平台的 API 响应 Flutter 发送的消息，其工作原理如图 12-8 所示。

可以看出，Flutter 与原生平台的通信是双向绑定的，即可以相互发送消息，并且通信过程也是异步的。目前，Flutter 支持 3 种不同类型的通道，分别是 BasicMessageChannel、MethodChannel 和 EventChannel。

- BasicMessageChannel：用于传递字符串和半结构化的信息，并且通信是持续的，收到消息后可以回复此次消息。

- MethodChannel：即方法通道，用于 Flutter 调用原生平台的方法，仅支持一次性通信，如 Flutter 调用原生平台的拍照。
- EventChannel：用于数据流的持续通信，收到消息后无法回复此次消息，通常用于原生平台主动向 Flutter 发送消息，如网络状态变化、传感器数据改变等。

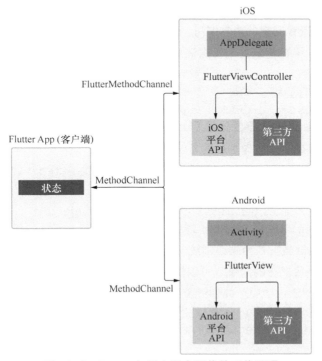

图 12-8　Flutter 与原生平台通信的工作原理

12.3.2　BasicMessageChannel

BasicMessageChannel 是 Flutter 提供的消息通道，主要用于传递字符串和半结构化的信息。BasicMessageChannel 对应 Android 平台的构造函数如下所示。

```
BasicMessageChannel(BinaryMessenger messenger, String name, MessageCodec<T> codec)
```

BasicMessageChannel()有 3 个参数，含义如下。

- messenger：消息载体，是消息发送和接收的工具。
- name：消息通道的唯一标识，是原生平台和 Flutter 传递消息的依据。
- codec：消息编解码器，需要与 Flutter 端的编解码统一。

其中，参数 codec 的作用是在消息发送前加密，在接收到消息后解密，传递的数据都是二进制格式的。codec 支持 4 种基本类型，分别是 BinaryCodec、StringCodec、JSONMessageCodec 和 StandardMessageCodec，默认是 StandardMessageCodec。

如果需要接收来自 Flutter 端发送的消息，可以使用 setMessageHandler()，如下所示。

```
void setMessageHandler(BasicMessageChannel.MessageHandler<T> handler)
```

参数 handler 是一个消息处理器，主要用于配合 BinaryMessenger 完成对消息的处理。它是一个接口，具体的实现在 onMessage()中，如下所示。

```
public interface MessageHandler<T> {
    void onMessage(T message, BasicMessageChannel.Reply<T> reply);
}
```

参数 message 即为 Flutter 端发送的数据内容，reply 则是用于处理回复消息的回调函数，处理时使用 reply.reply()设置回复的内容即可。

如果原生 Android 平台需要主动发送消息给 Flutter，则使用 send()，send()有两种重载方法，如下所示。

```
void send(T message)
void send(T message, BasicMessageChannel.Reply<T> callback)
```

其中，参数 message 即为要发送给 Flutter 的数据内容，callback 则是接收 Flutter 收到消息后的回复信息，可以根据需要选择重载的方法。

上面是使用 BasicMessageChannel 跨端数据传递时原生 Android 端所涉及的方法，接下来是 Flutter 端 BasicMessageChannel 的构造方法，如下所示。

```
const BasicMessageChannel(this.name, this.codec);
```

参数 name、codec 与原生 Android 端的构造方法参数是一样的。需要说明的是，在进行消息传递时，消息编解码器类型在两端必须统一，否则消息传递会失败。

如果要接收原生平台发送的消息，可以使用 setMessageHandler()，如下所示。

```
void setMessageHandler(Future<T> handler(T message))
```

参数 handler 为消息处理器，使用时需要配合 BinaryMessenger 来完成对消息的处理。如果要向原生端发送消息，使用 Flutter 提供的 send()即可，如下所示。

```
Future<T> send(T message)
```

参数 message 即为要发送的数据内容，Future<T>为发送消息后等待原生平台回复的回调函数。

使用 BasicMessageChannel，我们可以在原生 Android 工程与 Flutter 模块之间传递一些字符串和半结构化的信息，实现原生 Android 工程与 Flutter 模块之间的数据交互。下面是原生 Android 与 Flutter 模块进行数据交互时，Android 端的部分代码。

```
BasicMessageChannel<String> bmc = new BasicMessageChannel<>(flutterView,
" bmc",StringCodec.INSTANCE);

//接收消息
bmc.setMessageHandler((message, reply) -> {
    mTvDart.setText(message);
    reply.reply("成功接收 Flutter 数据");
});

//发送消息
bmc.send(message, reply -> mTvDart.setText(reply));
```

在 Flutter 模块中添加用于接收或者发送消息的代码，如下所示。

```
static const BasicMessageChannel<String> bmc =BasicMessageChannel("bmc",
StringCodec());

//接收消息
```

```
void handleBasicMessageChannel()
{bmc.setMessageHandler((String message) => Future<String>(() {
    setState(() {
        showMessage = message;
    });
    return "收到 Native 的消息: 接收成功";
}));
}


//发送消息
response = await _basicMessageChannel.send(_controller.text);
    setState(() {
        showMessage = response;
    });
```

运行原生 Android 工程并相互发送消息，效果如图 12-9 所示。

图 12-9　BasicMessageChannel 通信应用示例

12.3.3　MethodChannel

在混合开发中，MethodChannel 主要用于处理 Flutter 模块调用原生平台的方法，如使用它来调用原生平台的拍照功能。其中，原生 Android 平台的 MethodChannel()构造函数如下所示。

```
MethodChannel(BinaryMessenger messenger, String name)
MethodChannel(BinaryMessenger messenger, String name, MethodCodec codec)
```

因此，我们可以使用构造函数来创建 MethodChannel 对象，默认的构造函数使用的是 StandardMethodCodec.INSTANCE 类型。参数 MethodCodec 支持两种类型，即 JSONMethod Codec 和 StandardMethodCodec。如果需要在原生 Android 端接收 Flutter 端发送过来的消息，可以使用 setMethodCallHandler()，如下所示。

```
setMethodCallHandler(@Nullable MethodChannel.MethodCallHandler handler)
```

MethodCallHandler 是一个接口类型，回调方法如下所示。

```
public interface MethodCallHandler {
    void onMethodCall(MethodCall call, MethodChannel.Result result);
}
```

其中，参数 call 有两个成员变量，字符串类型的 call.method 表示调用的方法名，对象类型的 call.arguments 表示调用方法需要传递的参数。result 表示原生 Android 端回复此消息的回调函数。

使用 MethodChannel 方式进行跨端通信时，如果需要原生 Android 端主动向 Flutter 端发送消息，可以调用 invokeMethod()，如下所示。

```
invokeMethod(@NonNull String method, @Nullable Object arguments)
invokeMethod(String method, @Nullable Object arguments, Result callback)
```

其中，第二个方法会比第一个方法多一个回调函数，它用来处理 Flutter 端收到消息后的回复信息。

上面是使用 MethodChannel 跨端数据传递时原生 Android 端所涉及的方法，下面是 MethodChannel 在 Flutter 端的构造方法。

```
const MethodChannel(this.name, [this.codec = const StandardMethodCodec()])
```

其中，MethodChannel()构造函数默认使用 StandardMethodCodec 编解码器。如果 Flutter 要调用原生端的方法，可以使用 setMethodCallHandler()接收来自原生端的方法调用，如下所示。

```
void setMethodCallHandler(Future<dynamic> handler(MethodCall call))
```

当然，也可以使用 invokeMethod()调用原生端的方法，如下所示。

```
void setMethodCallHandler(Future<dynamic> handler(MethodCall call))
```

MethodChannel 主要用于处理 Flutter 模块调用原生平台的方法，如使用它在 Flutter 模块中调用原生平台的功能以及获取手机电量。下面是在 Flutter 模块中获取手机电量的示例。

```
MethodChannel mc = new MethodChannel(flutterView, "MethodChannelPlugin");

mBtnTitle.setOnClickListener(new View.OnClickListener() {
    @Override
    public void onClick(View v) {
        mc.invokeMethod("getPlatform", null, new MethodChannel.Result() {
            @Override
            public void success(@Nullable Object result) {
                mTvDart.setText(result.toString());
            }

            @Override
            public void error(String errorCode, @Nullable String errorMessage,
@Nullable Object errorDetails) {
                mTvDart.setText(errorCode + "==" + errorMessage);
            }

            @Override
            public void notImplemented() {
                mTvDart.setText("未实现 getPlatform 方法");
            }
        });
```

```
        }
    });

    //接收 Flutter 调用
    mc.setMethodCallHandler((call, result) -> {
        switch (call.method) {
            case "getBatteryLevel":
                int batteryLevel = getBatteryLevel();
                if (batteryLevel != -1) {
                    result.success("电量为: " + batteryLevel);
                }
                break;
            default:
                result.notImplemented();
                break;
        }
    });
```

在 Flutter 模块中添加调用原生 Android 工程的方法用于获取手机的电量，如下所示。

```
    //接收消息
    void handleMethodChannelReceive() {
        Future<dynamic> platformCallHandler(MethodCall call) async {
            switch (call.method) {
                case "getPlatform":
                    return getPlatformName();
                    break;
            }
        }
        _methodChannel.setMethodCallHandler(platformCallHandler);
    }

    //发送消息
    void handleMethodChannelSend() async {
        try {
            response = await _methodChannel.invokeMethod("getBatteryLevel");
            print(response);
            setState(() {
                showMessage = response;
            });
        } catch (e) {
            setState(() {
                showMessage = e.message;
            });
        }
    }
```

在上面的示例中，Flutter 通过调用 MethodChannel 提供的 invokeMethod()获取原生平台的电量信息，原生 Android 工程通过 setMethodCallHandler()接收 Flutter 模块的调用，并将电量信息返回给 Flutter 模块。运行原生 Android 工程，效果如图 12-10 所示。

图 12-10   MethodChannel 通信应用示例

12.3.4   EventChannel

在混合开发中，EventChannel 主要用于数据流的持续通信，收到消息后无法立即回复本次通信消息，通常用在原生平台主动向 Flutter 模块发送消息的场景。

事实上，EventChannel 的内部就是通过 MethodChannel 来完成的，所以它们的使用方式也大体相同。原生 Android 端的 EventChannel()构造函数如下所示。

```
EventChannel(BinaryMessenger messenger, String name)
EventChannel(BinaryMessenger messenger, String name, MethodCodec codec)
```

可以使用构造函数来创建 EventChannel 对象。默认情况下，EventChannel 的参数 codec 使用的是 StandardMethodCodec。

原生 Android 端可以通过 setStreamHandler()来监听 Flutter 端发送的消息，如下所示。

```
void setStreamHandler(EventChannel.StreamHandler handler)
```

其中，handler 是一个接口，定义如下所示。

```
public interface StreamHandler {
    void onListen(Object args, EventChannel.EventSink eventSink);
    void onCancel(Object o);
}
```

其中，args 为 Flutter 端初始化监听的参数，eventSink 设置了 3 个回调函数，分别是 success()、error()和 endofStream()，分别对应 Flutter 模块的 ondata()、error()和 onDone()。

上面是使用 EventChannel 跨端数据传递时原生 Android 端所涉及的方法，而 EventChannel 在 Flutter 端的构造方法如下所示。

```
const EventChannel(this.name, [this.codec = const StandardMethodCodec()]);
```

可以使用 EventChannel 初始化一个 channel 对象，如果需要从原生端接收数据，只需要使用 receiveBroadcastStream()即可，如下所示。

```
Stream<dynamic> receiveBroadcastStream([ dynamic arguments ])
```
下面是在原生 Android 端获取手机联网状态信息，然后主动发送到 Flutter 模块进行展示的示例，原生 Android 端的代码如下所示。

```java
EventChannel ec= new EventChannel(flutterView, "EventChannelPlugin");
ec.setStreamHandler(new EventChannel.StreamHandler() {
    @Override
    public void onListen(Object arguments, EventChannel.EventSink events) {
        events.success("网络状态: "  + getNetWorkType ());
    }

    @Override
    public void onCancel(Object arguments) {
    }
});

//获取网络连接状态
public String getNetWorkType() {
        String netType = "";
        ConnectivityManager connMgr = (ConnectivityManager)getSystemService
(Context.CONNECTIVITY_SERVICE);
        NetworkInfo networkInfo = connMgr.getActiveNetworkInfo();
        if (networkInfo == null) {
            return "No NetWork";
        }
        int nType = networkInfo.getType();
        if (nType == ConnectivityManager.TYPE_WIFI) {
            netType = "Wifi";
        } else if (nType == ConnectivityManager.TYPE_MOBILE) {
            int nSubType = networkInfo.getSubtype();
            TelephonyManager mTelephony = (TelephonyManager)getSystemService
(Context.TELEPHONY_SERVICE);
            if (nSubType == TelephonyManager.NETWORK_TYPE_UMTS
                    && !mTelephony.isNetworkRoaming()) {
                netType = "3G";
            } else {
                netType = "2G";
            }
        }
        return netType;
    }
```
在 Flutter 模块中调用 receiveBroadcastStream()接收原生 Android 端发送的消息，代码如下所示。

```dart
static const EventChannel eventChannel = EventChannel("EventChannelPlugin");

//接收消息
void handleEventChannelReceive() {
streamSubscription = _eventChannel
    .receiveBroadcastStream()
    .listen(_onData, onError: _onError, onDone: _onDone);
}
```

```
void _onDone() {
setState(() {
  showMessage = "endOfStream";
  });
}

_onError(error) {
setState(() {
  PlatformException platformException = error;
  showMessage = platformException.message;
  });
}

void _onData(message) {
setState(() {
  showMessage = message;
});
}
```

Flutter 端可以使用 listen()监听原生 Android 端传递的数据。不过需要注意的是,当原生 Android 端调用 events.error()时,Flutter 端的 onError()回调函数需要将 error 转换为 PlatformException 才能获取异常信息。运行上面的代码, 效果如图 12-11 所示。

图 12-11　EventChannel 通信应用示例

可以发现, 在 Flutter 混合开发中, Flutter 模块与原生 Android 工程之间的通信的步骤相同。首先, 都需要创建一个通道对象, 然后调用通道对象提供的方法执行数据传递, 消息的接收方则通过主动获取和被动监听方式获取数据。

12.4 混合路由管理

12.4.1 混合导航栈

对于混合开发的应用,原生代码和 Flutter 代码是共存的,只需要将应用的部分模块使用 Flutter 进行开发,其他的模块则继续使用原生开发。因此,在混合开发的应用中除了 Flutter 模块的页面外,还会存在很多原生 Android、iOS 页面。对于混合开发应用中同时存在原生页面和 Flutter 页面的情况,首先需要考虑的就是 Flutter 页面和原生页面的跳转,以及混合导航栈的管理问题。

混合导航栈指的是在混合开发中原生页面和 Flutter 页面相互掺杂,存在于用户视角的页面导航栈视图,如图 12-12 所示。在混合开发的应用中,原生 Android、iOS 与 Flutter 各自依照一套互不相同的页面映射机制。原生平台采用的是单容器、单页面的机制,即一个 ViewController 或 Activity 对应一个原生页面;而 Flutter 采用单容器、多页面的机制,即一个 ViewController 或 Activity 对应多个 Flutter 页面。Flutter 在原生的导航栈之上又自建了一套 Flutter 导航栈,这使得原生页面与 Flutter 页面之间进行页面跳转时,需要处理跨引擎的页面跳转问题。

12.4.2 原生页面跳转至 Flutter 页面

对于混合开发的应用,从原生页面跳转至 Flutter 页面是比较容易的,因为 Flutter 页面本身依托于原生页面提供的容器,即 Android 使用的是 Activity 中的 FlutterView,iOS 则使用的是 FlutterViewController。所以,对于混合开发的应用来说,只需要初始化一个 Flutter 容器,在为其设置初始路由页面之后,就可以实现原生页面到 Flutter 页面的跳转。

对于 iOS+Flutter 混合工程,可以先初始化一个 FlutterViewController 实例,然后设置初始化页面路由,将其加入原生 iOS 的视图导航栈中即可完成跳转,如下所示。

```
FlutterViewController *vc = [[FlutterViewController alloc] init];
[vc setInitialRoute:@"defaultPage"];
[self.navigationController pushViewController:vc animated:YES];
```

对于原生 Androidt+Flutter 混合的工程,则需要多加一步。因为 Flutter 页面的入口并不是原生视图导航栈的最小单位 Activity,而是一个 FlutterView,所以需要把这个 View 包装到 Activity 的 contentView 中,才能实现跳转。在 Activity 内部设置页面初始化路由之后,在外部就可以采用打开一个普通的原生视图的方式来打开 Flutter 页面了,如下所示。

```
public class FlutterModuleActivity extends AppCompatActivity {
  protected void onCreate(Bundle savedInstanceState) {
    super.onCreate(savedInstanceState);
    View FlutterView = Flutter.createView(this, getLifecycle(), "defaultRoute");
    setContentView(FlutterView);
  }
}
```

使用 intent 方式即可完成页面的跳转,如下所示。

```
Intent intent = new Intent(MainActivity.this, FlutterModuleActivity.class);
startActivity(intent);
```
运行上面的代码，效果如图 12-12 所示。

图 12-12　原生页面跳转至 Flutter 页面应用示例

12.4.3　Flutter 页面跳转至原生页面

　　相比原生页面跳转至 Flutter 页面，从 Flutter 页面跳转至原生页面则会相对麻烦些。因为我们需要考虑以下两种场景，即从 Flutter 页面打开新的原生页面和从 Flutter 页面回退到旧的原生页面。

　　因为 Flutter 并没有提供直接操作原生页面的方法，所以不能通过直接调用原生平台的方法实现页面的跳转。不过我们可以使用 Flutter 提供的方法通道来间接实现，即打开原生页面使用的是 openNativePage()，需要关闭 Flutter 页面时则调用 closeFlutterPage()。

　　具体来说，在 Flutter 和原生平台两端各自初始化方法通道，提供 Flutter 操作原生页面的方法，并在原生页面的实现代码中注册方法通道，当原生端收到 Flutter 的方法调用时就可以打开新的原生页面。

　　在混合开发的应用中，FlutterView 与 FlutterViewController 是 Flutter 模块的入口，也是 Flutter 模块初始化的地方。可以看到，在混合开发的应用中接入 Flutter 与开发一个纯 Flutter 应用在运行机制上并无任何区别，因为对于混合工程，原生工程只不过是为 Flutter 提供了一个容器而已，即 Android 使用的是 FlutterView，iOS 使用的是 FlutterViewController。接下来，Flutter 模块就可以使用自己的导航栈来管理 Flutter 页面，并且可以实现多个复杂页面的渲染和切换。

　　因为 Flutter 容器本身属于原生导航栈的一部分，所以当 Flutter 容器内的根页面需要返回时，开发者需要手动处理 Flutter 容器的关闭问题，从而实现 Flutter 根页面的关闭。由于 Flutter 并没有提供操作 Flutter 容器的方法，因此，依然需要借助方法通道的方式来实现，即在原生代码中为

Flutter 提供关闭 Flutter 容器的方法，然后在页面返回时调用该方法关闭 Flutter 页面。图 12-13 所示为 Flutter 页面跳转至原生页面。

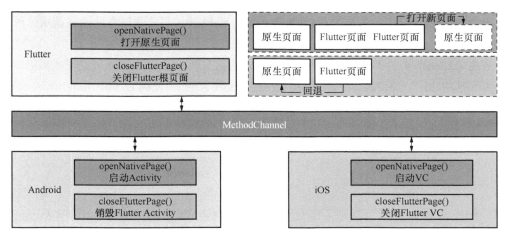

图 12-13　Flutter 页面跳转至原生页面

使用方法通道实现 Flutter 页面至原生页面的跳转，注册方法通道最合适的地方是 Flutter 应用的入口，即在 iOS 的 FlutterViewController 和 Android 的 FlutterView 初始化 Flutter 页面之前。因此，在混合开发的应用中，需要分别继承 iOS 的 FlutterViewController 和 Android 的 AppCompatActivity，然后在 iOS 的 viewDidLoad()和 Android 的 onCreate()中初始化 Flutter 容器时，注册 openNativePage()和 closeFlutterPage()。

下面是使用方法通道实现 Flutter 页面跳转至原生页面时原生 Android 端的代码。

```
public class FlutterModuleActivity extends AppCompatActivity {
    @Override
    protected void onCreate(@Nullable Bundle savedInstanceState) {
        super.onCreate(savedInstanceState);
        //初始化 Flutter 容器
        FlutterView fv = Flutter.createView(this, getLifecycle(), "default
Page");
        //注册方法通道
        new MethodChannel(fv, "com.xzh/navigation").setMethodCallHandler(
            new MethodChannel.MethodCallHandler() {
                @Override
                public void onMethodCall(MethodCall call, Result result) {
                if (call.method.equals("openNativePage")) {
                    Intent intent = new Intent(this, AndroidNativeActivity.class);
                    tartActivity(intent);
                    result.success(0);
                } else if (call.method.equals("closeFlutterPage")) {
                    finish();
                    result.success(0);
            } else {
                result.notImplemented();
                }
            }
        });
    setContentView(fv);
```

```
        }
    }
```

在上面的代码中，首先使用 FlutterView 初始化一个 Flutter 容器，然后在原生页面的实现代码中注册 openNativePage()和 closeFlutterPage()。当 Flutter 页面通过方法通道调用这两个方法时即可打开原生页面。

与原生 Android 端的实现原理一样，使用方法通道实现 Flutter 页面跳转至原生页面，也需要在原生 iOS 端中注册 openNativePage()和 closeFlutterPage()，代码如下。

```objc
@interface FlutterHomeViewController : FlutterViewController
@end

@implementation FlutterHomeViewController
- (void)viewDidLoad {
    [super viewDidLoad];
    //声明方法通道
    FlutterMethodChannel* channel = [FlutterMethodChannel methodChannelWithName:@"com.xzh/navigation" binaryMessenger:self];
    [channel setMethodCallHandler:^(FlutterMethodCall* call, FlutterResult result) {
        if([call.method isEqualToString:@"openNativePage"]) {
            //打开一个新的原生页面
            iOSNativeViewController *vc = [[iOSNativeViewController alloc] init];
            [self.navigationController pushViewController:vc animated:YES];
            result(@0);
        }else if([call.method isEqualToString:@"closeFlutterPage"]) {
            //关闭 Flutter 页面
            [self.navigationController popViewControllerAnimated:YES];
            result(@0);
        }else {
            result(FlutterMethodNotImplemented);
        }
    }];
}
@end
```

完成上面的方法注册后，接下来就可以在 Flutter 中使用 openNativePage()跳转原生页面了，如下所示。

```dart
void main() => runApp(MyApp());
//获取方法通道
const platform = MethodChannel('com.xzh/navigation');

class MyApp extends StatelessWidget {
  @override
  Widget build(BuildContext context) {
    return MaterialApp(
        home: Scaffold(
          body: Center(
            child: Container(
              height: 50.0,
              child: RaisedButton(
                child: Text('Jump To Native'),
```

```
                onPressed: () {
                    //跳转到原生页面
                    platform.invokeMethod('openNativePage');
                }),
            ),
        ),
    ));
    }
}
```

在上面的代码中，首先使用 Flutter 提供的 MethodChannel 获取方法通道，然后调用通道的 invokeMethod()跳转至原生页面。运行上面的代码，效果如图 12-14 所示。

同时，Flutter 并未提供返回原生页面的方法，因此返回原生页面时也需要利用方法通道来实现。如果要关闭 Flutter 容器，只需要调用 closeFlutterPage()。

```
platform.invokeMethod(' closeFlutterPage ');
```

可以发现，相比原生页面跳转至 Flutter 页面，Flutter 页面跳转至原生页面是比较烦琐的，对应的混合导航栈的运作流程如图 12-15 所示。

图 12-14　Flutter 页面跳转至原生页面应用示例

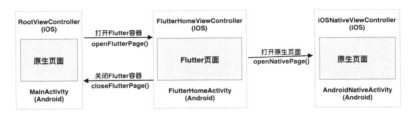

图 12-15　混合导航栈的运作流程

在以原生模块为主的混合工程中，RootViewController 和 MainActivity 分别是 iOS 和 Android 的原生页面入口，我们可以在里面初始化为 Flutter 容器，为 Flutter 模块提供入口。在 Flutter 页面跳转至原生页面的场景中，由于涉及跨引擎的页面路由，因此需要使用方法通道来注册并跳转至原生页面，此种方法正是利用了 Flutter 与原生平台的通信原理实现的。

12.5 FlutterBoost

Flutter 是一个由 C++实现的 Flutter Engine 和由 Dart 实现的 Framework 组成的跨平台技术框架。其中，Flutter Engine 负责线程管理、Dart VM 状态管理以及 Dart 代码加载等工作；而 Dart 实现的 Framework 则负责上层业务开发，如 Flutter 提供的组件等概念就是 Framework 的范畴。

使用纯Flutter开发的应用是很少的，更多的时候是将Flutter作为一个模块集成到原生工程中。原生和 Flutter 混合开发的应用由于涉及原生页面与 Flutter 页面之间的跳转和通信，因此混合工程的导航栈内会有多个 Flutter 容器同时存在的情况，此时会存在多个 Flutter 实例，此现象也被称为多引擎模式。由于每启动一个 Flutter 实例就会创建一个新的渲染进程，而这些实例之间的内存又不是共享的，因此会带来较大的系统资源消耗。

目前，对于混合开发中出现的多引擎模式问题，主要有两种解决方案：一种是修改 Flutter Engine 源代码，另一种是 FlutterBoost。

FlutterBoost 是一个可复用页面的插件，旨在把 Flutter 容器做成类似于浏览器的加载方案。

12.5.1 FlutterBoost 集成

和其他 Flutter 插件的集成方式一样，使用 FlutterBoost 之前需要先添加依赖。使用 Android Studio 打开原生混合 Flutter 项目，在 pubspec.yaml 中添加 FlutterBoost 依赖插件，如下所示。

```
flutter_boost:
    git:
        url: 'flutter_boost.git'
        ref: 'v1.12.13-hotfixes'
```

需要说明的是，此处所依赖的 FlutterBoost 的版本与 Flutter 的版本是对应的，如果不对应则会出现版本不匹配的错误。然后，使用 flutter packages get 命令将 FlutterBoost 插件拉取到本地。

使用 Android Studio 打开新建的原生 Android 工程，在 settings.gradle 文件中添加如下代码。

```
setBinding(new Binding([gradle: this]))
evaluate(new File(
  settingsDir.parentFile,
  'flutter_library/.android/include_flutter.groovy'))
```

打开原生 Android 工程 app 目录下的 build.gradle 文件，添加如下依赖代码。

```
dependencies {
    implementation project(':flutter_boost')
    implementation project(':flutter')
}
```

重新编译构建原生 Android 工程，如果没有任何错误则说明 Android 成功集成 FlutterBoost。接下来，打开原生 Android 工程，新建一个继承 FlutterApplication 的 Application，在 onCreate() 中初始化 FlutterBoost，如下所示。

```
public class MyApplication extends FlutterApplication {
```

```
    @Override
    public void onCreate() {
        super.onCreate();
        INativeRouter router =new INativeRouter() {
            @Override
            public void openContainer(Context context, String url, Map<Str
ing, Object> urlParams, int requestCode, Map<String, Object> exts) {
                String  assembleUrl= Utils.assembleUrl(url,urlParams);
                PageRouter.openPageByUrl(context,assembleUrl, urlParams);
            }
        };

        BoostPluginsRegister pluginsRegister= new BoostPluginsRegister(){

            @Override
            public void registerPlugins(PluginRegistry mRegistry) {
                GeneratedPluginRegistrant.registerWith(mRegistry);
            }
        };

        Platform platform= new FlutterBoost
                .ConfigBuilder(this,router)
                .isDebug(true)
                .whenEngineStart(FlutterBoost.ConfigBuilder.ANY_ACTIVITY_
CREATED)
                .renderMode(FlutterView.RenderMode.texture)
                .pluginsRegister(pluginsRegister)
                .build();
        FlutterBoost.instance().init(platform);
    }
}
```

打开原生 Android 工程下的 AndroidManifest.xml 文件，将 Application 替换成自定义的
MyApplication。同时，官方采用 PageRouter 统一管理 Flutter 的调用入口，因此我们可以通过
PageRouter 工具类统一管理页面跳转、参数传递等自定义操作，如下所示。

```
public class PageRouter {
    public static final String FLUTTER_PAGE_MAIN = "sample://secondPage";

    public static bool openPageByUrl(Context context, String url, Map params) {
        return openPageByUrl(context, url, params, 0);
    }

    public static bool openPageByUrl(Context context, String url, Map params,
int requestCode) {
        try {
            Intent intent = new Intent(context, FlutterPageActivity.class);
            intent.putExtra("url", url);
            context.startActivity(intent);
            return true;
        } catch (Throwable t) {
            return false;
```

```
            }
        }
    }
```

FlutterPageActivity 就是 Flutter 在原生 Android 端的页面容器，可以在这个页面处理一些与 Flutter 页面的交互和参数传递，如下所示。

```
public class FlutterPageActivity extends BoostFlutterActivity {

    @Override
    public String getContainerUrl() {
        String containerUrl = getIntent().getExtras().getString("url");
        if(TextUtils.isEmpty(containerUrl)){
            return "sample://secondPage";
        }else {
            return containerUrl;
        }
    }

    @Override
    public Map getContainerUrlParams() {
        Map<String,String> params = new HashMap<>();
        return params;
    }
}
```

当需要跳转到 Flutter 页面时，在原生 Android 工程中使用 PageRouter 打开页面即可，如下所示。

```
PageRouter.openPageByUrl(this, PageRouter.FLUTTER_PAGE_MAIN, new HashMap());
```

完成上述原生 Android 端的开发后，使用 Android Studio 打开 Flutter 模块，然后在 main.dart 中添加如下代码。

```
import 'package:flutter/material.dart';
import 'package:flutter_boost/flutter_boost.dart';
import 'package:flutter_library/first_page.dart';
import 'package:flutter_library/second_page.dart';

void main() => runApp(MyApp());

class MyApp extends StatefulWidget {
  @override
  MyAppState createState() => MyAppState();
}

class MyAppState extends State<MyApp> {
  @override
  void initState() {
    super.initState();
    FlutterBoost.singleton.registerPageBuilders({
      'sample://firstPage': (pageName, params, _) => FirstPage(),
      'sample://secondPage': (pageName, params, _) => SecondPage(),
    });
  }
```

```
@override
Widget build(BuildContext context) => MaterialApp(
    title: 'FlutterBoost',
    builder: FlutterBoost.init(),
    home: Scaffold(
      body: MaterialApp(),
    ));
}


}
```

在上面的示例代码中，最重要的就是 registerPageBuilders()，此方法主要用来向 FlutterBoost 注册 Flutter 页面。如果要在 Flutter 模块内部执行跳转操作，使用下面的方式即可。

```
FlutterBoost.singleton.open("sample://secondPage");
```

运行示例代码，效果如图 12-16 所示。

图 12-16　原生 Android 工程集成 FlutterBoost

总体来说，使用 FlutterBoost 进行混合开发时，侵入性低，且能够快速接入原生工程，非可节约成本，且安全稳定。

12.5.2　FlutterBoost 框架结构

FlutterBoost 框架的核心思想就是共享同一个引擎，即在多个 Flutter 页面之间共享同一个 Flutter 容器。

对于混合工程，原生端和 Flutter 对于页面的定义是不一样的。对于原生端，页面通常指的是一个 ViewController 或者 Activity；而对于 Flutter，页面通常指的是 Flutter 组件。FlutterBoost 框架所要做的就是统一混合工程中页面的概念，或者说弱化 Flutter 组件容器页面概念。换句话说，当有一个原生页面存在的时候，FlutteBoost 能保证一定有一个对应的 Flutter 容器。FlutterBoost 框架就是把 Flutter 容器做成一个类似浏览器的样子，使用时只需要填写一个页面地址，然后由 Flutter 容器去管理页面的绘制。

对于混合工程的原生端，开发者只需要关心如何初始化容器，并在初始化完成后设置容器对应的页面标志即可。图 12-17 所示为 FlutterBoost 框架结构。

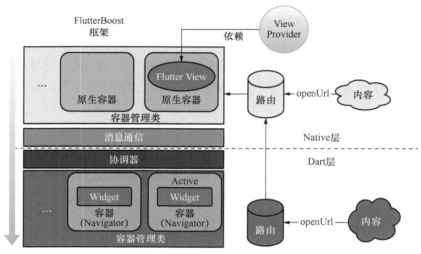

图 12-17　FlutterBoost 框架结构

可以发现，FlutterBoost 框架主要由 Native 层和 Dart 层两部分组成。其中，Native 层包括 Container、Container Manager、Adaptor 和 Messaging。

- Container：原生容器，通常指的是原生平台的 Controller、Activity 以及 ViewController 等概念。
- Container Manager：容器的管理类。
- Adaptor：Flutter 容器原生适配层。
- Messaging：基于 Channel 的消息通信。

Dart 层主要用于处理 Dart 端的页面管理，主要包括 Container、Container Manager、Coordinator 和 Messaging 等内容，如下所示。

- Container：Flutter 用来容纳组件的容器，通常指的是 Navigator 的派生类。
- Container Manager：Flutter 容器的管理类，提供添加、移除等接口。
- Coordinator: 协调器，接受 Messaging 消息，负责处理 Container Manager 的状态管理。
- Messaging：基于 Channel 的消息通信。

总体来说，正是基于共享同一个引擎的方案，使得 FlutterBoost 框架有效地解决了多引擎的问题。使用 FlutterBoost 框架加载多个 Flutter 页面时，Flutter 容器内只会存在一个 Flutter 实例，并且这个 Flutter 实例是会被共享的。

第 13 章
插件开发与热更新

尽管 Flutter 本身提供了大量的基础组件和 API，但是对于实际项目开发，还是不能满足日常的开发需求。因此在很多时候，还需要借助一些第三方插件。

13.1 Flutter 插件开发

13.1.1 新建插件

在 Flutter 开发中，新建 Flutter 插件主要有两种方式：一种是使用命令，另一种则是使用 Android Studio 等可视化工具。使用命令方式创建 Flutter 插件的命令如下所示。

```
flutter create --template=plugin -i swift -a kotlin --description " descri
ption" flutter_plugin_demo
//或者
flutter create -t plugin flutter_plugin_dmeo
```

两种命令方式都能创建 Flutter 插件，它们的区别在于，前者需要指定插件的模板和语言，而后者使用的是 Flutter 插件开发的默认配置，如原生平台的语言使用的是 Kotlin 和 Swift。除了命令方式外，还可以使用 Android Studio 等可视化工具来创建 Flutter 插件。打开 Android Studio，依次选择【New】→【New Flutter Project...】新建一个 Flutter 插件项目，如图 13-1 所示。

然后选择【Flutter Plugin】即可创建一个 Flutter 插件项目，如图 13-2 所示。

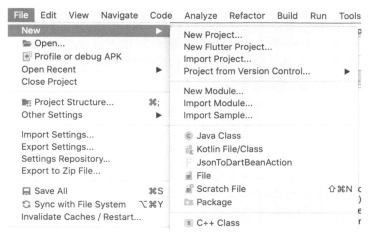

图 13-1　新建 Flutter 插件项目

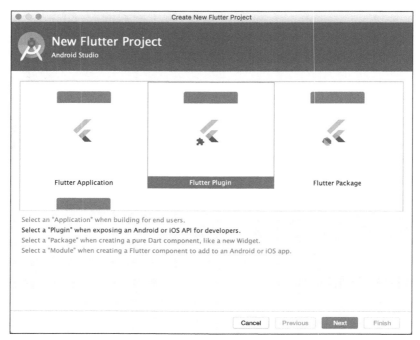

图 13-2　选择 Flutter 插件项目类型

接下来填写插件名称、SDK 路径以及工程位置等信息，单击【Next】按钮即可创建一个 Flutter 插件项目。

13.1.2　示例插件

打开 Flutter 插件项目的源码，会发现 Flutter 插件会包含原生 Android、iOS 和 Flutter 层 3 个部分。其中，原生 Android 和 iOS 用于提供原生平台调用能力，Flutter 层则提供组件来调用原生功能。通常，对于需要平台底层支持或者 Flutter 实现起来比较困难的，都可以封装成 Flutter 插件，然后提供给 Flutter 层使用。

使用 Android Studio 打开创建的 Flutter 插件项目，项目目录结构如图 13-3 所示。

可以看到，Flutter 插件项目的目录结构和普通的 Flutter 项目几乎是一样的，只是多了一个 example 目录。example 目录下包含一个完整的 Flutter 项目结构，而这个 example 项目就是为了方便开发者调试插件功能而准备的。

图 13-3　Flutter 插件项目目录结构

使用 Android Studio 打开 lib 目录下的 flutter_plugin_demo.dart 文件，代码如下所示。

```
import 'dart:async';
import 'package:flutter/services.dart';
```

```
class FlutterPlugin {
  //定义方法通道，需要和原生代码的通信标志保持一致
  static const MethodChannel _channel =
      const MethodChannel('flutter_plugin');

  //提供外部调用原生平台的方法
  static Future<String> get platformVersion async {
    final String version = await _channel.invokeMethod('getPlatformVersion');
    return version;
  }
}
```

flutter_plugin_demo.dart 文件是 Flutter 插件对外的接口文件，提供了访问原生平台 API 的能力，主要由方法通道和调用原生方法两个部分构成。

首先，需要定义一个方法通道 MethodChannel，用于和原生平台 API 通信。它带有一个参数，通常为一个字符串，这个字符串需要和原生代码的消息传递标志保持一致，如下所示。

```
//原生 Android 平台代码
@Override
public void onAttachedToEngine(@NonNull FlutterPluginBinding flutterPlugin
Binding) {
    final MethodChannel channel = new MethodChannel(flutterPluginBinding.
getFlutterEngine().getDartExecutor(), "flutter_plugin_demo");
    channel.setMethodCallHandler(new FlutterPluginDemoPlugin());
}

//原生平台 iOS 代码
+ (void)registerWithRegistrar:(NSObject<FlutterPluginRegistrar>*)registrar {
  FlutterMethodChannel* channel = [FlutterMethodChannel
      methodChannelWithName:@"flutter_plugin_demo"
            binaryMessenger:[registrar messenger]];
  FlutterPluginDemoPlugin* instance = [[FlutterPluginDemoPlugin alloc] init];
  [registrar addMethodCallDelegate:instance channel:channel];
}
```

然后调用 platformVersion()，可以获取原生代码返回的系统版本信息，如下所示。

```
//原生 Android 平台代码
@Override
public void onMethodCall(@NonNull MethodCall call, @NonNull Result result) {
  if (call.method.equals("getPlatformVersion")) {
    result.success("Android " + android.os.Build.VERSION.RELEASE);
  } else {
    result.notImplemented();
  }
}

//原生 iOS 平台代码
- (void)handleMethodCall:(FlutterMethodCall*)call result:(FlutterResult)
result {
    if ([@"getPlatformVersion" isEqualToString:call.method]) {
    result([@"iOS " stringByAppendingString:[[UIDevice currentDevice] syst
emVersion]]);
```

```
    } else {
      result(FlutterMethodNotImplemented);
    }
  }
}
```

可以发现，Flutter 插件的开发流程还是比较清晰的。首先，由 Android 或者 iOS 提供底层代码封装，然后由 Flutter 层提供组件和方法，使得 Flutter 能够访问原生平台的代码。

13.1.3　插件开发

在 Flutter 应用开发中，经常会遇到视频播放方面的需求，除了使用 Flutter 的 video_player 插件和第三方插件外，我们还可以对原生平台的视频播放器进行包装，然后提供给 Flutter 层使用。开发 Flutter 插件时，由于插件的很多功能都需要依赖原生 Android、iOS 平台，因此需要开发者有一定的原生开发基础。

同时，为了减少插件开发的工作量，在封装原生视频播放组件时，我们可以选取一些成熟的开源视频播放库来进行二次开发，如 ijkplayer、GSYVideoPlayer 和 JiaoZiVideoPlayer 等。本例使用的 GSYVideoPlayer 就是一款基于 ijkplayer 开发的 Android 开源视频播放器。除了视频播放功能外，GSYVideoPlayer 还支持弹幕、滤镜、水印、片头广告和多种分辨率切换等功能。

因为 Flutter 插件的开发需要依赖原生代码，所以 Flutter 插件开发的很多工作都是在原生平台完成的。使用 Android Studio 打开创建的 Flutter 插件项目，然后在 Flutter 插件项目上单击鼠标右键并依次选择【Flutter】→【Open Android module in Android Studio】打开原生 Android 工程，如图 13-4 所示。

图 13-4　打开 Flutter 插件的原生 Android 工程

打开插件项目目录下的原生 Android 工程，然后在 build.gradle 配置文件中添加如下依赖。

```
implementation 'androidx.multidex:multidex:2.0.1'
implementation 'com.shuyu:GSYVideoPlayer:7.1.2'
```

然后单击【Sync Now】按钮同步工程，如果没有任何错误提示则说明成功集成

GSYVideoPlayer 库。

新建一个名为 VideoPlayerView.kt 的文件，作为自定义的播放器，主要用于对 GSYVideoPlayer 的二次封装，以便满足 Flutter 上层使用的要求，代码如下所示。

```kotlin
class VideoPlayerView(var context: Context?, var viewId: Int, var args:
Any?, var registrar: Registrar) : PlatformView, MethodCallHandler{

    private val mVideo: StandardGSYVideoPlayer = StandardGSYVideoPlayer
(registrar.activity())
    private var methodChannel = MethodChannel(registrar.messenger(), "flut
ter_video_player_$viewId")
    private lateinit var orientationUtils: OrientationUtils
    private lateinit var mVideoOptions: GSYVideoOptionBuilder
    private var isPlay: bool = false

    init {
        this.methodChannel.setMethodCallHandler(this)
    }

    override fun getView() = mVideo

    override fun onMethodCall(methodCall: MethodCall, chanel: MethodChannel.
Result) {
        when (methodCall.method) {
            "loadUrl" -> {              //加载视频地址
                val url = methodCall.argument<String>("videoUrl")
                val cover = methodCall.argument<String>("cover")
                initVideo(url!!, cover!!) }
            "onPause" -> {              //暂停播放
                mVideo.currentPlayer.onVideoPause()}
            "onResume" -> {             //恢复播放
                mVideo.currentPlayer.onVideoResume(false) }
        }
    }

    override fun dispose() {
        if (isPlay) mVideo.currentPlayer.release()
        orientationUtils.releaseListener()
    }

    //初始化播放器参数
    private fun initVideo(url: String, cover: String) {
        orientationUtils = OrientationUtils(registrar.activity(), mVideo)
        val imageView = ImageView(registrar.activity())
        imageView.scaleType = ImageView.ScaleType.FIT_XY
        imageView.load(cover)
        mVideoOptions = GSYVideoOptionBuilder()

        //设置播放器参数
        mVideoOptions.setThumbImageView(imageView)
                .setUrl(url)
                .setCacheWithPlay(true)
                .setLockClickListener { _, lock ->
```

```
                        orientationUtils.isEnable = !lock
                    }
                    .setVideoAllCallBack(object : GSYSampleCallBack() {
                        //加载完成回调
                        override fun onPrepared(url: String?, vararg objects:
Any?) {
                            super.onPrepared(url, *objects)
                            orientationUtils.isEnable = false
                            isPlay = true
                        }
                    })
                    .build(mVideo)
            mVideo.startPlayLogic()
        }
    }
```

按照 Flutter 插件的开发规范，在原生 Android 代码中自定义视图时都需要实现 PlatformView 和 MethodCallHandler 两个接口。其中，PlatformView 接口用于返回一个原生视图，MethodCallHandler 接口则用于处理从 Dart 代码发送过来的请求函数，如 loadUrl()。

接下来，新建一个继承自 PlatformViewFactory 的 VideoViewFactory 工厂类，该类的 create() 需要返回一个播放器实例，如下所示。

```
class VideoPlayerFactory(var registrar:Registrar) : PlatformViewFactory(
    StandardMessageCodec.INSTANCE) {

  override fun create(contex: Context?, viewId: Int, args: Any?): PlatformView {
      return VideoPlayerView(contex, viewId, args, this.registrar)
  }
}
```

最后，为了能让系统识别自定义的原生组件，还需要在创建插件项目时自动生成的 FlutterMvideoPlugin 类中注册 VideoPlayerFactory 工厂类，如下所示。

```
class FlutterMvideoPlugin: MethodCallHandler {

    companion object {
      @JvmStatic
      fun registerWith(registrar: Registrar) {
        registrar.platformViewRegistry().registerViewFactory("flutter_mvideo
_plugin",
            VideoPlayerFactory(registrar))
      }
    }

    …//省略其他代码
}
```

为了避免 HTPPS 校验证书的情况，还需要新建一个 network_security_config.xml 文件，添加如下代码。

```
<?xml version="1.0" encoding="utf-8"?>
<network-security-config>
  <base-config cleartextTrafficPermitted="true" />
</network-security-config>
```

然后在 AndroidManifest.xml 添加声明。需要说明的是，由于视频播放会用到很多权限，因此还需要在 AndroidManifest.xml 文件中添加必要的权限，如下所示。

```
<uses-permission android:name="android.permission.INTERNET"/>
<uses-permission android:name="android.permission.READ_PHONE_STATE"/>
<uses-permission android:name="android.permission.WAKE_LOCK"/>

//HTTPS 权限问题
<application android:networkSecurityConfig="@xml/network_security_config" />
```

到此，Flutter 视频插件的原生 Android 部分就开发完成了。对于原生 iOS 部分，可以使用
JPVideoPlayer 来开发，然后按照 Flutter 插件的开发规范提供给 Flutter 层调用。

完成原生部分的开发后，接下来就是 Flutter 插件 Dart 部分的开发了。使用 Android Studio
打开插件项目，然后在插件项目的 lib 目录下创建一个名为 video_plugin_controller.dart 的文件，
并添加如下代码。

```
class MVideoPlayerController {

  MethodChannel _channel;

  MVideoPlayerController.init(int id) {
    _channel = MethodChannel("flutter_mvideo_plugin_$id");
  }

  //暂停播放
  void onPause() {
    _channel.invokeListMethod('onPause');
  }

  //网络视频播放
  Future<void> loadUrl(String url, String cover) async {
    assert(url != null);
    return _channel.invokeMethod('loadUrl', {"videoUrl": url, "cover": cover});
  }
}
```

MVideoPlayerController 的作用就是和原生端进行通信与数据交互，并且使用的是
MethodChannel 方式，然后新建一个名为 video_plugin_callback.dart 的接口文件，并添加如下
代码。

```
typedef void MVideoPlayerCreatedCallBack(MVideoPlayerController controller);
```

MVideoPlayerCreatedCallBack 是一个接口，主要用于通知控制器 Flutter 页面已经创建完成，
可以调用控制器提供的方法。最后，打开创建插件时生成的 flutter_video_plugin.dart 文件，删除
插件默认生成的代码，然后添加如下代码。

```
class MVideoPlayer extends StatefulWidget {
  final MVideoPlayerCreatedCallBack onCreated;
  final x;
  final y;
  final width;
  final height;

  MVideoPlayer(
      {Key key,
      @required this.onCreated,
      @required this.x,
```

```dart
      @required this.y,
      @required this.width,
      @required this.height,});

  @override
  _MVideoPlayerState createState() => _MVideoPlayerState();
}

class _MVideoPlayerState extends State<MVideoPlayer> {
  @override
  Widget build(BuildContext context) {
    return GestureDetector(
      behavior: HitTestBehavior.opaque,
      child: initPlayerView(),
    );
  }

  //创建 Flutter 视图
  initPlayerView() {
    if (defaultTargetPlatform == TargetPlatform.android) {
      return AndroidView(
        viewType: 'flutter_mvideo_plugin',
        onPlatformViewCreated: onPlatformViewCreated,
        creationParams: <String, dynamic>{
          "x": widget.x,
          "y": widget.y,
          "width": widget.width,
          "height": widget.height,
        },
        creationParamsCodec: const StandardMessageCodec(),
      );
    } else {
      return UiKitView(
        viewType: 'flutter_mvideo_plugin',
        onPlatformViewCreated: onPlatformViewCreated,
        creationParams: <String, dynamic>{
          "x": widget.x,
          "y": widget.y,
          "width": widget.width,
          "height": widget.height,
        },
        creationParamsCodec: const StandardMessageCodec(),
      );
    }
  }

  Future<void> onPlatformViewCreated(int id) async {
    if (widget.onCreated == null) {
      return;
    }
    widget.onCreated(MVideoPlayerController.init(id));
  }
}
```

MVideoPlayer 是一个自定义的 Flutter 组件，主要用于在 Flutter 页面中嵌入原生视图。其中，加载原生 Android 视图使用的是 AndroidView 组件，加载原生 iOS 视图使用的是 UiKitView 组件。但是，不管是 AndroidView 还是 UiKitView 组件，在加载原生视图时都需要传入几个必需的参数，如下所示。

- viewType：插件标识，用于区分插件名称和来源。
- onPlatformViewCreated：用于在组件创建后调用对应的函数。
- creationParams：用于在原生组件之间进行参数传递。
- creationParamsCodec：参数传递时的编码方式。

至此，Flutter 视频插件的开发工作就完成了。接下来，只需要在 Flutter 代码中引入自定义的插件，并按照要求传入对应的参数即可。

13.1.4 运行插件

插件开发完成之后，还需要对插件的功能进行测试。由于在新建插件项目的时候系统默认创建了一个 example 目录，而这个 example 目录就是为了方便开发者测试插件而准备的。

接下来，使用 Android Studio 打开 example 目录，然后在 main.dart 文件中添加如下测试代码。

```
import 'package:flutter/material.dart';
import 'package:flutter_mvideo_plugin/flutter_video_plugin.dart';

void main() => runApp(MyApp());

class MyApp extends StatefulWidget {
  @override
  _MyAppState createState() => _MyAppState();
}

class _MyAppState extends State<MyApp> {

  var controller;

  @override
  Widget build(BuildContext context) {
    var x = 0.0;
    var y = 0.0;
    var width = 410.0;
    var height = width * 9.0 / 16.0;

    MVideoPlayer videoPlayer = MVideoPlayer(
        onCreated: onPlayerViewCreated,
        x: x,
        y: y,
        width: width,
        height: height);

    return MaterialApp(
      home: Scaffold(
        appBar: AppBar(
```

```
        title: const Text('Flutter Plugin'),
      ),
      body: Container(
        child: videoPlayer,
        width: width,
        height: height,
      ),
    ),
  );
}

void onPlayerViewCreated(viewPlayerController) {
  this.controller = viewPlayerController;
  this.controller.loadUrl("视频地址 ","视频封面");
}
}
```

在上面的代码中，我们先引入自定义的 MvideoPlayer 组件，然后按照要求传入组件所必需的参数，当视图创建完成之后再调用 onPlayerViewCreated()传入视频地址和视频封面。运行上面的示例代码，效果如图 13-5 所示。

图 13-5　Flutter 播放器插件效果

13.2　Flutter 开源库

在 Flutter 应用的开发过程中，除了自定义插件外，为了快速进行项目的开发与迭代，更多时候需要使用第三方开源库来提升工程的开发效率和质量。

13.2.1 状态管理框架

如果应用的业务足够简单，并且数据流动的方向也是清晰的，那么使用组件自带的状态管理机制即可。不过，随着产品的需求迭代节奏的加快，项目逻辑越来越复杂，如果再使用官方提供的方案来管理不同组件、不同页面之间的数据关系，就很难保持清晰的数据流动方向和顺序，导致应用内各种数据传递嵌套，项目维护也变得越来越麻烦。此时，我们迫切需要一种方案来解决共享数据的管理问题，于是状态管理框架应运而生。

Provider 是一个依赖注入和状态管理的框架，它的使用方式和 Flutter 官方状态管理框架 Provide 类似，并且使用起来简洁方便。使用 Provider 框架之前，需要先在 pubspec.yaml 文件中添加 Provider 插件的依赖，如下所示。

```
dependencies:
    provider: 4.0.2
```

使用 flutter packages get 命令将 Provider 插件拉取到本地。添加好 Provider 插件的依赖后，就可以使用它管理全局数据状态了。

在此前，需要先定义一个全局的共享数据模型，并使用 ChangeNotifier 来管理消息的订阅。下面是一个共享数据状态的 Counter。

```
class Counter with ChangeNotifier {
  int _count = 0;
  int get counter => _count;

  void increment() {
    _count++;
    //通知刷新
    notifyListeners();
  }
}
```

可以看到，Counter 类主要由需要管理的数据对象和操作数据的方法构成，并且通过混合 ChangeNotifier 来通知依赖该状态的组件进行刷新，这样做的好处是可以帮助开发者管理所有订阅 Counter 类的对象。如果要刷新当前数据的状态，只需要调用 notifyListeners()执行刷新操作即可。

Flutter 自带的 InheritedWidget 组件可以对数据进行存储操作，并且它的子组件还可以获取存储的数据。Provider 其实就是 InheritedWidget 的语法糖，它具有依赖注入的能力，允许在组件树中灵活地处理和传递数据。

所谓依赖注入，其实是面向对象编程中的一种资源提取方式，目的是降低代码之间的耦合度。借助依赖注入，可以预先将某种资源放到程序中某个可以访问的位置，当需要使用这种资源时直接访问对应的位置即可。

既然 Provider 是 InheritedWidget 的语法糖，那么 Provider 本质上也是一个 Flutter 组件。接下来，只需要在 MaterialApp 的外层使用 Provider 进行包装，然后把数据模型注入应用即可，如下所示。

```
import './provider/counter.dart';

void main() {
  runApp(
    ChangeNotifierProvider<Counter>.value(
```

```
      value: Counter(),
      child: MyApp(),
    )
  );
}

class MyApp extends StatelessWidget {
  @override
  Widget build(BuildContext context) {
    return MaterialApp(
      home: ProviderHomePage(),
    );
  }
}
```

需要注意的是，由于需要对 Counter 类中的数据资源进行读写操作，因此例子中使用的是
ChangeNotifierProvider，如果只需要进行读操作，那么使用 Provider 即可。

除了 ChangeNotifierProvider 外，Provider 还提供了 ListenableProvider、ValueListenableProvider
和 StreamProvider 状态管理类，使用时可以根据需求合理选择。同时，如果需要同时管理多个数
据资源，那么可以使用 MultiProvider 类。

在完成数据资源的注册之后，接下来就可以使用 Provider 进行数据的读写操作了。与
InheritedWidget 的使用方式一样，我们可以使用 Provider.of() 来获取数据资源的状态，如果需要
写入或者更新数据，则可以通过调用数据模型暴露的更新方法来实现，如下所示。

```
class FirstPage extends StatelessWidget {

  @override
  Widget build(BuildContext context) {
    return Scaffold(
      appBar: AppBar(title: Text('第一页')),
      body: Center(child: CounterLabel()),
      floatingActionButton: FloatingActionButton(
        onPressed: () {
          Provider.of<Counter>(context, listen: false).increment();
        },
        child: const Icon(Icons.add),
      ),
    );
  }
}

class CounterLabel extends StatelessWidget {
  const CounterLabel({Key key}) : super(key: key);

  @override
  Widget build(BuildContext context) {
    final counter = Provider.of<Counter>(context);
    return Column(
      mainAxisAlignment: MainAxisAlignment.center,
      children: <Widget>[
        Text('${counter.count}'),
        RaisedButton(
```

```
              onPressed: () {
                Navigator.push(context,
                      MaterialPageRoute(builder: (context) => ProviderSecondPage
())));
              },
              child: Text('下一页'),
            )
          ],
        );
      }
    }

class SecondPage extends StatelessWidget {
  const ProviderSecondPage({Key key}) : super(key: key);

  @override
  Widget build(BuildContext context) {
    final counter = Provider.of<Counter>(context);
    return Scaffold(
      appBar: AppBar(title: Text('第二页')),
      body: Center(
        child: Text(
          '${counter.count}',
        ),
      ),
      floatingActionButton: FloatingActionButton(
        onPressed: () {
          Provider.of<Counter>(context, listen: false).increment();
        },
        child: Icon(Icons.add),
      ),
    );
  }
}
```

在上面的示例代码中,我们创建了 FirstPage 和 SecondPage 两个页面,它们都具有读写数据的功能。当单击 FirstPage 页面中的按钮时数字会自动增加,跳转到 SecondPage 页面时,SecondPage 页面的初始值就是从 Counter 类中获取的 FirstPage 页面的值。运行上面的代码,效果如图 13-6 所示。

Provider 使用 Provider.of() 来获取状态模型数据,然后通过数据对象模型暴露的方法实现对数据的更新操作。可以看到,Provider.of() 在实现数据的共享和同步操作上还是比较简单的,但是滥用该方法也有副作用,那就是当数据更新时,页面中其他的子组件也会跟着一起刷新。对于此类问题,可以使用 Provider 提供的 Consumer 类来优化。

具体来说,Consumer 使用了 Builder 模式构建视图,只要收到更新通知就会调用 builder() 重新构建视图。对于上面的例子,只需要在页面中去掉使用 Provider.of() 来获取数据资源的语句,然后在真正需要获取数据资源的子组件上使用 Consumer 组件进行包装即可,如下所示。

```
class ProviderSecondPage extends StatelessWidget {
  @override
  Widget build(BuildContext context) {
    return Scaffold(
```

```
            body: Center(
                child: Consumer<Counter>(
                    builder: (context, Counter counter, _) =>Text('${counter.
count}'))),
            floatingActionButton: Consumer<Counter>(
              builder: (context, Counter counter, child) => FloatingActionButton(
                onPressed: counter.increment,
                child: child,
              ),
              child: Icon(Icons.add),
            ),
        );
    }
}
```

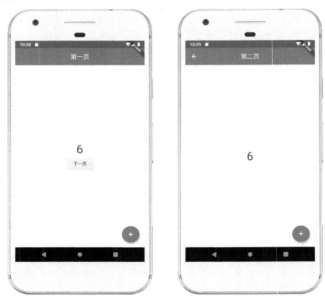

图 13-6　Provider 状态管理应用示例

在上面的代码中，Consumer 组件中的 builder() 就是执行视图刷新的方法，它接收 3 个参数，分别是 context、model 和 child。其中，context 表示组件的 build() 传进来的 BuildContext，model 表示数据资源，child 则表示构建那些与数据资源无关的视图。当数据资源发生改变时，builder() 会被执行多次，但是 child 却不会执行视图重建。

在上面的示例中，Provider 共享的是一个数据状态，如果需要共享多个数据状态，Provider 又该如何处理呢？事实上，不管是单个数据还是多个数据，共享数据状态的基本流程都是一样的，都需要经过数据的包装、注册以及数据的读写操作。因此，在处理多个数据状态共享之前，首先需要对共享的数据进行包装，然后通过 MultiProvider 在应用的主函数中注册共享的数据实例，如下所示。

```
import './provider/counter.dart';
import './provider/switcher.dart';

void main() {
  runApp(
```

```
MultiProvider(
    providers: [
        ChangeNotifierProvider.value(value: Counter()),    //注册计数器实例
        Provider.value(value: Switcher()),                 //注册开关实例
    ],
    child: MyApp(),
  ),
);
}
```

完成多个状态资源的注册后，接下来就是对状态资源的读写操作了。和单个状态资源的获取方式一样，多个状态资源的获取同样需要使用 Provider.of()。不过，与单个状态资源的获取不同，获取多个资源时需要依次读取每一个资源，如下所示。

```
final _counter = Provider.of<Counter>(context);    //获取计时器实例
final _switcher = Provider.of<Switcher>(context);   //获取开关实例
```

如果用 Consumer 来获取状态资源的话，只需要使用 Consumer2 对象，就可以一次性获取所有的数据资源，如下所示。

```
Consumer2<Counter, Switcher>(
  builder: (context, Counter counter, Switcher switcher, _) => Text(
      '${counter.counter}',
      '${switcher.isopen}',
)
```

从上面的例子可以看出，Consumer2 与 Consumer 的使用方式基本一致，只不过 Consumer2 在 builder()中会多一个数据资源参数。事实上，如果需要在子组件中共享更多的状态数据，那么只需要在 builder()中添加对应的参数即可。

13.2.2　网页加载

在原生移动应用开发中，打开网页通常有两种方式，即在应用内使用内置的组件打开和使用系统自带的浏览器打开。不过，在 Flutter 应用开发中，因为官方并没有提供类似 WebView 的网页加载组件，所以如果涉及网页加载，需要使用第三方插件，如 webview_flutter、flutter_webview_plugin 等。

其中，webview_flutter 是 Flutter 团队开发和维护的网页加载插件，而 flutter_webview_plugin 则是 Flutter 开源社区推出的网页加载插件。相比 webview_flutter 插件，flutter_webview_plugin 插件的文档比较齐全，提供的接口和方法比较多，使用起来也比较简单，因此在 Flutter 应用开发时可以多使用它来加载网页。

由于 flutter_webview_plugin 是以插件的形式提供的，因此在使用之前需要先将其拉取到本地，即在 pubspec.yaml 文件中添加如下依赖。

```
dependencies:
    flutter_webview_plugin: ^0.3.10+1
```

接下来，使用 flutter_webview_plugin 插件来加载网页，如下所示。

```
WebviewScaffold(
    url: 'xxx.com',            //网页地址
    withZoom: false,          //是否缩放
    withLocalStorage: true,    //是否缓存
    withJavascript: true,      //JavaScript 支持
```

```
          hidden: true,
          initialChild: Center(          //等待页面加载时显示的其他小部件
            child: CupertinoActivityIndicator(
                radius: 15.0,
                animating: true,
            ))
      );
```

使用 flutter_webview_plugin 插件来加载网页时，参数 url 是必需的，其他则可以根据实际情况选择。因为加载网页需要用到网络权限，所以还需要在 Flutter 模块的原生代码中添加网络权限。对于 Android，只需要打开 AndroidManifest.xml 文件，然后添加如下网络权限即可。

```
<uses-permission android:name="android.permission.INTERNET" />
```

下面是使用 flutter_webview_plugin 插件加载 Flutter 中文网的示例。

```
class WebViewPage extends StatelessWidget {
  @override
  Widget build(BuildContext context) {
    return Scaffold(
        appBar: AppBar(
            title: Text("flutter_webview_plugin"),
            centerTitle: true),
        body: Container(child: loadWebview('xxx.com')));
  }

  Widget loadWebview(data) {
    return WebviewScaffold(
        url: data,
        withZoom: false,
        withLocalStorage: true,
        withJavascript: true,
        hidden: true,
        initialChild: Center(
            child: CupertinoActivityIndicator(
            radius: 15.0,
            animating: true,
        )));
  }
}
```

如果要监听 WebView 的加载过程，那么可以在 initState()中使用 listen()，如下所示。

```
void initState() {
    super.initState();
    flutterWebviewPlugin.onStateChanged.listen((WebViewStateChanged state) {
      switch (state.type) {
        case WebViewState.shouldStart:      //准备加载
          break;
        case WebViewState.startLoad:        //开始加载
          break;
        case WebViewState.finishLoad:       //加载完成
          break;
        case WebViewState.abortLoad:
          break;
      }
    });
```

```
    }
```

同时，由于 Android 9.0 和 iOS 9.0 强制开发者使用 HTTPS，如果访问遵循 HTTP 的网站，还需要在原生工程中添加 HTTP 白名单配置。对于原生 iOS 工程，打开 Flutter 模块的 ios/Runner 目录，然后在 Info.plist 文件中添加如下代码即可。

```
<key>io.flutter.embedded_views_preview</key>
<true/>
<key>NSAppTransportSecurity</key>
<dict>
  <key>NSAllowsArbitraryLoads</key>
  <true/>
</dict>
```

对于原生 Android 工程，在清单文件 AndroidManifest.xml 的 application 标签里面添加 networkSecurityConfig 属性，如下所示。

```
<manifest … >
    <application android:networkSecurityConfig="@xml/network_security_config">
    </application>
</manifest>
```

在 res 资源文件目录下新建一个 xml 目录，在此目录下创建一个名为 network_security_config.xml 的文件并添加如下代码。

```
<?xml version="1.0" encoding="utf-8"?>
<network-security-config>
    <base-config cleartextTrafficPermitted="true">
        <trust-anchors>
            <certificates src="system" />
        </trust-anchors>
    </base-config>
</network-security-config>
```

重新运行上面的代码，效果如图 13-7 所示。

图 13-7   flutter_webview_plugin 插件应用示例

在应用开发中，很多时候还会涉及与 JavaScript 的交互。Flutter 与 JavaScript 的交互主要发生在两种场景，即 JavaScript 调用 Flutter 的方法和 Flutter 调用 JavaScript 的方法，如下所示。

```
//JavaScript 调用 Flutter 的方法
JavascriptChannel _doJavascriptChannel(BuildContext context) {
    return JavascriptChannel(
        name: 'invoke',          //invoke 为与网页交互的名字
        onMessageReceived: (JavascriptMessage message) {
          print(message.message);
        });
  }

//Flutter 调用 JavaScript 的方法
void _onExecJavascript(String url) async {
    _controller.future.then((controller) {
      controller.loadUrl(url);
    });
    //或者
    evaluateJavaScript('callJS("JavaScript 方法")')
  }
```

除了上面的使用场景外，flutter_webview_plugin 还支持加载本地的 HTML 文件，使用时只需要提供本地的 HTML 文件路径即可。

13.2.3   下拉刷新

不管是 Android 开发还是 iOS 开发，上拉加载和下拉刷新都是比较常见的场景。由于 Flutter 默认不支持上拉加载，下拉刷新也仅仅是 Material 提供的一种简单功能，如果需要同时执行上拉加载和下拉刷新操作只能使用第三方开源库。

在 Flutter 开发中，要实现下拉刷新和上拉加载则可以使用 flutter_easyrefresh，它具有如下特点。

- 支持 Andorid 光晕，iOS 越界回弹。
- 支持绝大多数组件。
- 提供很多炫酷的 Header 和 Footer，并且支持自定义。
- 支持 Header 和 Footer 列表嵌入以及视图浮动两种形式。
- 支持列表事件监听，可制作任何样式的 Header 和 Footer，并且能够放在任何位置。
- 支持首次刷新，并自定义刷新视图。
- 支持自定义列表空视图。

使用 flutter_easyrefresh 库之前需要先在 pubspec.yaml 文件中添加依赖，如下所示。

```
dependencies:
  flutter_easyrefresh: ^2.0.9
```

使用 flutter packages get 命令将插件拉取到本地，然后就可以使用该插件开发下拉刷新和上拉加载功能。flutter_easyrefresh 库的对外入口文件位于库的 refresher.dart 文件中，使用时只需要传入对应的属性，并重写对应的方法即可，如下所示。

```
EasyRefreshController _controller = EasyRefreshController();
```

```
EasyRefresh.custom(
   enableControlFinishRefresh: false,
   enableControlFinishLoad: true,
   controller: _controller,
   header: ClassicalHeader(),          //Header 视图
    footer: ClassicalFooter(),         //Footer 视图
   onRefresh: () async {
      //处理下拉刷新
   },
   onLoad: () async {
      //处理上拉加载
   },
   slivers: <Widget>[
      //列表视图
   ],
),
```

使用 flutter_easyrefresh 实现下拉刷新和上拉加载操作时, 常用的函数有两个, 即 onRefresh()
和 onLoad()。

- onRefresh()：下拉刷新时触发此回调。

- onload()：上拉加载时触发此回调。

下面是使用 flutter_easyrefresh 实现下拉刷新和上拉加载的示例。

```
class EasyRefreshPage extends StatefulWidget {
  @override
  EasyRefreshPageState createState() {
    return EasyRefreshPageState ();
  }
}

class EasyRefreshPageState extends State<EasyRefreshPage> {

  EasyRefreshController _controller;
  int _count = 20;

  @override
  void initState() {
    super.initState();
    _controller = EasyRefreshController();
  }

  @override
  Widget build(BuildContext context) {
    return Scaffold(
        body: EasyRefresh.custom(
          enableControlFinishRefresh: false,
          enableControlFinishLoad: true,
          controller: _controller,
          header: ClassicalHeader(),
          footer: ClassicalFooter(),
          onRefresh: () async {                    //下拉刷新触发
            await Future.delayed(Duration(seconds: 2), () {
              setState(() {
```

```
                 _count = 20;
            });
            _controller.resetLoadState();
          });
        },
        onLoad: () async {                    //上拉加载触发
          await Future.delayed(Duration(seconds: 2), () {
            setState(() {
              _count += 10;
            });
            _controller.finishLoad(noMore: _count >= 40);
          });
        },
        slivers: <Widget>[
          SliverList(
            delegate: SliverChildBuilderDelegate( (context, index) {
              return Container(
                child: Center(
                  child: Text('$index'),
                ),
                color: index%2==0 ? Colors.grey[300] : Colors.transparent,
              );
            },
            childCount: _count,
          ),
        ),
      ],
    ),
  );
}
}
```

运行上面的代码，效果如图 13-8 所示。

图 13-8　flutter_easyrefresh 插件应用示例

除了使用默认的样式外，flutter_easyrefresh 插件还支持自定义样式，如下所示。

```
Widget _loadMoreWidget() {
  return Center(
    child: Padding(
      padding: EdgeInsets.all(10),
      child: Row(
        mainAxisAlignment: MainAxisAlignment.center,
        crossAxisAlignment: CrossAxisAlignment.center,
        children: <Widget>[
          Text("加载中......"),
          CircularProgressIndicator(
            strokeWidth: 1,
          )
        ],
      ),
    ),
  );
}
```

13.2.4　屏幕适配

在移动应用开发中，除了需要保证产品功能正常使用外，还需要考虑其他问题，如屏幕适配。

屏幕适配方案，指的是让视图在不同尺寸的屏幕上都能正常合理地布局。在屏幕适配的早期方案中，为了适配不同分辨率的屏幕，往往需要提供多套布局，随着屏幕适配方案的演进，逐渐形成了百分比布局、自动布局等方案。在移动应用开发中，页面是由组件组成的，所以 Flutter 的屏幕适配其实就是适配组件的大小及其文字的大小。

目前，Flutter 应用的屏幕适配可以使用 flutter_screenutil 库实现。使用之前，需要先在pubspec.yaml 文件中添加 flutter_screenutil 库的依赖，如下所示。

```
dependencies:
  flutter_screenutil: ^1.0.2
```

使用 flutter packages get 命令将 flutter_screenutil 库拉取到本地，然后在需要进行屏幕适配的地方导入 flutter_screenutil，如下所示。

```
import 'package:flutter_screenutil/flutter_screenutil.dart';
```

flutter_screenutil 的原理就是根据屏幕分辨率的大小来改变组件及其文字的大小，它支持的属性如下所示。

- width：异常的宽度，单位为像素，默认值为 1080 像素。
- height：异常的高度，单位为像素，默认值为 1920 像素。
- allowFontScaling：设置字体大小是否需要根据系统的字体大小进行缩放，默认值为 false。

使用 flutter_screenutil 进行屏幕适配之前，需要先在应用的入口文件 MaterialApp 中初始化flutter_screenutil，并按照设计稿的宽、高要求设置默认的宽和高，如下所示。

```
ScreenUtil.init(context);
ScreenUtil.init(context, width: 750, height: 1334);
ScreenUtil.init(context, width: 750, height: 1334, allowFontScaling: true);
```

然后在需要适配的页面中使用 flutter_screenutil 提供的 ScreenUtil 工具类设置尺寸即可，如下所示。

```
Container(
    width: ScreenUtil().setWidth(375),
    height: ScreenUtil().setHeight(200),
),
```

下面是使用 flutter_screenutil 实现电影列表的屏幕适配的例子。

```
class MoviePage extends StatefulWidget {

  @override
  State<StatefulWidget> createState() {
    return MoviePageState();
  }
}

class MoviePageState extends State<MoviePage> {
  var url ='xxx/v2/movie/top250?start=1&count=10';
  var subjects = [];
  var itemHeight = 150.0;

  void getHotMovies() async {
    Dio dio = Dio();
    Response response = await dio.get(url);
    Map data = Convert.jsonDecode(response.toString());
    setState(() {
      subjects = data['subjects'];
    });
  }

  @override
  void initState() {
    super.initState();
    getHotMovies();
  }

  @override
  Widget build(BuildContext context) {
    ScreenUtil.init(context);
    return Scaffold(
      appBar: AppBar(
        title: Text('Flutter 屏幕适配'),
      ),
      body: ListView.builder(
          itemCount: subjects.length,
          itemBuilder: (BuildContext context, int index) {
            return Container(
              child: Column(
                children: <Widget>[
                  buildItemContainer(subjects[index]),
                  Container(
                    height: 1,
                    color: Color.fromARGB(255, 234, 233, 234),
                  )
```

```
        ],
      ),
    );
  }),
 );
}

buildItemContainer(var subject) {
  var imgUrl = subject['images']['medium'];
  return Container(
    width: ScreenUtil().setWidth(750),
    height: ScreenUtil().setHeight(120),
    … //省略其他代码
  );
}

@override
bool get wantKeepAlive => true;
}
```

在不同分辨率的设备上运行上面的代码，页面的显示比例，运行效果如图 13-9 所示。

图 13-9　flutter_screenutil 屏幕适配应用示例

13.2.5　消息推送

在移动应用开发中，消息推送可以说是一项非常重要的功能，商家可以根据需要及时给用户推送一些重要的消息，也是产品运营人员高效实现运营目标的重要手段。

事实上，消息推送是一个横跨业务服务器、第三方推送服务托管厂商、操作系统长连接推送服务、用户终端，以及移动手机应用等的复杂业务应用场景。在原生 iOS 工程中，为了简化消息推送，苹果推送服务（Apple Push Notification Service，APNs）接管了系统所有应用的消息通知需求，任何第三方消息推送都需要经过推送服务转发。对于原生 Android 工程，则可以使用谷歌公司提供的类似 Firebase 云消息传递机制来实现统一的推送托管服务。

具体来说，当某个应用需要发送消息时，消息会由应用的服务器先发给苹果公司或谷歌公司的消息推送服务器，然后经由 APNs 或 FCM（谷歌公司的消息推送框架）发送到设备，设备接收到消息后经过系统解析，最终把消息转发给所属应用，整个工作流程如图 13-10 所示。

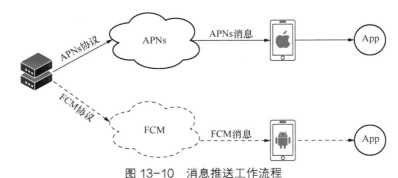

图 13-10　消息推送工作流程

国内的 Android 手机供应商通常会把谷歌服务换成自己开发的推送服务，并定制一套推送标准，而对于开发者，这无疑是增大了适配的负担。在处理 Android 的消息推送时，通常会使用第三方推送服务，如极光（JPush）、个推和友盟推送等。

虽然这些第三方推送服务使用自建的长连接，无法享受操作系统底层的优化，但它们会对所有使用推送服务的应用共享推送通道，只要有一个使用第三方推送服务的应用没被操作系统"杀死"，就可以让消息及时送达，因此并不需要考虑消息到达率的问题。

其中，极光的社区和生态相对活跃，并且在国内较早推出 Flutter 插件，所以我们可以在 Flutter 项目中直接使用这个插件，如图 13-11 所示。

图 13-11　极光推送推出的各平台 SDK 的插件

打开 Flutter 项目，在 pubspec.yaml 文件中添加 jpush_flutter 插件依赖，如下所示。

```
dependencies:
  jpush_flutter: ^0.1.0
```
当然，也可以把 jpush_flutter 下载到本地，然后添加依赖，如下所示。
```
jpush_flutter:
    path: ../jpush-flutter-plugin
```
接入极光推送服务之前，需要先开通极光账号并在后台创建推送应用，然后按照要求填写应用的相关信息，如图 13-12 所示。

图 13-12　极光后台创建推送应用

因为推送会涉及很多原生配置，所以为了能够正常推送消息，还需要在原生 Android 工程和原生 iOS 工程中进行一些配置。对于原生 Android 工程，配置工作相对简单，打开android/app/build.gradle 文件，然后在 defaultConfig 节点中添加如下代码。

```
android: {
    … //省略其他代码
    defaultConfig {
    applicationId "替换成自己应用 ID"
    … //省略其他代码
    //ndk 用于真机运行，用来指定对应的芯片框架
    ndk {
    abiFilters 'armeabi', 'armeabi-v7a', 'x86', 'x86_64', 'mips', 'mips64',
'arm64-v8a',
    }

    manifestPlaceholders = [
        JPUSH_PKGNAME : applicationId,
        JPUSH_APPKEY : "appkey",
        JPUSH_CHANNEL : "developer-default",
    ]
    }
}
```
打开极光开发者服务后台，单击【应用信息】获取应用的"AppKey"等信息。AppKey 是区分其他应用的唯一标识，如图 13-13 所示。

图 13-13　获取应用的"AppKey"等信息

对于原生 iOS 工程，推送配置会涉及应用权限、APNs、极光后台信息关联等。首先，使用 Xcode 打开 Flutter 项目的原生 iOS 工程，然后依次选择【Target】→【Signing & Capabilities】 →【Capability】→【Push Notifications】开启应用的消息推送功能，如图 13-14 所示。

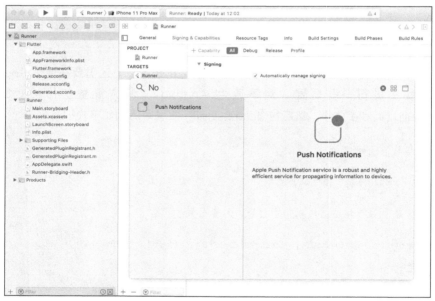

图 13-14　开启原生 iOS 工程的消息推送功能

打开极光推送后台，配置 iOS 推送认证。由于推送需要提供推送证书，因此还需要提前在苹果开发者官网申请苹果公司的推送证书，如图 13-15 所示。

极光推送官网提供了比较详细的申请推送证书的操作步骤，可以按照官网提示进行申请。然后，在极光开发者服务后台上传申请到的推送证书，如图 13-16 所示。

需要说明的是，申请 iOS 推送证书只能使用付费的苹果开发者账号。接下来，使用 Xcode 打开的 Flutter 项目下的原生 iOS 工程，打开 Info 标签下的 Bundle identifier，把在极光推送官网注册的 Bundle ID 更新进去，如图 13-17 所示。

图 13-15 在极光推送后台进行推送设置

图 13-16 上传 iOS 推送证书

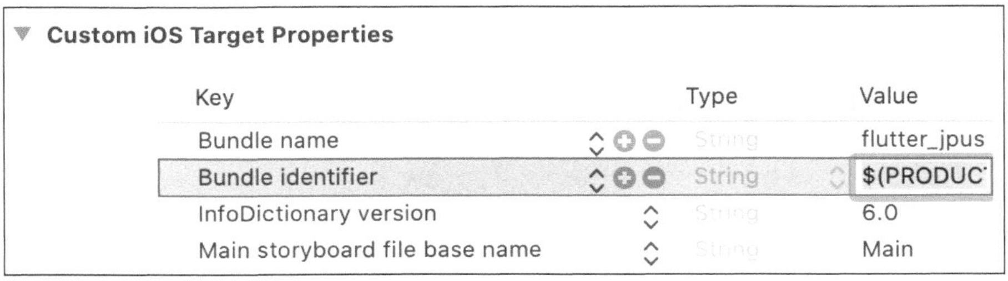

▼ Custom iOS Target Properties

Key		Type	Value
Bundle name	⌃ ⊕ ⊖	String	flutter_jpus
Bundle identifier	⌃ ⊕ ⊖	String ⌃	$(PRODUC'
InfoDictionary version	⌃	String	6.0
Main storyboard file base name	⌃	String	Main

图 13-17 更新原生 iOS 工程的 Bundle ID

　　完成上述操作后,极光推送所需的所有原生环境就配置完成了。接下来,使用 Android Studio 打开 Flutter 项目,在 main.dart 文件的 initState()生命周期函数中添加初始化 Jpush 的代码,如下所示。

```
void initState() {
    super.initState();
    JPush jpush = new JPush();
    jpush.setup(
        appKey: "96d7d7e77bee7abd4d568978",
        channel: "flutter_channel",
        production: false,
        debug: true,          //是否输出 debug 日志
    );
}
```

然后启动 Flutter 应用，并在极光开发者服务后台添加一条推送消息，选择需要推送的平台和内容，然后单击【立即发送】按钮，如图 13-18 所示。

图 13-18　在极光推送后台添加推送信息

等待消息推送成功后，就可以在对应的移动设备上看到推送的消息了，如图 13-19 所示。

图 13-19　Android 接收推送消息

默认情况下，极光在会向所有注册的设备推送消息，如果需要指定某个设备或者多个设备，那么只需要指定 Registration ID。Registration ID 是每个注册设备用来接收消息的唯一标识，可以使用下面和方式获取。

```
JPush jpush = new JPush();
jpush.getRegistrationID().then((rid) {
  setState(() {
    _registID = rid;
  });
});
```

除了支持后台推送外，JPush 还支持本地消息推送，其作用类似于本地广播，可以使用它进行跨页面的数据广播，如下所示。

```
localNotification() {
    var fireDate = DateTime.fromMillisecondsSinceEpoch(
        DateTime.now().millisecondsSinceEpoch + 3000);
    var localNotification = LocalNotification(
        id: 000001,
        title: '本地推送标题',
        buildId: 1,
        content: '本地推送内容',
        fireTime: fireDate,
        extra: {"extra_key": "extra_value"});
    JPush jpush = JPush();
    jpush.sendLocalNotification(localNotification).then((res) {
      print(res);
    });
  }
```

对于纯 Flutter 应用，使用 jpush_flutter 消息推送插件即可实现消息推送。而对于混合工程，通常的做法是在原生端集成推送插件，然后把原生的推送能力暴露给 Flutter 应用，即在原生工程中接入消息推送功能，再使用方法通道的方式将推送消息提供给 Dart 层使用。虽然此种方式会涉及与原生系统的通信，但这也是混合工程集成消息推送的主流方式。

13.3　Flutter 热更新

13.3.1　热更新简介

所谓热更新，指的是当应用代码出现缺陷问题时，开发者不需要重新打包提交 App Store 即可完成缺陷的修复。

苹果对于热更新和修复是明令禁止的，所以热更新主要针对的是 Android 市场。目前，Flutter 对外开放的 SDK 是不支持热更新的，但是在 Flutter 的源码里有一部分预埋的热更新相关的代码，可以在 Android 端实现动态更新功能。

不论是新创建的 Flutter 项目，还是原生工程以 Moudle 或者 aar 的方式集成 Flutter，最终 Flutter 在原生 Android 端应用中都是以混合的形式存在的。所以，当我们拆开一个 Flutter 在 release 模式下编译生成的 aar 包时，其目录结构如图 13-20 所示。

图 13-20　aar 包目录结构

通常，只需要关注 assets、jni 和 libs 目录。

- jni：该目录下存放的是 libflutter.so 文件，该文件是 Flutter 引擎层的 C++实现，提供 skia 绘制引擎、Dart 和 Text 纹理绘制等支持。
- libs：该目录下存放的是 flutter.jar 文件，该文件为 Flutter 嵌入层的 Java 实现，主要为 Flutter 的原生层提供平台功能支持，比如创建线程。
- assets：该目录主要用于存放 Flutter 应用层的资源，包括 images、font 等。

而目前所有的 Flutter 热更新方案中，其基本原理实现都是一样的，即通过修改 libapp.so 的加载路径，把它替换成开发者自己的 libapp_hot.so，以此实现热更新。我们可以打开 io.flutter.embedding.engine.loader 包中的 FlutterLoader 类来查看 libapp.so 包的加载逻辑。

在原生 Android 开发中，Tinker 是一款不错的热修复框架，并且它支持修复 so 文件，既然 Flutter 热更新的基本原理是替换 libapp.so，那么我们就可以利用 Tinker 热更新功能将需要修复的 libapp_hot.so 送达客户端，然后加载 libapp_hot.so 文件，实现代码的热更新。

13.3.2　接入 Bugly

Tinker 作为一款优秀的 Android 热更新方案，对 Android 2.X－10.X 提供全平台支持。在 Flutter 开发中，可以通集成 Bugly 来实现 Android 热更新，因为 Bugly 已经默认集成了 Tinker，并且还提供缺陷上报和应用升级等功能。

接入 Bugly 之前，需要先开通 Bugly 账号，并在官网注册自己的产品。使用 Android Studio 打开 Flutter 项目的 Android 工程，然后在根目录的 build.gradle 文件中添加如下脚本。

```
buildscript {

    dependencies {
        // tinkersupport 插件，其中 lastest.release 表示拉取最新版本
        classpath "com.tencent.bugly:tinker-support:1.2.0"
    }
}
```

接着打开 Android 工程 app 目录下的 build.gradle 文件,并在 android 节点和 dependencies
节点添加如下配置脚本。

```
android {
    ...  //省略其他配置
    defaultConfig {
      ndk {
        //设置支持的 so 库架构
        abiFilters 'armeabi', 'x86', 'armeabi-v7a', 'x86_64', 'arm64-v8a'
      }
    }
  }

dependencies {
    implementation 'com.android.support:multidex:1.0.3'
    implementation 'com.tencent.bugly:crashreport_upgrade:1.4.2'
    //指定 tinker 依赖版本
    implementation 'com.tencent.tinker:tinker-android-lib:1.9.14'
  }
```

当需要升级 SDK 的时候,只需要更新配置脚本中的版本号即可。接下来,在 build.gradle 的
同级目录下创建一个名为 tinker-support.gradle 的配置文件,并添加如下脚本。

```
apply plugin: 'com.tencent.bugly.tinker-support'

def bakPath = file("${buildDir}/bakApk/")
//填写每次构建生成的基准包目录
def baseApkDir = "app-0208-15-10-00"

tinkerSupport {
    //开启 tinker-support 插件,默认值 true
    enable = true

    //指定归档目录,默认值当前 module 的子目录 tinker
    autoBackupApkDir = "${bakPath}"

    //是否启用覆盖 tinkerPatch 配置功能,默认值 false
    overrideTinkerPatchConfiguration = true

    // @{link tinkerPatch.oldApk }
    baseApk = "${bakPath}/${baseApkDir}/app-release.apk"
    baseApkProguardMapping = "${bakPath}/${baseApkDir}/app-release-mapping.txt"
    baseApkResourceMapping = "${bakPath}/${baseApkDir}/app-release-R.txt"

    //构建基准包和补丁包都要指定不同的 tinkerId,并且必须保证唯一性
    tinkerId = "base-1.0.1"
    enableProxyApplication = false
    supportHotplugComponent = true
}

tinkerPatch {
    ignoreWarning = false
    useSign = true
    dex {
```

```
            dexMode = "jar"
            pattern = ["classes*.dex"]
            loader = []
        }
        lib {
            pattern = ["lib/*/*.so"]
        }
        res {
            pattern = ["res/*", "r/*", "assets/*", "resources.arsc", "AndroidMa
nifest.xml"]
            ignoreChange = []
            largeModSize = 100
        }
        packageConfig {
        }
        sevenZip {
            zipArtifact = "com.tencent.mm:SevenZip:1.1.10"
        }
        buildConfig {
            keepDexApply = false
        }
    }
```

在上面的配置脚本中，需要重点关注 baseApkDir 和 tinkerId 两个属性。其中，baseApkDir 表示每次构建生成的基准包目录，而 tinkerId 表示构建基准包和补丁包需要指定的唯一标识。

再次打开 build.gradle 文件，在 build.gradle 文件的头部引入 tinker-support.gradle 配置脚本文件，如下所示。

```
//依赖 Tinker 插件脚本
apply from: 'tinker-support.gradle'
```

Bugly 提供了两种初始化 SDK 的方式，区别是是否需要反射 Application。首先，自定义一个继承自 TinkerApplication 的 Application 类，如下所示。

```
public class SampleApplication extends TinkerApplication {
    public SampleApplication() {
        super(ShareConstants.TINKER_ENABLE_ALL, "com.xzh.hotreload. Sample
ApplicationLike",
                "com.tencent.tinker.loader.TinkerLoader", true);
    }
}
```

可以发现，SampleApplication 需要传入 4 个参数，需要变更的就是第二个参数，表示自定义的 ApplicationLike，如下所示。

```
public class SampleApplicationLike extends DefaultApplicationLike {

    public static final String TAG = "Tinker.SampleApplicationLike";

    public SampleApplicationLike(Application application, int tinkerFlags,
            boolean tinkerLoadVerifyFlag, long applicationStartElapsedTime,
            long applicationStartMillisTime, Intent tinkerResultIntent) {
        super(application, tinkerFlags, tinkerLoadVerifyFlag, application
StartElapsedTime, applicationStartMillisTime, tinkerResultIntent);
    }
```

```
    @Override
    public void onCreate() {
        super.onCreate();
        // SDK 初始化，appId 替换成你的在 Bugly 平台申请的 appId，  调试时，将第三个参
数改为 true
        Bugly.init(getApplication(), "900029763", false);
    }

    @TargetApi(Build.VERSION_CODES.ICE_CREAM_SANDWICH)
    @Override
    public void onBaseContextAttached(Context base) {
        super.onBaseContextAttached(base);
        MultiDex.install(base);

        // 安装 tinker
        // TinkerManager.installTinker(this); 替换成下面 Bugly 提供的方法
        Beta.installTinker(this);
    }

    @TargetApi(Build.VERSION_CODES.ICE_CREAM_SANDWICH)
    public void registerActivityLifecycleCallback(Application.Activity Lif
ecycleCallbacks callbacks) {
        getApplication().registerActivityLifecycleCallbacks(callbacks);
    }
}
```

SampleApplicationLike 类中 Bugly 初始化时需要用到 App ID，如果没有，可以到 Bugly 官网注册应用，然后系统会生成一个对应的 App ID，如图 13-21 所示。

图 13-21　注册应用并获取 App ID

由于 Tinker 需要开启 MultiDex，所以集成 Bugly 时还需要在 build.gradle 配置文件中添加 multidex 插件才可以使用 MultiDex.install()。完成上述操作后，还需要在 AndroidManifest.xml 配置中添加如下配置。

```
<uses-permission android:name="android.permission.READ_PHONE_STATE" />
<uses-permission android:name="android.permission.INTERNET" />
<uses-permission android:name="android.permission.ACCESS_NETWORK_STATE" />
```

```
<uses-permission android:name="android.permission.ACCESS_WIFI_STATE" />
<uses-permission android:name="android.permission.READ_LOGS" />
<uses-permission android:name="android.permission.WRITE_EXTERNAL_STORAGE" />

//兼容 Android N 或者以上设备，必须配置 FileProvider 来访问共享路径的文件
<provider
    android:name="android.support.v4.content.FileProvider"
    android:authorities="${applicationId}.fileProvider"
    android:exported="false"
    android:grantUriPermissions="true">
    <meta-data
        android:name="android.support.FILE_PROVIDER_PATHS"
        android:resource="@xml/provider_paths"/>
</provider>
```

需要说明的是，制作 Android 正式环境的基准包时，需要在 build.gradle 文件中配置签名信息，如下所示。

```
android {
    ...  //省略其他配置
    signingConfigs {
        release {
            try {
                storeFile file("./keystore/release.keystore")
                storePassword "testres"
                keyAlias "testres"
                keyPassword "testres"
            } catch (ex) {
                throw new InvalidUserDataException(ex.toString())
            }
        }
    }
}
```

当制作签名正式包时，为了避免因为混淆而造成代码功能异常，还需要在 Proguard 混淆文件中增加如下配置。

```
-dontwarn com.tencent.bugly.**
-keep public class com.tencent.bugly.**{*;}
# tinker 混淆规则
-dontwarn com.tencent.tinker.**
-keep class com.tencent.tinker.** { *; }
-keep class android.support.**{*;}
```

到此，原生 Android 接入 Bugly 就大体完成了。接下来，只需要执行应用打包和补丁更新操作即可。

13.3.3 热更新示例

执行 Android 的热更新操作之前，需要先制作应用的基准包。执行 flutter build apk –release 打包命令，或者打开 Android Studio 右边的 Gradle 面板执行打包操作，如图 13-22 所示。

执行 assemble 操作后，系统会在 Flutter 项目的 build/app/bakApk 文件夹下生成对应的基准包，并且每个正式签名的基准包目录都会包含基准包、混淆配置文件和资源 ID 文件，如图 13-23 所示。

然后，将生成的 app-release.apk 正式基准包上传到 Bugly 的后台。当线上版本出现缺陷问

题时，就可以使用 tinker-support 插件生成对应的补丁包。

图 13-22　制作 Android 应用基准包

图 13-23　Android 基准包目录结构

修复代码缺陷后，还需要修改 tinker-support.gradle 文件里面对应的 baseApkDir 和 tinkerId 的属性值，然后才能执行补丁包生成操作，如图 13-24 所示。

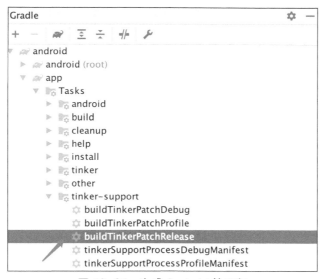

图 13-24　生成 Android 补丁包

执行完补丁包生成操作之后，就会在 Flutter 工程的根目录的 build/outputs 文件夹下生成对应的补丁包文件，如图 13-25 所示。

将生成的带签名的补丁包文件上传到 Bugly 后台，选择补丁的下发范围，点击【立即下发】让补丁生效，然后重新启动 Flutter 应用就可以看到更新后的效果。

事实上，在接入 Tinker 后，应用每次冷启动都会请求补丁策略，并上报当前版本号和 TinkerID，如果检测到新补丁，就会立即执行修复操作。

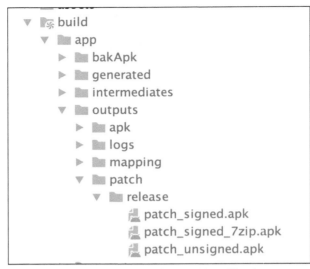

图 13-25　查看生成的 Android 补丁包

第 14 章
新冠肺炎疫情应用

2020 新年伊始，新型冠状病毒肺炎（简称新冠肺炎）病毒席卷全球，科技在抗击新冠肺炎疫情中发挥着重要作用。新冠肺炎疫情应用正是基于这一场景开发的工具类应用。该应用主要由首页、看一看、疫情地图、我的模块构成，提供最新的实时数据，部分效果如图 14-1 所示。

图 14-1　肺炎疫情应用部分效果

14.1　项目搭建

创建项目是开发 Flutter 应用的第一步，通常包括创建工程、添加资源、添加依赖包和配置工程。创建 Flutter 项目可以使用命令或可视化 IDE 两种方式，而 IDE 方式最终使用的也是 Flutter 提供的命令。其中，创建 Flutter 项目的命令如下所示。

```
flutter create chapter14
```

Flutter 项目创建完成之后，使用 WebStrom 打开 Flutter 项目。新建一个名为 assets 的目录用于存放项目所需的资源文件，如图 14-2 所示。

然后，将项目所需的各种图标、背景图片和其他静态资源放到 assets 目录中，并在 pubspec.yaml 配置文件的 assets 资源节点中注册静态资源，如下所示。

```
flutter:
```

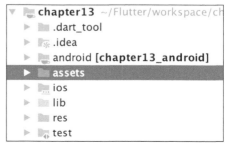

图 14-2　添加资源管理文件

```
assets:
  - assets/images/          //注册静态资源
```

因为 Flutter 开发会使用很多第三方开源库，所以还需要在 pubspec.yaml 文件中添加一些必要的第三方库。本项目用到的部分第三方库如下所示。

```
dependencies:
  flutter:
    sdk: flutter

  cupertino_icons: ^0.1.2              //图标库
  dio: 3.0.9                           //网络请求库
  fluro: 1.5.2                         //路由导航库
  provide: 1.0.2                       //状态管理库
  webview_flutter: 0.3.19+8           //WebView 库
  device_info: 0.4.1+5                //设备版本信息库
  pull_to_refresh: 1.5.8              //下拉刷新库
  flutter_swiper: 1.1.6               //Swiper 库
  cached_network_image: 2.0.0         //网络图片库
  shared_preferences: 0.5.6+2         //持久化数据库
  intl: 0.16.1                        //国际化库
  open_file: 3.0.1                    //文件选择库
  url_launcher: 5.4.2                 //打开第三方应用库
  connectivity: 0.4.8+1               //网络状态监听库
  photo_view: ^0.9.2                  //大图预览库
  fluttertoast: ^3.1.3                //Toast 消息提示库
  syncfusion_flutter_charts: ^18.1.0  //图表组件库
```

配置好第三方插件后，单击 Android Studio 右上角的【Packages get】按钮即可下载项目所需要的插件包。

14.1.1　搭建主框架

由于移动设备显示尺寸的限制，移动应用的设计往往需要考虑更多，并且需要尽可能地做到简单、易用，以方便用户操作。在移动应用设计过程中，选项卡式导航是主流选择，通常会出现在应用的主页面，和其他组件结合使用，构成应用的基本骨架。

对于本项目，选择选项卡导航来搭建应用的主页面。在 Flutter 开发中，我们可以直接使用官方提供的 BottomNavigationBar 组件实现这一基本骨架，如下所示。

```
class IndexPage extends StatefulWidget {
  @override
  _IndexPageState createState() => _IndexPageState();
}

class _IndexPageState extends State<IndexPage> {
  int _selectIndex = 0;          //默认选中 Tab

  final List<BottomNavigationBarItem> bottomTabs = [
    BottomNavigationBarItem(
      icon: LoadImage('assets/images/tab_home_n.png'),
      activeIcon: LoadImage('assets/images/tab_home_p.png'),
      title: Text('首页'),
```

```
    ),
    … //省略其他 Tab 页面
  ];

  final List<Widget> tabBodies = [
    HomePage(),
  ];

  @override
  Widget build(BuildContext context) {
    return Scaffold(
      backgroundColor: Color.fromRGBO(244, 245, 245, 1.0),
      bottomNavigationBar: BottomNavigationBar(
        type: BottomNavigationBarType.fixed,
        currentIndex: _selectIndex,
        items: bottomTabs,
        selectedFontSize: 14,
        unselectedFontSize: 14,
        onTap: (index) {
          onTapped(index);
        },
      ),
      body: IndexedStack(
        index: _selectIndex,
        children: tabBodies,
      ),
    );
  }

  onTapped(int index) {
    setState(() {
      _selectIndex = index;
    });
  }
}

class LoadImage extends StatelessWidget {
  final String img;
  LoadImage(this.img);

  @override
  Widget build(BuildContext context) {
    return Image.asset(img, fit: BoxFit.cover, width: 25.0, height: 25.0);
  }
}
```

BottomNavigationBar 组件是底部导航栏组件，通常需要和 Scaffold 结合使用。使用 BottomNavigationBar 组件时，有几个属性需要注意。

- type：底部导航栏的显示方式，取值有 fixed 和 shifting，少于 4 个选项时使用 fixed 方式，否则使用 shifting 方式。
- currentIndex：底部导航栏的索引。
- items：底部导航栏的图标和文字数组。

除此之外，BottomNavigationBar 组件还提供了很多其他有用的属性，如文字大小和颜色等，具体使用时可以依据需要合理配置。运行上面的代码，效果如图 14-3 所示。

图 14-3   Flutter 应用 Tab 页面的运行效果

对于一个完整的商业应用，会包含多个模块，每个模块包含很多的功能页面，而其中最重要的当属主页面。在很多移动应用的设计过程中，应用的首页是一个聚合页，是很多二级模块的入口。

14.1.2   入口程序

众所周知，不管是什么语言、什么应用，它都会有一个入口函数，并且大多数语言的入口都是 main()。Flutter 应用的入口程序位于 main.dart 文件的 main()中，如下所示。

```
void main() => runApp(MyApp());

class MyApp extends StatelessWidget {
  @override
  Widget build(BuildContext context) {
    … //省略其他代码
  }
}
```

通常，我们可以在入口程序中进行初始化操作，如自定义应用主题、自定义路由，以及其他插件的初始化。在本示例中，需要初始化的内容如下所示。

```
class MyApp extends StatelessWidget {
  @override
  Widget build(BuildContext context) {
    initRouter();
```

```
  return Container(
    child: MaterialApp(
      title: '肺炎疫情',
      onGenerateRoute: Application.router.generator,
      debugShowCheckedModeBanner: false,
      theme: ThemeData(
          primaryColor: Colors.red
      ),
      home: IndexPage(),
    ),
  );
}

//初始化路由
void initRouter() {
  final router =Router();
  Routers.configureRouters(router);
  Application.router = router;
}
}
```

在上面的示例代码中，需要初始化的内容包括路由、数据存储等。除此之外，我们还可以在 MyApp 类中初始化一些其他的内容。

14.1.3 网络请求

在现行的软件架构设计过程中，前端和后端（又称服务端）往往是分离的，即前端专注页面展现，而后端则专注业务逻辑，前端和后端是两个不同的工种，而前后端交互最常见的方式就是接口。使用时，前端通过 HTTP 请求向服务器发起网络数据请求，服务端在接收到请求后进行逻辑处理，并将结果通过接口返回给客户端。

在 Flutter 开发中，进行网络请求需要借助开源库，dio 是一款被广泛使用的 Flutter 网络请求库，支持常见的网络请求方式以及 Restful API、FormData、拦截器、请求取消、Cookie 管理和文件上传下载等操作。因此，在 Flutter 应用开发中，可以使用 dio 来处理网络请求。

使用 dio 处理网络请求过程中，为了简化网络请求以及方便业务开发者进行网络使用，还需要对 dio 进行再次封装。下面是封装 GET 和 POST 请求的示例。

```
import 'package:dio/dio.dart';

enum RequestType {GET, POST}
class HttpUtil {
  //GET 请求
  static getData(String url, Map<String, String> params) async {
    try {
      Response response;
      Options option = Options(
          method: RequestType.GET.toString(),
          responseType: ResponseType.json
      );
      Dio dio=Dio();
```

```
        response = await dio.get(url, queryParameters: params, options: option);
        var res = response.data;
        return res;
    } on DioError catch (error) {
        return print('dio get error:======>$error');
    }
}


//POST 请求
static postData(String url,  Map<String, dynamic> params) async {
    try {
        if(params == null) {
            params = Map();
        }
        Response response;
        Options options = Options(
            method: RequestType.POST.toString(),
            responseType: ResponseType.json,
            headers: const {'Content-Type': 'application/json'},
        );
        Dio dio=Dio();
        response = await dio.request(url, data: params, options: options);
        var res = response.data;
        return res;
    } on DioError catch (error) {
        return print('dio post error:======>$error');
    }
}
}
```

当然，除了 GET 和 POST 请求外，还可以根据实际情况对请求头、表单请求和文件上传下载进行封装。完成网络请求的封装后，新建一个网络请求的辅助类，如下所示。

```
class HomeDao {

    static Future<HomeModel> fetch() async {
        var url=' http://49.232.173.220:3001 /data/getStatisticsService';
        final response = await HttpUtil.getData(url, {});
        if (response!=null ) {
            HomeModel model=HomeModel().fromJson(response);
            return model;
        } else {
            throw Exception('Failed to load home data');
        }
    }
}
```

其中，HomeModel 是一个数据实体类，主要用于存放 JSON 解析的数据。对于 JSON 数据，可以使用 Android Studio 提供的 FlutterJsonBeanFactory 插件来辅助解析。然后，在页面的 initState()生命周期函数中调用 fetch()即可完成网络请求和数据解析。

14.1.4 网页组件封装

在移动应用开发中,网页加载是一种比较常见的需求。由于 Flutter 并没有提供网页加载组件,如果应用开发中需要加载网页,只能使用第三方插件,如 webview_flutter 和 flutter_webview_plugin。

在原生移动应用开发中,为了方便对网页加载进行统一的配置和管理,通常还需要对组件进行再次封装。下面是基于 flutter_webview_plugin 插件封装的一个网页加载组件。

```
class WebViewPage extends StatefulWidget {

  final String url;                 //网页地址
  final String statusBarColor;      //状态栏颜色
  final String title;               //标题
  final bool hideAppBar;            //是否显示自定义 AppBar
  final bool backEnable;            //返回是否可用

  WebViewPage(
      {this.url,
      this.statusBarColor,
      this.title,
      this.hideAppBar,
      this.backEnable = false});

  @override
  _WebViewPageState createState() => _WebViewPageState();
}

class _WebViewPageState extends State<WebViewPage> {
  final webviewPlugin = FlutterWebviewPlugin();

  @override
  void initState() {
    super.initState();
    webviewPlugin.close();
    … //省略部分代码
  }

  @override
  Widget build(BuildContext context) {
    return Scaffold(
      body: Column(
        children: <Widget>[
          Expanded(
              child: WebviewScaffold(
            url: widget.url,
            withZoom: true,
            withLocalStorage: true,
            hidden: true,
          ))
```

```
        ],
      ),
    );
  }

  _appBar(Color backgroundColor, Color backButtonColor) {
    if (widget.hideAppBar ?? false) {
      return Container(
        color: backgroundColor,
        height: 30,
      );
    }
    return Container(
    … //省略部分代码
    );
  }
}
```

在上面的示例代码中，基于 flutter_webview_plugin 插件，我们对网页加载过程中的网络加载、加载失败等情况进行了统一的处理，并最终对外提供了一些必要的属性。当需要加载网页时，只需要按照构造函数传入标题和网页地址属性即可，如下所示。

```
return WebViewPage(
    url: '地址 xxx',
    title: '标题',
  );
```

运行上面的代码，效果如图 14-4 所示。

图 14-4　网页加载运行效果

14.2　功能开发

14.2.1　首页模块开发

　　一个完整的商业应用通常包含多个业务模块，每个模块又包含多个页面，并最终形成一个完整的链路。

　　在移动应用开发中，应用启动后的第一个页面通常就是应用的主页，因此主页在应用中发挥着举足轻重的作用。根据展现侧重点的不同，应用的主页通常包含几个子模块，首页模块通常是这几个模块中比较重要的。为了让用户尽可能多地浏览产品，首页模块的设计往往比较复杂。

　　而在编码方面，由于首页模块包含的内容比较多，为了降低页面代码的复杂度，同时提高代码的可维护性和可阅读性，通常的做法是按照功能对页面进行拆分，并将每一个业务模块视为一个组件进行开发，然后依据页面布局重新组装。

　　以广告栏为例，首先新建一个名为 HomeBannerView.dart 的子模块，代码如下。

```
class HomeBannerView extends StatelessWidget {

  List<ItemViewModel> banner;
  HomeBannerView(this.banner);

  @override
  Widget build(BuildContext context) {
    return Container(
      height: 160,
      child: Swiper(
        itemCount: banner.length,
        itemBuilder: (BuildContext context, int index) {
          return GestureDetector(
            onTap: () {
              //处理跳转
            },
            child: Image.network(banner[index].icon),
          );
        },
        pagination: SwiperPagination(),
      ),
    );
  }
}
```

　　同理，对于其他业务模块，也可以使用上面的方式进行拆分。如果子模块的数据需要依赖外界传入，可以创建一个构造函数，然后在使用时由外部传入。当首页所需的子模块都开发完成之后，最后依据页面布局对这些子模块进行组装形成一个完整的页面，如下所示。

```
const APPBAR_SCROLL_OFFSET = 100;
const SEARCH_BAR_DEFAULT_TEXT = '查询疫情新闻、购药';
```

```dart
class HomePage extends StatefulWidget {
  @override
  _HomePageState createState() => _HomePageState();
}

class _HomePageState extends State<HomePage> {

  double appBarAlpha = 0;
  bool _loading = true;
  HomeModel homeModel ;
  List<dynamic> rumours = List();

  @override
  void initState() {
    super.initState();
    _handleRefresh();
  }

  @override
  Widget build(BuildContext context) {
    return Scaffold(
      body: LoadingContainer(
          isLoading: _loading,
          child: Stack(
            children: <Widget>[
              RefreshIndicator(
                    onRefresh: _handleRefresh,
                    child: NotificationListener(
                      child: _listView)),
              _appBar
            ],
          )),
    );
  }

  //按照页面布局组装子模块
  Widget get _listView {
    return Container(
      color: Colors.white,
      child: ListView(
        shrinkWrap: true,
        children: <Widget>[
          HomeBannerView(),
          HomeGuideView(),
        … //省略其他代码
        ],
      ),
    );
  }

  … //省略部分代码
  Future<Null> _handleRefresh() async {
    try {
```

```
    HomeModel model = await HomeDao.fetch();
    RumourDao.getRumor().then((rumor){
      setState(() {
        homeModel=model;
        rumours=rumor;
        _loading = false;
      });
    });
  } catch (e) {}
  return null;
}
}
```

在此示例中，由于页面的数据是统一请求的，所以还需要在根页面的 initState() 生命周期函数中进行网络请求，然后将数据通过子模块的构造函数设置给对应的子模块。运行上面的代码，效果如图 14-5 所示。

图 14-5　首页模块运行效果

14.2.2　疫情地图模块开发

和应用首页的构成差不多，疫情地图模块的主页面由疫情统计和疫情地图等子模块构成，并且只提供一些基本的数据展示，对于更加详细的信息则只提供入口，部分效果如图 14-6 所示。

可以发现，相比其他模块，疫情模块显然要复杂很多，它主要由全球疫情、海外疫情和国内疫情 3 个 Tab 页面构成，而每个 Tab 页面又由疫情数据、疫情地图和疫情新闻组成。

图 14-6　疫情模块部分运行效果

在移动产品设计中，Tab 布局是一种比较常见的页面布局方式，主要由标题和内容区域构成，用户点击标题时可以实现内容区域的切换。在 Flutter 中，实现 Tab 布局需要同时使用 TabBar、TabBarView 和 TabController。

其中，TabBar 和 TabBarView 是 Material 组件库提供的两个组件，TabBar 组件用于显示 Tab 的菜单信息，TabBarView 组件是一个容器，用来展示每个 Tab 的具体内容，TabController 组件则是 Tab 布局的控制器，用于定义 Tab 标签和控制动画切换效果等，TabBar 和 TabBarView 组件最终使用 TabController 关联起来。下面是使用 TabBar、TabBarView 和 TabController 完成简单的 Tab 页面切换的示例代码。

```
class MapPage extends StatefulWidget {
  @override
  State<StatefulWidget> createState() {
    return _MapPageState();
  }
}

class _MapPageState extends State<MapPage> with SingleTickerProviderStateMixin {
  var _tabs = ["全球疫情", "国外疫情", "国内疫情"];
  TabController _tabController;

  @override
  void initState() {
    super.initState();
    _tabController = TabController(initialIndex: 0, length: _tabs.length, vsync: this);
  }

  @override
```

```
    void dispose() {
      _tabController.dispose();
      super.dispose();
    }

    @override
    Widget build(BuildContext context) {
      return Scaffold(
        appBar: AppBar(
          title: Text('疫情地图'),
          bottom: TabBar(
            tabs: <Widget>[
              Tab(text: _tabs[0]),
              Tab(text: _tabs[1]),
              Tab(text: _tabs[2]),
            ],
            controller: _tabController,
            indicatorColor: Colors.white,
          ),
        ),
        body: TabBarView(
          controller: _tabController,
          children: <Widget>[
            TabGlobalPage(),          //全球疫情
            TabForeignPage(),         //国外疫情
            TabDomesticPage(),        //国内疫情
          ],
        ));
    }
  }
```

需要说明的是，使用 TabBar 和 TabBarView 组件实现 Tab 页面切换时，需要给 TabBarView 固定宽和高，否则容易显示异常。

14.2.3　权威辟谣

由于消息传递不够及时以及不够准确，疫情防控前期造成了一定的恐慌。及时、详细、准确的信息不仅有助于民众提高警惕，而且还有助于疾病的预防。

权威辟谣是疫情应用提供的一个子模块，提供最新的辟谣信息，由权威部门不定时更新，运行效果如图 14-7 所示。

权威辟谣页面使用列表显示，因为需要显示的内容比较多，所以使用分页机制。在 Flutter 应用开发中，对于分页功能，除了可以使用 ListView，还可以使用第三方库来实现，如 flutter_easyrefresh。

flutter_easyrefresh 是 Flutter 社区开源的一款支持下拉刷新和上拉加载的开源库，支持多种风格的 Header 和 Footer，并且支持自定义头部和尾部显示效果。下面是使用 flutter_easyrefresh 库实现权威辟谣页面下拉刷新和上拉加载的代码。

图 14-7 权威辟谣运行效果

```
class RumourPage extends StatefulWidget {
  @override
  State<StatefulWidget> createState() {
    return _RumourState();
  }
}

class _RumourState extends State<RumourPage> {
  GlobalKey<EasyRefreshState> _easyRefreshKey = GlobalKey<EasyRefreshState>();
  GlobalKey<RefreshHeaderState> _headerKey = GlobalKey<RefreshHeaderState>();
  GlobalKey<RefreshFooterState> _footerKey = GlobalKey<RefreshFooterState>();
  bool hasMore = true;
  int _pageSize = 10;
  int _page = 1;
  List<RumoursNews> rumorList = List();

  @override
  void initState() {
    super.initState();
    _onRefresh();
  }

  @override
  Widget build(BuildContext context) {
    return Scaffold(appBar: MyAppBar(centerTitle: "权威辟谣"), body:
buildBody());
  }

  Widget _buildBody() {
    return EasyRefresh(
      key: _easyRefreshKey,
```

```
          onRefresh: _onRefresh,
          loadMore: _onLoadMore,
          refreshHeader: MaterialHeader(
            key: _headerKey,
          ),
          refreshFooter: BallPulseFooter(
            key: _footerKey,
          ),
          child: SingleChildScrollView(
              scrollDirection: Axis.vertical,
              physics: BouncingScrollPhysics(),
              child: Column(
                  children: rumorList.map(_buildItem).toList())));
}

Widget _buildItem(item) {
  return GestureDetector(
    child: _buildItemView(item),
    onTap: () {
        //跳转详情页面
    },
  );
}

Widget _buildItemView(item){
  return Column(
    children: <Widget>[
    … //省略单元格视图代码
    ],
  );
}

//下拉刷新
Future<Null> _onRefresh() async {
  _page = 1;
  rumorList.clear();
  getRumor(_page);
}

//上拉加载
Future<void> _onLoadMore() async {
  _page++;
  getRumor(_page);
}

//获取数据
getRumor(page) async {
  RumoursModel model = await RumoursDao.getRumour(page);
    //刷新状态
  setState(() {
    for (var item in model.newslist) {
      rumorList.add(item);
    }
```

```
        _loading = false;
      });
    }
  }
```

可以发现，下拉刷新和上拉加载的功能实现还是比较简单的。首先，我们创建一个列表数据结构用于接收接口返回的数据，当执行下拉刷新操作时需要先清除列表的数据，再将接口数据赋值给列表，而执行上拉加载时只需要将请求的数据添加到列表中即可。

14.2.4 同行程查询

自疫情爆发以来，多地陆续爆出多例确诊案例，这些患者不少曾乘坐过公共交通工具，如飞机、高铁、公交车等，与他们一起乘坐的乘客也有感染的风险。一旦确诊，相关部门都会设法通知与其同乘的乘客进行居家隔离，避免风险进一步扩散。

为了降低扩散风险，根据政府官网、疾控中心、媒体等权威信源发布的公开信息，整合全国各地多条车次、航班等同行程信息供大众查询，运行效果如图 14-8 所示。

图 14-8 同行程查询运行效果

对于同行程查询功能，重点看一下出行方式弹框的实现。在 Flutter 中，对于弹框的实现，除了可以使用 Flutter 官方提供的 Dialog 组件外，还可以使用自定义组件。不过，由于 Dialog 继承自 StatelessWidget 无状态根组件，如果弹框中有需要改变的属性（如单选框或者多选框），那么使用官方的 Dialog 组件是无法实现的，此时只能使用自定义组件。

首先，我们新建一个继承自 Dialog 的基础自定义组件，如下所示。

```
class BasicDialog extends Dialog {

  const BasicDialog({Key key, this.title, this.onPressed, this.hiddenTitle:
false, @required this.child}): super(key: key);
```

```
final String title;                    //标题
final Function onPressed;               //确认函数
final Widget child;
final bool hiddenTitle;                 //是否隐藏标题

@override
Widget build(BuildContext context) {
  return Container(
      child: Center(
        child: Container(width: 280,
          child: Column(
          mainAxisSize: MainAxisSize.min,
          children: <Widget>[
           _buildTitle(),
           Flexible(child: child),
           _buildAction(context)
        ],
      ),
  )));
}
… //省略部分代码

Widget _buildAction(BuildContext context) {
  return Row(
    children: <Widget>[
      Expanded(
        child: SizedBox(
          height: 45.0,
          child: FlatButton(
            child: Text("取消",style: TextStyle(fontSize: Dimens.font_sp18),
            ),
            onPressed: () {
              AppRoute.pop(context);
            },
          ),
        ),
      ),
      … //省略确认按钮代码
    ],
  );
}
}
```

因为弹框是一种比较通用的需求，所以在上面的代码中，我们对通用的标题、取消按钮、确认按钮进行了统一的处理，对于需要自定义显示的内容使用传入的方式进行单独控制。

在移动应用开发中，因为弹框是一种比较通用的需求，所以在上面的代码中，我们对通用的标题、取消和确认按钮进行了统一的封装处理，对于需要自定义显示的内容则使用构造函数的方式在使用时传入。

需要说明的是，自定义 Dialog 时根组件需要使用 Material 组件进行包裹，否则 Dialog 界面的文字会出现黄色的下划线，导致这种情况的原因是文本组件属于 Material 风格的组件，如果根节点不是 Material 风格的组件，就会使用默认的黄色下划线格式。

接下来，新建一个 TravelDialog 类用于实现单选弹框的功能，如下所示。

```
class TravelDialog extends StatefulWidget {

  TravelDialog({Key key, this.value, this.onPressed, }) : super(key: key);

  final List<int> value;
  final Function(List) onPressed;

  @override
  _TravelState createState() => _TravelState();
}

class _TravelState extends State<TravelDialog> {

  List _selectValue = List();
  var _list = ["飞机", "火车", "轮船", "客车", "公交车", "出租车", "其他"];

  Widget getItem(int index) {
    _selectValue = widget.value ?? [0];
    return Material(
      child: InkWell(
        … //省略子布局代码
        onTap: () {
          setState(() {
            _selectValue.clear();
            _selectValue.add(index);
          });
        },
      ),
    );
  }

  @override
  Widget build(BuildContext context) {
    return BasicDialog(
      title: "出行方式",
      child: Column(
        children: <Widget>[
          getItem(0),
          … //省略其他 Item
        ],
      ),
      onPressed: () {
        AppRoute.pop(context);
        widget.onPressed(_selectValue);
      },
    );
  }
}
```

对于单选弹框，实现方式是维护一个列表，当选中某一个选项时先清空列表数据，然后将选中的子单元的索引加入列表，最后通知列表刷新。当需要显示单选弹框时，调用下面的函数即可。

```
showDialog(
    builder: (context) {
        return TravelDialog(
          value: _selectValue,
          onPressed:(value){
            setState(() {
              _selectValue = value;
            });
          },);
    });
```

14.2.5 大图预览

不管是在原生 Android 开发还是在原生 iOS 开发，都会遇到大图预览的开发需求，运行效果如图 14-9 所示。

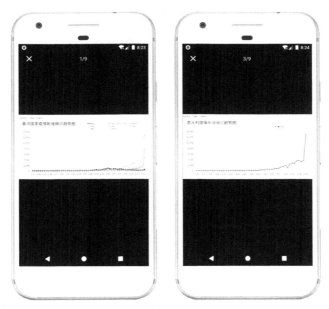

图 14-9 大图预览运行效果

对于原生应用开发，iOS 可以使用 XLPhotoBrowser 库，Android 则可以使用 PhotoView 库来实现大图预览。在 Flutter 中，实现大图预览需要使用 photo_view 开源库。同时，因为大图预览是一个通用的需求，所以可以将它封装成一个组件，如下所示。

```
class BrowsePage extends StatefulWidget {

    List<String> images=[];           //图片列表
    int index=0;                      //图片索引
    PageController controller;

    BrowsePage({@required this.images,this.index,this.controller}) {
      controller=PageController(initialPage: index);
    }
```

```
    @override
    _BrowseState createState() => _BrowseState();
}

class _BrowseState extends State<BrowsePage> {
    int currentIndex=0;

    @override
    void initState() {
        super.initState();
        currentIndex=widget.index;
    }

    @override
    Widget build(BuildContext context) {
        return Scaffold(
            body: Stack(
                children: <Widget>[
                    Container(
                        child: PhotoViewGallery.builder(
                            scrollPhysics: const BouncingScrollPhysics(),
                            builder: (BuildContext context, int index) {
                                return PhotoViewGalleryPageOptions(
                                    imageProvider: NetworkImage(widget.images[index]),
                                );
                            },
                            itemCount: widget.images.length,
                            backgroundDecoration: null,
                            pageController: widget.controller,
                            enableRotation: true,
                            onPageChanged: (index){
                                setState(() {
                                    currentIndex=index;
                                });
                            },
                        )
                    ),
                    Positioned(
                        child: Center(
                            child: Text("${currentIndex+1}/${widget.images.length}"),
                        ),
                    ),
                    Positioned(
                        child: IconButton(
                            icon: Icon(Icons.close,size: 30,color: Colors.white,),
                            onPressed: (){
                                Navigator.of(context).pop();
                            },
                        ),
                    ),
                ],
            ),
        );
```

```
    }
}
```

当需要跳转预览大图页面时，只需要按照 BrowsePage 类构造函数要求传入图片列表和当前图片的索引即可，如下所示。

```
List<String> pics = List();        //图片列表
Navigator.of(context).push(FadeRoute(page: BrowsePage(
    images:pics,
    index: 0,
)));
```

14.3　异常监测与上报

14.3.1　Flutter 异常

软件项目的交付是一个复杂且漫长的过程，任何小问题都有可能导致交付的失败。我们经常遇到应用在开发测试时没有任何异常，而一旦上线就问题频出。出现这些异常，可能是因为不充分的机型适配或者用户糟糕的网络状况造成的，也可能是 Flutter 框架自身缺陷造成的，甚至是操作系统底层的问题。

对于这类异常问题，最佳处理方式是捕获用户的异常信息，将异常现场保存起来并上传至服务器，然后通过分析异常上下文来定位引起异常的原因，并最终解决此类问题。

Flutter 异常指的是 Flutter 应用中 Dart 代码运行时发生的错误。与 Java 和 OC 等多线程模型的编程语言不同，Dart 是一门单线程的编程语言，采用事件循环机制来运行任务，所以各个任务的运行状态是互相独立的。也就是说，当应用在存运行过程中出现异常时，并不需要像 Java 那样使用 try-catch 机制来捕获异常，因为即便某个任务出现了异常，Dart 程序也不会退出，只会导致当前任务后续的代码不会被执行，而其他代码仍然可以继续使用。

根据异常来源的不同，可以将异常分为 Framework 异常和 Dart 异常。Flutter 对这两种异常提供了不同的捕获方式。Framework 异常是由 Flutter 框架引发的，当出现 Framework 异常时，Flutter 会自动弹出一个红色错误页面。而对于 Dart 异常，则可以使用 try-catch 机制和 catchError 语句进行处理。

除此之外，Flutter 还提供了集中处理框架异常的方案。集中处理框架异常需要使用 Flutter 提供的 FlutterError 类，此类的 onError 属性会在接收到框架异常时执行相应的回调。因此，要实现自定义捕获异常逻辑，只需要为它提供一个自定义的错误处理回调函数即可。

14.3.2　异常捕获

在 Flutter 开发中，Framework 异常通常是由 Flutter 框架底层异常引起的，很难被捕捉和修复，所以此处所说的异常指的是 Dart 异常，即应用代码引起的异常。根据异常代码的执行时序，Dart 异常可以分为同步异常和异步异常两类。对于同步异常，可以使用 try-catch 机制捕获；而异步异常的捕获则比较麻烦，需要使用 Future 提供的 catchError 语句来捕获，如下所示。

```
//使用 try-catch 机制捕获同步异常
try {
  throw StateError('This is a Dart exception');
}catch(e) {
  print(e);
}

//使用 catchError 语句捕获异步异常
Future.delayed(Duration(seconds: 1))
    .then((e) => throw StateError('This is a Dart exception in Future.'))
    .catchError((e)=>print(e));
```

需要说明的是，由于异步调用所抛出的异常是无法使用 try-catch 机制捕获的，因此下面的写法就是错误的。

```
//以下代码无法捕获异步异常
try {
  Future.delayed(Duration(seconds: 1))
      .then((e) => throw StateError('This is a Dart exception in Future'))
}catch(e) {
  print("This line will never be executed");
}
```

对于 Dart 异常，同步异常使用的是 try-catch 机制，异步异常则使用的是 catchError 机制。如果想集中管理代码中的所有异常，那么可以使用 Flutter 提供的 Zone.runZoned()。

在 Dart 中，Zone 表示一个虚拟的代码执行环境，其概念类似于其他语言中的沙盒环境，不同沙盒之间是互相隔离的。如果沙盒中的代码执行出现异常，那么可以使用沙盒提供的 onError()进行处理，如下所示。

```
//同步异常
runZoned(() {
  throw StateError('This is a Dart exception.');
}, onError: (dynamic e, StackTrace stack) {
  print('Sync error caught by zone');
});

//异步异常
runZoned(() {
  Future.delayed(Duration(seconds: 1))
      .then((e) => throw StateError('This is a Dart exception in Future.'));
}, onError: (dynamic e, StackTrace stack) {
  print('Async error aught by zone');
});
```

可以看到，在没有使用 try-catch 机制、catchError 语句的情况下，无论是同步异常还是异步异常，都可以使用 Zone 直接捕获。

同时，如果需要集中捕获 Flutter 应用中未处理的异常，那么可以把 main()中的 runApp 语句也放置在 Zone 中，这样就可以在检测到代码运行异常时对捕获的异常信息进行统一处理，如下所示。

```
runZoned<Future<Null>>(() async {
  runApp(MyApp());
```

```
}, onError: (error, stackTrace) async {
  //异常处理
});
```

除了 Dart 异常外，Flutter 应用开发中另一个比较常见的异常是 Framework 异常，即 Flutter 框架引起的异常，系统会自动弹出一个红色的错误页面。

通常，此页面反馈的错误信息对开发环境的问题定位还是很有帮助的，但如果让线上用户也看到这样的错误页面，体验就大打折扣。对于 Framework 异常，最通用的处理方式就是重写 ErrorWidget.builder()，然后将默认错误提示页面替换成一个更加友好的自定义错误提示页面，如下所示。

```
ErrorWidget.builder = (FlutterErrorDetails flutterErrorDetails){
  //自定义错误提示页面
  return Scaffold(
    body: Center(
      child: Text("Custom Error Widget"),
    )
  );
};
```

目前，市面上大部分的商业应用都有自己的错误日志系统和埋点系统，这些日志系统可以在系统出现异常时收集错误信息，并择机上传到服务器供错误分析时使用。

14.3.3 异常捕获示例

通常，只有当代码运行出现错误时，系统才会给出异常错误提示。为了说明 Flutter 捕获异常的工作流程，首先来看一个越界访问的示例。

首先，新建一个 Flutter 项目，然后修改 main.dart 文件的代码，如下所示。

```
class MyHomePage extends StatelessWidget {
 @override
 Widget build(BuildContext context) {
   List<String> numList = ['1', '2'];
   print(numList[5]);
   return Container();
 }
}
```

上面的代码模拟的是一个越界访问的异常场景。当运行上面的代码时，控制台会给出如下错误信息。

```
RangeError (index): Invalid value: Not in range 0..2, inclusive: 5
```

对于程序中出现的异常，只需要在程序异常的地方捕获并处理异常即可。不过，这样会对项目的代码结构造成破坏，因此更通常的做法是在 Flutter 应用的入口 main.dart 文件中，使用 Flutter 提供的 FlutterError 类进行集中处理，如下所示。

```
Future<Null> main() async {
  FlutterError.onError = (FlutterErrorDetails details) async {
    Zone.current.handleUncaughtError(details.exception, details.stack);
  };

  runZoned<Future<void>>(() async {
```

```
    runApp(MyApp());
  }, onError: (error, stackTrace) async {
    await _reportError(error, stackTrace);
  });
}

Future<Null> _reportError(dynamic error, dynamic stackTrace) async {
  print('catch error='+error);
}
```

同时，对于开发环境和线上环境还需要区别对待。这是因为在开发环境中遇到的错误，一般是可以立即定位并修复的，而对于线上环境中的错误，需要对日志进行上报，如下所示。

```
Future<Null> main() async {
  FlutterError.onError = (FlutterErrorDetails details) async {
    if (isDebugMode) {
      FlutterError.dumpErrorToConsole(details);
    } else {
      Zone.current.handleUncaughtError(details.exception, details.stack);
    }
  };
  … //省略其他代码
}

bool get isDebugMode {
  bool inDebugMode = false;
  assert(inDebugMode = true);
  return inDebugMode;
}
```

14.3.4   异常上报

目前为止，我们已经对应用中出现的所有未处理异常进行了捕获，不过这些异常还只能被保存在移动设备中，如果想要将这些异常上报到服务器，还需要做很多工作。

目前，支持 Flutter 异常的日志上报的方案有 Sentry、Crashlytics 等。其中，Sentry 是收费的，它提供的 Flutter 插件可以帮助开发者快速接入日志上报功能。Crashlytics 是 Flutter 官方支持的日志上报方案，开源且免费，缺点是没有公开的 Flutter 插件，而 flutter_crashlytics 插件接入起来也比较麻烦。

Sentry 是一个商业级的日志管理系统，支持自动上报和手动上报两种方式。在 Flutter 开发中，由于 Sentry 提供了 Flutter 插件，因此如果有日志上报的需求，Sentry 是一个不错的选择。

使用 Sentry 之前，需要先在官网注册开发者账号，然后创建一个 App 项目。项目创建完成之后，系统会自动生成一个 DSN，依次选择【Project】→【Settings】→【Client Keys】打开 DSN，如图 14-10 所示。

接下来，使用 Android Studio 打开 Flutter 项目，在 pubspec.yaml 文件中添加 Sentry 插件依赖，如下所示。

```
dependencies:
  sentry: ">=3.0.0 <4.0.0"
```

图 14-10　查看 Sentry DSN

用 flutter packages get 命令将插件拉取到本地。使用 Sentry 之前，需要先创建一个 SentryClient 对象，如下所示。

```
const dsn='';
final SentryClient _sentry = new SentryClient(dsn: dsn);
```

为了方便对异常日志进行上传，可以提供一个日志的上报方法，然后在需要进行日志上报的地方调用日志上报方法即可，如下所示。

```
Future<void> _reportError(dynamic error, dynamic stackTrace) async {
  _sentry.captureException(
      exception: error,
      stackTrace: stackTrace,
    );
}

runZoned<Future<void>>(() async {
  runApp(MyApp());
}, onError: (error, stackTrace) {
  _reportError(error, stackTrace);             //上传异常日志
});
```

同时，开发环境中遇到的异常通常是不需要上报的，因为它可以被立即定位并修复，线上环境中遇到的异常才需要上报，如下所示。

```
const dsn='xxx';
final SentryClient _sentry = new SentryClient(dsn: dsn);

Future<Null> main() async {
  FlutterError.onError = (FlutterErrorDetails details) async {
    if (isInDebugMode) {
      FlutterError.dumpErrorToConsole(details);
    } else {
      Zone.current.handleUncaughtError(details.exception, details.stack);
    }
  };
```

```
    runZoned<Future<Null>>(() async {
      runApp(MyApp());
    }, onError: (error, stackTrace) async {
      await _reportError(error, stackTrace);
    });
}

Future<Null> _reportError(dynamic error, dynamic stackTrace) async {
  if (isInDebugMode) {
    print(stackTrace);
    return;
  }
  final SentryResponse response = await _sentry.captureException(
    exception: error,
    stackTrace: stackTrace,
  );

  //对上报异常的处理
  if (response.isSuccessful) {
    print('Success! Event ID: ${response.eventId}');
  } else {
    print('Failed to report to Sentry.io: ${response.error}');
  }
}

bool get isInDebugMode {
  bool inDebugMode = false;
  assert(inDebugMode = true);
  return inDebugMode;
}
```

在真机上重新运行 Flutter 应用,如果出现异常,就可以在 Sentry 服务端看到对应的异常日志,如图 14-11 所示。

图 14-11　在 Sentry 后台查看异常日志

```
runZoned<Future<Null>>(() async {
  runApp(MyApp());
```

```
}, onError: (error, stackTrace) async {
    //异常处理
});
```

14.4　性能分析与优化

14.4.1　性能图层

在应用开发过程中，除了应用本身存在的逻辑错误和视觉异常问题外，另一类常见的问题就是性能问题，如滑动不流畅、页面偶现卡顿丢帧现象等。虽然性能问题不至于让移动应用完全不可用，但也很容易引起用户的反感，并最终导致用户流失。

和原生移动应用一样，Flutter 的性能问题可以分为 GPU 线程问题和 UI 线程问题两类。通常，对于性能问题的分析都有一个通用的流程，即先通过性能图层的初步分析来确认基本问题，然后利用 Flutter 提供的各类分析工具来定位问题，最后提出对应的修复方案。

对于 Flutter 性能分析，首先就是使用工具或其他手段快速定位代码中的性能问题，而性能图层就是这么一款可以快速确认问题影响范围的 "利器"。为了进行性能图层分析，首先需要使用分析模式启动应用，与调试模式可以使用模拟器不同，分析模式只能在真机环境下运行。

之所以只能在真机环境中进行性能图层分析，是因为模拟器使用的是 x86 指令集，而真机使用的是 ARM 指令集。这两种方式的二进制代码执行行为完全不同，因此模拟器与真机的性能差异较大，也就无法使用模拟器来评估真机才能出现的性能问题。

在 Flutter 开发中，既可以在 Android Studio 中通过选择【Run】→【Profile 'main.dart'】来启动应用，也可以通过命令来启动 Flutter 应用，如下所示。

```
flutter run --profile
```

应用启动后，就可以使用 Flutter 提供的 PerformanceOverlay 渲染分析工具来分析渲染问题。首先，打开 Android Studio，依次选择【Preference】→【Language & Frameworks】→【Flutter】打开 PerformanceOverlay 渲染分析开关，如图 14-12 所示。

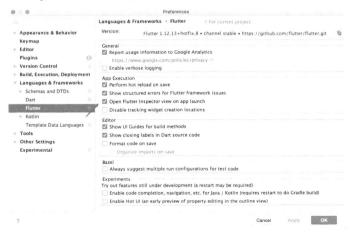

图 14-12　开启性能图层分析功能

重新运行 Flutter 项目，单击 Android Studio 的【Flutter Inspector】窗口即可打开应用的树状图结构，如图 14-13 所示。

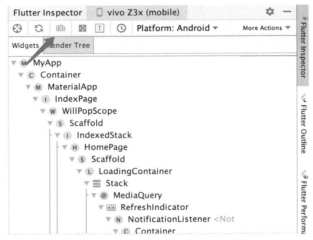

图 14-13　Flutter 应用树状图结构

单击 Flutter Inspector 窗口左上角的树状图按钮，即可在手机屏幕上显示当前应用的 UI 帧率和 GPU 帧率波图，如图 14-14 所示。

可以发现，性能图层会覆盖在当前应用的最上层，以 Flutter 引擎自绘的方式展示 GPU 与 UI 线程的执行图表信息。其中，每一张图表都代表当前线程最近 300 帧的表现，如果 UI 出现卡顿或者跳帧，性能图层会给出对应的信息，通过分析图表信息即可找到渲染问题的原因。

图 14-14　UI 帧率和 GPU 帧率波图

为了让应用流畅运行，要保持 60Hz 的刷新频率，因此 GPU 线程与 UI 线程中执行每一帧耗费的时间都应该小于 16 毫秒。如果其中某一帧处理时间过长，就会导致界面卡顿，随之图表中会展示出一个红色竖条。如果红色竖条出现较多，则说明渲染的图形太复杂，需要分析并优化代码的执行时间。

14.4.2　GPU 问题分析

在 Flutter 开发中，性能问题主要分为 GPU 线程问题和 UI 线程问题两大类，而 GPU 问题则集中体现在底层的渲染耗时上。有时候，我们会发现视图虽然构造起来很容易，但是在真正渲染时却很耗时。通过分析发现，造成渲染耗时的原因可能是由于组件裁剪、蒙层等多视图叠加渲染，或者是缺少缓存机制导致静态图像的反复绘制，而这些问题都会造成 GPU 渲染速度的降低。

接下来，我们通过性能图层提供的两项参数 checkerboardOffscreenLayers 和 checkerboardRasterCacheImages 来分析造成 GPU 渲染速度降低的常见原因。其中，checkerboardOffscreenLayers 是 Flutter 提供的用于检查多视图叠加的视图渲染开关，checkerboardRasterCacheImages

则是用于检查缓存的图像开关。

在 Flutter 开发中，多视图叠加通常会用到 Canvas 里的 saveLayer()，这个方法在实现半透明效果时非常有用，但由于其底层在 GPU 渲染上会涉及多图层的反复绘制，因此也会带来较大的性能问题。

对于多视图叠加情况的检测，只需要在应用的入口，即 MaterialApp 的初始化方法中打开 checkerboardOffscreenLayers 开关即可，然后分析工具会自动开启多视图叠加情况的检测。

下面是使用 CupertinoPageScaffold 和 CupertinoNavigationBar 实现动态模糊效果的示例。

```dart
import "dart:math";

void main() => runApp(MyApp());

class MyApp extends StatelessWidget {
  @override
  Widget build(BuildContext context) {
    return MaterialApp(
      checkerboardOffscreenLayers:true,     //开启多视图叠加检测
      home: MyHomePage(),
    );
  }
}

class MyHomePage extends StatelessWidget {

  @override
  Widget build(BuildContext context) {
    return CupertinoPageScaffold(
        navigationBar: CupertinoNavigationBar(),
        child: ListView.builder(
            itemCount: 100,
            itemBuilder: (context, index) => ListViewItem()));
  }
}

class ListViewItem extends StatelessWidget {

  var _color = randomColor();

  @override
  Widget build(BuildContext context) {
    return Container(
      ... //省略部分代码
    );
  }
}

Color randomColor() {
  var r = Random().nextInt(255);
  var color = Color.fromRGBO(r, g, b, 1);
  return color;
}
```

当开启 checkerboardOffscreenLayers 多视图叠加检测功能之后，再运行上面的代码，滑动列表时就可以看到由于视图蒙层对 GPU 造成的渲染压力导致的视图频繁闪烁问题，并在屏幕顶部显示棋盘格式的警告，如图 14-15 所示。

图 14-15　多视图叠加检测效果图

之所以出现上面的情况，是因为使用了 saveLayer() 的组件会自动显示为棋盘格式，并随着页面的刷新而闪烁。不过，saveLayer() 是一个较为底层的绘制方法，实际开发时一般不会直接使用它，如果开发中遇到需要剪切或半透明蒙层的场景可以使用其他方式来实现。

在 Flutter 开发中，另一个消耗性能的操作是图像渲染，因为图像渲染通常会涉及大量的 I/O、GPU 存储以及数据交互等资源消耗操作。通常为了缓解 GPU 的渲染压力，Flutter 会提供多层次的缓存快照，当组件重建视图时就无须重新绘制静态图像，从而提升渲染性能。

与检查多视图叠加渲染使用 checkerboardOffscreenLayers 参数一样，检测应用缓存图像需要打开 checkerboardRasterCacheImages 开关，然后才能检测界面重绘时频繁闪烁的图像。同时，为了提高静态图像的显示性能，可以把需要静态缓存的图像添加到 RepaintBoundary 组件中，因为 RepaintBoundary 可以确定组件的重绘边界。当遇到复杂的图像时，Flutter 会自动将其缓存，从而避免重复刷新。

14.4.3　UI 问题分析

如果说 GPU 线程问题是渲染引擎底层造成的渲染异常，那么 UI 线程问题检测发现的则是应用上层的问题，直接和开发者有关。例如，在视图构建时进行了一些复杂的运算，或是在主线程中进行耗时的同步 I/O 操作，都会明显增加 CPU 的处理时间，进而拖慢应用的响应速度。

针对 UI 渲染问题，开发者可以使用 Flutter 提供的 Performance 工具来进行检测。Performance 是一个强大的性能分析工具，能够以时间轴的方式记录应用的执行轨迹，并且详细展示 CPU 的调用栈和执行时间。

首先,连接移动设备并运行 Flutter 应用,然后单击 Android Studio 底部工具栏中的【Open DevTools】按钮,如图 14-16 所示。

图 14-16 开始 Flutter 应用调试

单击【Open DevTools】按钮后,系统会自动打开一个 Dart DevTools 网页,然后单击顶部的按钮切换到 Performance,就可以开始分析代码中的性能问题了,如图 14-17 所示。

图 14-17 使用 Performance 工具执行性能分析

为了说明 Performance 的使用过程,我们在列表中使用 Future.delayed() 来模拟线程耗时操作,如下所示。

```
class MyHomePage extends StatelessWidget {

  @override
  Widget build(BuildContext context) {
    return Scaffold(
        appBar: AppBar(title: Text('Demo')),
        body: ListView.builder(
            itemCount: 1000,
            itemBuilder: (context, index) {
              String str = 'flutter demo test';
              for(int i = 0;i<1000;i++) {
                Future.delayed(Duration(seconds: 3));
              }
              return ListTile(title: Text("Index : $index"), subtitle: Text
(str));
            }
        ));
  }
}
```

与性能图层可以自动记录应用的执行情况不同,使用 Performance 工具记录代码执行轨迹时,需要手动单击【Record】按钮来主动开启录制,完成信息的采集后再单击【Stop】按钮结束录制,如图 14-18 所示。

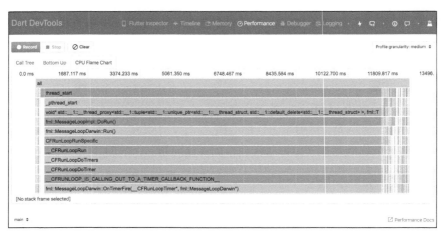

图 14-18 Performance 工具记录代码执行轨迹

可以发现，使用 Performance 工具可以得到应用的执行情况数据，并且根据执行时间的长短以不同颜色展示。Performance 记录的应用执行情况的数据是 CPU 帧图，又被称为火焰图。

在火焰图中，y 轴表示调用栈，通常每一层都是一个函数，底部就是正在执行的函数，上方都是它的父函数，调用栈越深则说明代码越耗时。x 轴表示单位时间，一个函数在 x 轴占据的宽度越宽，就表示它被采样到的次数越多，即代码执行时间越长。

14.4.4 内存优化

除了渲染方面的优化外，移动应用开发中另一个需要优化的点就是内存。在 Flutter 开发中，内存分析和优化需要用到 Observatory 工具。因为 Flutter 自带 Dart 虚拟机，所以也可以使用它来分析 Flutter 应用的内存。

首先，打开 Android Studio 右边的 Flutter Inspector 面板并且单击秒表图标，然后在命令行输入 flutter run 命令，运行成功后会显示如图 14-19 所示的信息。

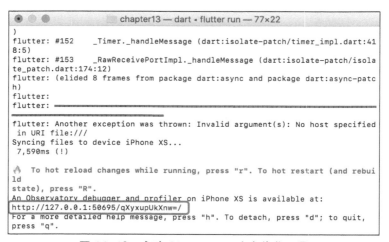

图 14-19 启动 Observatory 内存优化工具

点击命令中的网址或者将网址复制到浏览器即可进入内存监控页面，然后单击页面左下角可以选择线程。进入线程页面后，可以在 Main 菜单里看到很多数据，包括 CPU、VM 和 DartCompiled 等对象的内存使用情况，如图 14-20 所示。

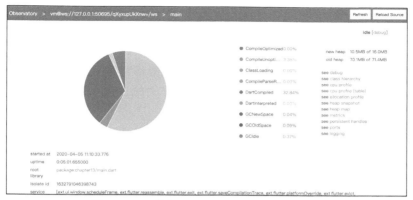

图 14-20　使用 Observatory 查看内存占比

然后，选择【main】→【allocation profile】即可进入对应线程的内存使用情况页面，如图 14-21 所示。

图 14-21　使用 Observatory 查看线程的内存使用情况

在 Allocation Profile 页面，可以看到线程的内存使用数据，进行内存分析时就是围绕这些数据展开的。

同时，Allocation Profile 页面提供的图表数据可以帮助开发者快速排查内存泄露。单击右上角的【Auto-refresh on GC】按钮可以实时检测内存表现，单击【GC】按钮可以手动回收垃圾，单击【Download】可以下载图表数据。

14.5　打包与发布

14.5.1　更换默认配置

使用 Flutter 模板创建 Flutter 项目时，系统已经默认内置了很多的资源和图片，当应用的开发接近尾声时，还需要对应用的 Logo、应用名和启动图等默认配置进行修改。

　　对于 Android 平台，在 Flutter 项目上单击鼠标右键，选择【Flutter 】→【Open Android module in Android Studio 】打开原生 Android 工程。接着打开 android 目录下的 AndroidManifest.xml 配置文件，然后修改 application 节点的 icon 参数和 label 参数即可。

　　原生 Android 工程的应用图标位于 res/mipmap 文件目录，mipmap 是一组文件，用来存放不同分辨率的图标，实际使用时需要将不同大小的图标放到对应的文件中。然后，修改 AndroidManifest.xml 配置文件的 icon 参数值即可，如下所示。

```
<application
    android:name="io.flutter.app.FlutterApplication"
    android:icon="@mipmap/ic_logo"
    android:label="肺炎疫情小助手">
    … //省略其他代码
</application>
```

　　默认情况下，原生 Android 工程的启动页位于 app/src/main/res/drawable 目录的 launch_background.xml 文件中，使用时替换对应的启动页图片即可，如下所示。

```
<?xml version="1.0" encoding="utf-8"?>
<layer-list xmlns:android="http://schemas.android.com/apk/res/android">
    <!-- <item android:drawable="@android:color/white" />-->
    <item>
        <bitmap
            android:gravity="center"
            android:src="@mipmap/ic_logo" />    //替换成启动页图片
    </item>
</layer-list>
```

　　对于 iOS 平台，在 Flutter 项目上单击鼠标右键，选择【Flutter 】→【Open iOS module in Xcode 】打开原生 iOS 工程，然后打开 Runner 目录的 Info.plist 文件，找到 CFBundleName 修改对应的参数值即可，如下所示。

```
<dict>
    … //省略其他代码
    <key>CFBundleName</key>
    <string>肺炎疫情小助手</string>
    … //省略其他代码
</dict>
```

　　如果要修改 Flutter 应用的默认图标和启动页，只需要在 Xcode 中选择【Runner 】→【Assets.xcassets 】打开 Assets.xcassets 文件，然后替换里面的 AppIcon 和 LaunchImage 图标即可。当然，也可以通过修改 Contents.json 文件中的配置来达到修改默认图标和启动页的目的，如下所示。

```
<dict>
{
  "images" : [
    {
      "idiom" : "universal",
      "filename" : "LaunchImage.png",
      "scale" : "1x"
    },
    {
```

```
      "idiom" : "universal",
      "filename" : "LaunchImage@2x.png",
      "scale" : "2x"
    },
  ],
}
```

所谓代码混淆，指的是将计算机程序的代码转换成一种功能上等价但是难于阅读和理解的形式的行为。代码混淆可以用于程序源代码，也可以用于程序编译而成的中间代码。执行代码混淆的程序被称为代码混淆器，目前已经存在许多种功能各异的代码混淆器。

Flutter 的代码混淆是 1.16.2 版本的新功能。要混淆 Flutter 应用，需要使用 Flutter 提供的 obfuscate 和 split-debug-info 两个打包命令参数。其中，obfuscate 用于开启混淆，split-debug-info 用于指定 Flutter 输出调试文件的目录，如下所示。

```
flutter build apk --obfuscate --split-debug-info=/<project-name>/<directory>
```

执行上面的命令后，会在对应的目录生成一个符号映射，同时还会生成一个经过混淆后的 apk 安装包。除了支持生成 apk 外，此命令还支持生成 appbundle 和 ipa 文件。如果要读取这些混淆的堆栈跟踪信息，可以使用下面的命令。

```
flutter symbolize -i <stack trace file> -d /out/android/app.android-arm64.symbols
```

事实上，代码混淆不仅可以增强代码的安全性，还可以显著减小安装包的大小。

14.5.2 Android 应用打包

当应用开发完成之后，接下来就是打包应用然后将应用发布到应用市场。对于 Android 平台，想要将开发的应用发布到应用市场需要制作一个签名包。制作签名包需要构建一个签名文件，签名文件是应用的唯一标识，也是保证应用安全的有效手段。

如果还没有签名文件，可以打开 Android Studio，然后选择【Build】→【Generate Signed APK】→【Create New Key Stroe】制作签名文件，如图 14-22 所示。

图 14-22　制作 Android 签名文件

除了使用 Android Studio 可视化界面方式外，还可以使用命令的方式来生成签名文件，如下所示。

```
keytool -genkey -v -keystore D:/keyalias.jks -keyalg RSA -keysize 2048 -va
lidity 10000 -alias key
```

使用 Android Studio 打开原生 Android 工程，将生成的 keyalias.jks 签名文件复制到项目的 app 目录，然后在原生 Android 工程的根目录新建一个名为 sign.properties 的配置文件，并添加如下代码。

```
STORE_FILE=keyalias.jks
STORE_PASSWORD=123456
KEY_ALIAS=key
KEY_PASSWORD=123456
```

打开 app 目录的 build.gradle 文件，并在 android 配置节点之外添加如下代码。

```
def keystorePropertiesFile = rootProject.file("sign.properties")
def keystoreProperties = new Properties()
keystoreProperties.load(new FileInputStream(keystorePropertiesFile))
```

接下来，在 android 配置节点加入 signingConfigs 和 buildTypes 配置，如下所示。

```
android {
    … //省略其他配置
    signingConfigs {
        release {
            keyAlias props['KEY_ALIAS']
            keyPassword props['KEY_PASSWORD']
            storeFile file(props['KEYSTORE_FILE'])
            storePassword props['KEYSTORE_PASSWORD']
            v2SigningEnabled false
        }
        debug {
        }
    }

    buildTypes {
        release {
            signingConfig signingConfigs.release
        }
        debug {
            signingConfig signingConfigs.debug
        }
    }
}
```

对于 Android 平台，出于应用的安全方面的考虑，还需要开启代码混淆。首先，在 app 目录下新建一个 proguard-rules.pro 文件，添加混淆规则，如下所示。

```
-keep class io.flutter.app.** { *; }
-keep class io.flutter.plugin.**  { *; }
-keep class io.flutter.util.**  { *; }
-keep class io.flutter.view.**  { *; }
-keep class io.flutter.**  { *; }
-keep class io.flutter.plugins.**  { *; }
-dontwarn io.flutter.embedding.**
```

然后，打开 app 目录下的 build.gradle 文件，在 buildTypes 配置节点开启压缩、混淆，如下所示。

```
buildTypes {
    release {
        signingConfig signingConfigs.release
        minifyEnabled true                    //开启压缩
        useProguard true                      //开启混淆
        proguardFiles getDefaultProguardFile('proguard-android.txt'),
'proguard-rules.pro'
    }
}
```

因为应用会使用很多的权限，所以还需要在 AndroidManifest.xml 文件中添加一些必要的权限，如下所示。

```
<uses-permission android:name="android.permission.READ_PHONE_STATE" />
<uses-permission android:name="android.permission.INTERNET" />
<uses-permission android:name="android.permission.ACCESS_NETWORK_STATE" />
<uses-permission android:name="android.permission.ACCESS_WIFI_STATE" />
```

完成上述步骤后，在 Flutter 项目的根目录执行 flutter build apk 命令即可执行打包操作。

等待命令执行完后，就可以在项目根目录的 build 文件中看到生成的签名包，然后只需要将生成的签名包发布到各大应用市场即可完成应用的发布。

14.5.3　iOS 应用打包

相比 Android 应用版打包与发布，iOS 应用的打包和审核流程就要复杂许多。发布 iOS 应用包之前，需要开发者有一个苹果开发者账号，并且给应用申请和设置发布证书、配置文件等。

在 iOS 开发中，iOS 的证书分为开发证书和发布证书两种。其中，开发证书主要用于测试环境，发布证书用于提交给应用商店审核。如果还没有相关的证书和配置文件，可以参考官方的开发者文档进行创建。

打开苹果开发者官网，然后单击 Account 的【Certificates,IDs & Profiles】选项来创建 App Store Connect，如图 14-23 所示。

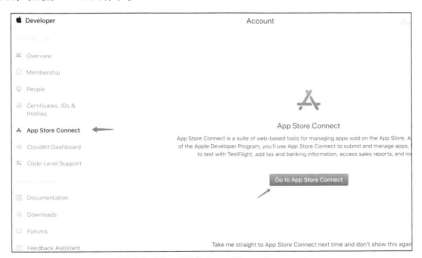

图 14-23　创建 App Store Connect

然后按照提示创建一个 iOS 应用，填写应用信息时请根据要求填写，如图 14-24 所示。

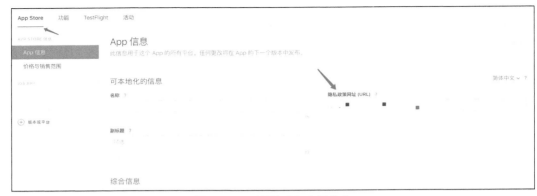

图 14-24　填写 iOS 应用信息

使用 Android Studio 打开 Flutter 项目，在 Flutter 项目上单击鼠标右键并选择【Flutter】→【Open iOS module in Xcode】打开原生 iOS 工程，选择编译目标为【Generic iOS Device】或者 iOS 真机，单击 Xcode 菜单顶部的【Product】下的【Archive】选项，如图 14-25 所示。

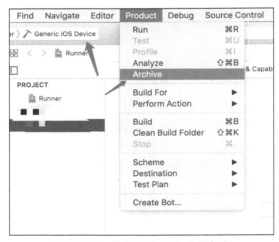

图 14-25　执行 iOS 原生应用打包

如果没有任何错误提示，执行完打包操作后就会生成对应的安装包，如图 14-26 所示。

图 14-26　执行 iOS 应用的 Archives 操作

单击【Distribute App】按钮，提交应用包到苹果应用商店或者导出到其他平台，如图 14-27 所示。

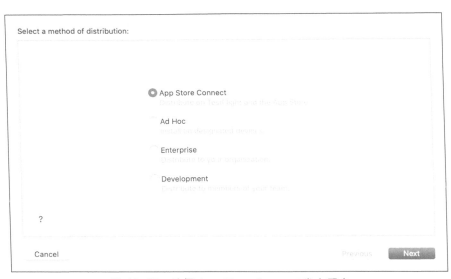

图 14-27 选择 App Store Connect 发布平台

上传成功后，会收到官方的审核通知，耐心等待官方的审核即可。如果没有特殊的情况，审核结果一般在 1～3 天给出。